21世紀の化学シリーズ②

戸嶋直樹
渡辺　正
西出宏之　編集
碇屋隆雄
太田博道

有機化学反応

松本正勝
山田眞二　[著]
横澤　勉

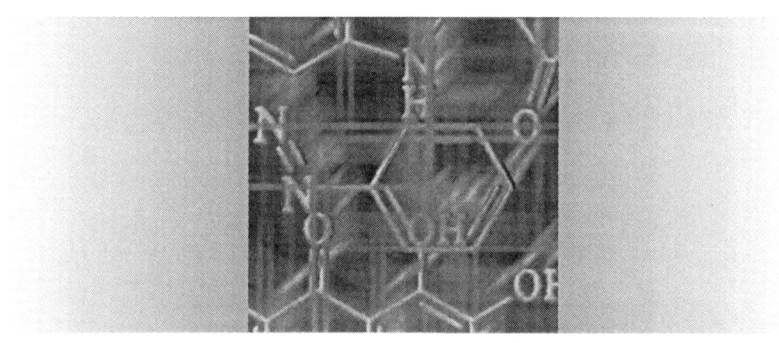

朝倉書店

シリーズ編集委員

戸 嶋 直 樹　　山口東京理科大学基礎工学部 物質・環境工学科
渡 辺　　正　　東京大学生産技術研究所 物質・環境部門
西 出 宏 之　　早稲田大学工学部 応用化学科
碇 屋 隆 雄　　東京工業大学大学院理工学研究科 応用化学専攻
＊太 田 博 道　　慶應義塾大学理工学部 生命情報学科

　＊本巻の担当編集委員

執 筆 者

＊松 本 正 勝　　神奈川大学理学部 化学科 ［1,2,6,10章］
　山 田 眞 二　　お茶の水女子大学理学部 化学科 ［3,4,7章］
　横 澤　　勉　　神奈川大学工学部 応用化学科 ［5,8,9章］

　＊本巻の執筆責任者

はじめに
―有機化学反応を学ぶにあたって―

　われわれ生物の体を形づくっている組織は有機化合物から成り立っている．食物のほか，快適な生活に必要な衣類や住まいおよび車の材料・部品，そして医薬・農薬も有機化合物である．これらの有機化合物の源は太陽光のエネルギーと水・炭酸ガスを利用した光合成による．太古から地下に蓄えられてきた石油・石炭・天然ガスも植物や微生物の光合成によるものである．これらをわれわれは利用し，化学工業によりさまざまな有機化合物をつくり出している．

　いま現在，植物の光合成によりつくり出される有機化合物も微生物を含めた生物の体内において膨大な種類の有機化合物につくり変えられている．このような無数ともいえる有機化合物の変化はそれぞれ有機反応によりもたらされる．それゆえに，化学を志す人だけでなく生物学，医学，農学などさまざまな分野を志す人にとっても有機化学反応を理解することがきわめて大切になる．

　有機化学には，大きく分けて二とおりの学び方がある．
　まず，官能基により分類された化合物群の性質や反応性，立体化学などについて，どちらかというと"静的な"とらえ方に主体をおいて学ぶものである．これは有機化学になじみの薄い人達にとって入っていきやすい学び方である．
　もう一つは，有機化学反応とその反応の機構を中心に学ぶもので，"動的な"有機化学ともいえる．つまり，化学結合の形成と切断にウエイトが置かれている．また，"特定の結合ができたり，切れたりするのはなぜか"について学ぶ．このような学習の過程で，もう一度，官能基の性質や役割などを見直すと"静的な"有機化学で学んだことの意味合いがより明らかになろう．それこそ，"静的な"有機化学と"動的な"有機化学が"有機的に"結びつくに違いない．有機化学は"おぼえるもの"と思われがちであるが，決してそうではない．"動的な"有機化学を学び，"考える"力を養おう．

　有機化学反応はまさに多様である，あるいは多様であるようにみえる．だからこそ，根幹にある指導原理（guiding principle）ともいうべきものを知り，そこから着実に有機化学反応の理解を深めていくのが最良である．つまり，個々の反応を指導原理やすでに理解している事象に常に照らし合わせて考えることが大切である．

なにはともあれ，しっかりと頭に入れておくべきは，
　　"炭素の原子価は4価であり，オクテット則にそって他の原子と結合を形成する."
ということである．それから次に，
　　"化学結合の形成はエネルギーの放出を伴い，結合の切断にはエネルギーを必要とする."
ということである．三つ目は，
　　"反応は系の自由エネルギーが減少する方向に進む．反応は系のエントロピー（乱雑さ）が増大する方向に進む."
であり，これはなかなかすっきりとはこないだろうが，頭の片隅に入れておくと"なるほどそうか"というようになる．
　木の幹（指導原理）をよく知り，そしてあせらず大きな枝から小さな枝をみて行くようにしよう．

著者一同

目次

1 化学結合と有機化合物の構造

- 1章で学習する目標 ··· 1
- 1.1 原子と電子 ··· 1
- 1.2 イオン結合と共有結合 ··· 3
- 1.3 結合の極性と電気陰性度 ·· 4
- 1.4 電子反発と分子の形 ··· 6
- 1.5 原子軌道と分子軌道 ··· 7
- 1.6 混 成 ·· 9
- 1.7 共役,非局在化と共鳴 ··· 11
- 1章のまとめ ··· 13
- 1章の問題 ·· 15

2 酸 と 塩 基

- 2章で学習する目標 ··· 16
- 2.1 Brønsted-Lowry 酸と Lewis 酸 ·· 16
- 2.2 酸 の 強 さ ··· 18
- 2.3 I効果と酸・塩基の強さ ·· 19
- 2.4 R効果と酸・塩基の強さ ·· 21
- 2.5 芳香族カルボン酸 ·· 23
- 2.6 芳香族塩基 ·· 24
- 2.7 酸・塩基の強さと水素結合,立体効果 ·· 25
- 2.8 Lewis の酸・塩基と有機反応,そして HSAB 則 ····························· 27
- 2章のまとめ ··· 29
- 2章の問題 ·· 31

3 反応速度と反応機構

- 3章で学習する目標 ··· 32
- 3.1 反応の形式による分類 ·· 32
- 3.2 結合の切断と生成の形式 ·· 33

3.3 反応速度と化学平衡 ……………………………………………35
  3.4 遷移状態と活性化エネルギー ……………………………………37
  3.5 反応中間体の構造と安定性 ………………………………………39
  3.6 速度論支配と熱力学支配 …………………………………………42
  3.7 反応機構 ……………………………………………………………43
  ● 3章のまとめ …………………………………………………………45
  ● 3章の問題 ……………………………………………………………47

4 脂肪族飽和化合物の反応

  ● 4章で学習する目標 …………………………………………………48
  4.1 求核置換反応の分類 ………………………………………………48
  4.2 S_N1 反応と S_N2 反応の立体化学 ……………………………50
  4.3 求核置換反応に影響を与える因子 ………………………………51
  4.4 求核置換反応における競争反応 …………………………………54
  4.5 求核置換反応の合成的利用 ………………………………………56
  4.6 他の求核置換反応 …………………………………………………57
  4.7 隣接基関与 …………………………………………………………60
  4.8 β 脱離反応 ……………………………………………………61
  4.9 脱離の方向性 ………………………………………………………64
  4.10 求核置換反応と脱離反応の競争 …………………………………66
  ● 4章のまとめ …………………………………………………………68
  ● 4章の問題 ……………………………………………………………71

5 脂肪族不飽和化合物の反応

  ● 5章で学習する目標 …………………………………………………73
  5.1 付加反応 ……………………………………………………………73
  5.2 求電子付加反応 ……………………………………………………74
  5.3 その他の付加反応 …………………………………………………78
  5.4 求核付加反応 ………………………………………………………82
  ● 5章のまとめ …………………………………………………………85
  ● 5章の問題 ……………………………………………………………86

6 芳香族化合物の反応

  ● 6章で学習する目標 …………………………………………………88
  6.1 芳香族求電子置換反応 ……………………………………………88
  6.2 ベンゼンへの求電子試薬の攻撃 …………………………………89
  6.3 一置換ベンゼンの求電子置換反応 ………………………………98

6.4 芳香族求電子置換における置換基の効果 …………………………100
6.5 芳香族求核置換反応 …………………………………………………101
6.6 芳香族ジアゾニウム塩の反応 ………………………………………104
● 6章のまとめ …………………………………………………………106
● 6章の問題 ……………………………………………………………108

7 カルボニル化合物の反応

● 7章で学習する目標 …………………………………………………109
7.1 カルボニル基の構造と反応 …………………………………………110
7.2 求核付加反応 …………………………………………………………113
7.3 付加-脱酸素反応 ……………………………………………………115
7.4 求核アシル置換反応 …………………………………………………118
7.5 α 置換反応 …………………………………………………………127
7.6 カルボニル縮合反応 …………………………………………………129
7.7 α 水素原子をもたないアルデヒドの反応 ………………………133
● 7章のまとめ …………………………………………………………134
● 7章の問題 ……………………………………………………………137

8 転 位 反 応

● 8章で学習する目標 …………………………………………………139
8.1 転位反応とは …………………………………………………………139
8.2 電子の欠乏した炭素への転位 ………………………………………140
8.3 電子の欠乏した窒素への転位 ………………………………………144
8.4 電子の不足した酸素への転位 ………………………………………148
● 8章のまとめ …………………………………………………………150
● 8章の問題 ……………………………………………………………151

9 転 位 反 応

● 9章で学習する目標 …………………………………………………153
9.1 ラジカルの性質と安定性 ……………………………………………153
9.2 ラジカルの生成 ………………………………………………………154
9.3 ラジカルの反応 ………………………………………………………155
9.4 カ ル ベ ン …………………………………………………………162
9.5 ナ イ ト レ ン …………………………………………………………166
● 9章のまとめ …………………………………………………………167
● 9章の問題 ……………………………………………………………169

10 ペリ環状反応とフロンティア電子論

- ●10章で学習する目標 ……………………………170
- 10.1 ペリ環状反応 ……………………………170
- 10.2 Diels-Alder 反応 ……………………………171
- 10.3 1,3-双極付加反応 ……………………………174
- 10.4 電子環状反応 ……………………………175
- 10.5 フロンティア電子論と Woodward-Hoffmann 則 ……………177
- 10.6 Claisen 転位 ……………………………180
- ●10章のまとめ ……………………………182
- ●10章の問題 ……………………………183

問題解答 ……………………………184
索　引 ……………………………189

1 化学結合と有機化合物の構造

● 1章で学習する目標

　有機化合物の特徴はすべてが炭素を含んでいることにある．しかし周期表にあるたくさんの元素のうち，なぜ炭素だけがほかの元素と違うのか．その答えは，"炭素には他の元素と結合するほか，炭素同士で結合し，いくつでもつながった長い鎖や環をつくる独特の能力をもっている"ことにある．

　この章では，原子同士の結合，つまり化学結合とは何なのか，その結合が分子の構造にどのように関係づけられるかを学ぶ．

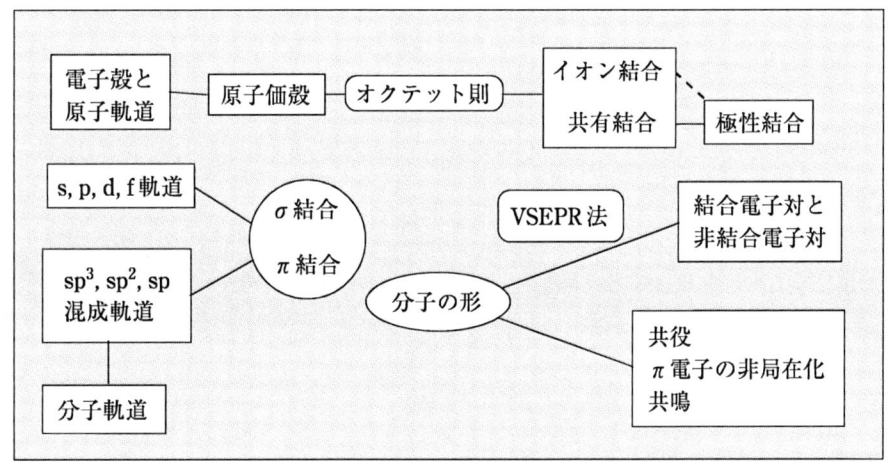

1.1　原子と電子

　化学結合について説明する前に，原子と電子の関係についておおまかに解説しよう．

　原子は原子番号つまり原子核内の陽子数と同数の電子をもっている．これらの電子は原子核のまわりの空間中に特定の広がりをもつ電子殻にとじこめられている．このような殻は第1番目（K殻）から第2番目（L殻），第3番目（M殻），第4番目（N殻）と次第に原子核の外側に広がっている．原子核から

遠い殻に存在する電子ほどそのエネルギーが高い．

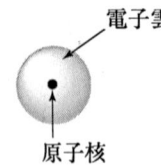

図 1.1　原子のすがた．原子核中には原子番号に等しい数の陽子があり，それと同数の電子が原子核のまわりにある．

　それぞれの電子殻の中で，電子はさらに s, p, d, f という**原子軌道** (atomic orbital) に対となって入っている．これら 4 種の原子軌道のうち，有機化学に関係があるのは s 軌道と p 軌道だけと考えてもよい．なぜなら有機化合物中に見出される原子のほとんどはこれら二つの軌道しか使わないからである．
　s 軌道や p 軌道はどのような姿をしているのだろうか．s 軌道は原子核を中心にして球対称である．p 軌道は球対称でなく，核の中心を通り主軸に垂直な対称面をもつアレイ（亜鈴）に似た形をしている．アレイの中心を節 (node) といい，その両側では位相 (phase) を異にする．3 個の p 軌道は図 1.2 のように互いに直交していて，便宜的に p_x, p_y, p_z と名づけられている．

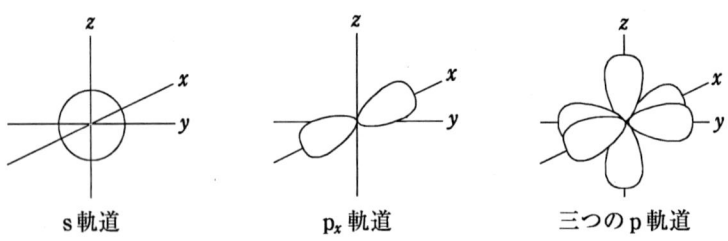

図 1.2　原子軌道の摸式図

　それではある原子を見たとき，電子は電子殻と原子軌道にどのように配置されているのだろうか．もっとも安定な状態，すなわち基底状態，にあるときの電子の配列は次の三つの法則に従って求められる．
　① エネルギーの低い軌道から順に電子が収容される．
　② 一つの軌道には二つの電子しか収容されない．また，二つの電子のスピンは異なっていなければならない．[**Pauli の排他原理**]
　③ エネルギーの等しい空の軌道が二つ以上ある場合には，まず，一つずつの電子がそれらの軌道をすべて満たす．[**Hund の法則**]
　たとえば，水素のもつただ一つの電子はエネルギーのもっとも低い 1s 軌道に配置される．炭素の場合は 6 個の電子をもっており，これらは $(1s)^2(2s)^2(2p_x)^1(2p_y)^1$ と配置される．

【例題1.1】 リチウム,窒素,酸素の電子配置を炭素にならってかけ.
[**解答**]　リチウム　Li：$(1s)^2(2s)^1$
　　　　　窒素　　　N：$(1s)^2(2s)^2(2p_x)^1(2p_y)^1(2p_z)^1$
　　　　　酸素　　　O：$(1s)^2(2s)^2(2p_x)^2(2p_y)^1(2p_z)^1$

1.2 イオン結合と共有結合

われわれは先人たちの研究による経験的事実として,"最外殻(**原子価殻**,valence shell)に8個の電子(オクテット)をもつ18族の希ガス元素は特別に安定である"こと,そして"多くの典型元素の化学的なふるまいは安定な希ガスの電子配置をとろうとする性質によっている"という**オクテット則**(octet rule)を知っている.

たとえば1族(周期表の左端)の金属ナトリウムは1個のs電子をもっているが,この最外殻にある電子(**価電子**,valence electron)を失うことによりカチオンとなって希ガス(ネオン)の電子配置をとる.一方,17族(周期表の右から2番目)の塩素は1個の電子を受けとってアニオンとなり希ガス(アルゴン)の電子配置をとる.

こうして,金属ナトリウムと塩素が反応すると,ナトリウム原子が塩素原子に1個の電子を与えてNa^+とCl^-の組合せができる.Na^+とCl^-は静電的な引力で結びついていてNaClは**イオン結合**(ionic bond)をもつといわれる.このように周期表の左端と右端の元素は電子の授受によりイオン結合をつくる(図1.3).

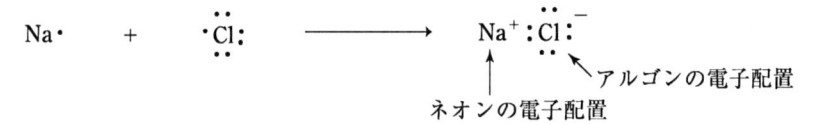

図 1.3　電子の移動によるイオン結合の形成.価電子だけを元素記号のまわりに小さな点で示す

周期表の中ほどにある炭素はどのようにして結合をつくるだろうか.炭素$[(1s)^2(2s)^2(2p)^2]$がイオン結合を形成するために4個もの電子を受けとったり失ったりするのは非常に難しい.炭素はそのかわり他の原子と,オクテット則を充たすように,電子を共有し合う(図1.4).このような結合を**共有結合**(covalent bond)といい,共有結合により結ばれている原子の集団を**分子**(molecule)という.たとえば炭素が4個の水素と結合を共有することにより

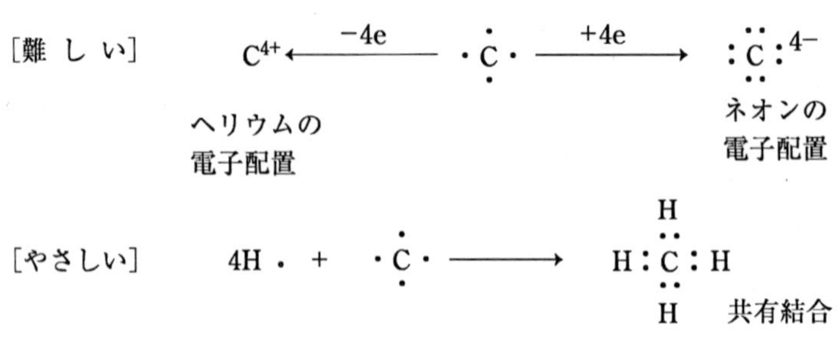

[難しい]　　C⁴⁺ ←−4e− ·C· −+4e→ :C:⁴⁻

　　　　　ヘリウムの　　　　　　　　　　　ネオンの
　　　　　電子配置　　　　　　　　　　　　電子配置

[やさしい]　　4H· + ·C· ──→ H:C:H (H上下)　共有結合

図 1.4　オクテット則を充たす方法

メタン CH_4 という分子を形づくる．

　水素分子 H_2 やフッ素分子 F_2 のような 2 原子分子も電子を共有しあって分子を形づくっている．たとえば，フッ素分子 F_2 は 1 電子ずつ出し合うことによりネオンと同じ電子配置をとっている（図1.5）．

H:H　　　　:F:F:
水素分子　　フッ素分子

図 1.5　2 分子原子の電子配置

【例題 1.2】 リチウムとフッ素からどのような物質が生成するだろうか．それぞれの原子の原子価殻にある電子の数をもとにして考えよ．

[解答]　リチウム　Li：$(1s)^2(2s)^1$ …原子価殻には 1 電子

　　　　フッ素　　F：$(1s)^2(2s)^2(2p_x)^2(2p_y)^2(2p_z)^1$

　　　　　　　　　　　　　　…原子価殻には 7 電子

　　　　Li：1 電子放出，F：1 電子を受けとる　──→　Li^+F^-　生成

1.3　結合の極性と電気陰性度

　水素 H_2 やフッ素 F_2 のように同じ元素同士の共有結合では，電子は二つの原子により完全に均等に共有されている．しかし，異なる原子の間の共有結合はどうであろうか．まずフッ化水素 HF について見よう．フッ素は水素より強く電子を引きつける．そのため，分子の負電荷の中心はフッ素側にかたよっており，一方正電荷の中心は水素に近い側にある．ちょうどイオン結合の性質をあわせもっている共有結合であり，このような結合を**極性共有結合**（polar covalent bond）という．極性共有結合は図1.6のようにいくつかの方法で表記される．

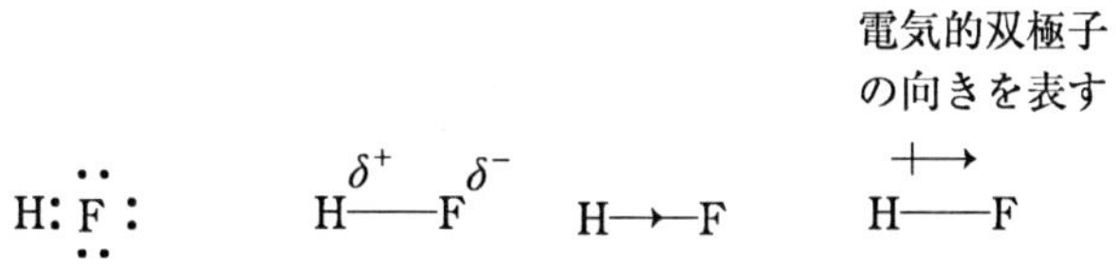

1.3 結合の極性と電気陰性度

$$\text{H:}\overset{..}{\underset{..}{\text{F}}}\text{:} \qquad \overset{\delta^+}{\text{H}}\!\!-\!\!\overset{\delta^-}{\text{F}} \qquad \text{H}\!\rightarrow\!\text{F} \qquad \overset{\longmapsto}{\text{H}\!-\!\text{F}}\;\text{電気的双極子の向きを表す}$$

図 1.6 極性共有結合の表記方法

　原子が共有結合の電子を引きつける傾向は**電気陰性度**（electronegativity）で表される．電子を引きつける場合は**電気陰性**（electronegative）であるといい，電子を与える場合は**電気陽性**（electropositive）であるという．電気陰性度は周期表の列の左から右に行くにしたがって増加する．たとえば第 2 周期では，リチウムがもっとも電気陽性であり，フッ素がもっとも電気陰性である．また，周期表の縦列，すなわち同じ族では下にある元素ほど電気陰性度が小さくなる．典型元素について，よく使われる Pauling の電気陰性度を表 1.1 に示した．

表 1.1 おもな元素の電気陰性度（Pauling による）

第1周期	H	2.2												
第2周期	Li	1.0	Be	1.6	B	2.0	C	2.6	N	3.0	O	3.4	F	4.0
第3周期	Na	0.9	Mg	1.3	Al	1.6	Si	1.9	P	2.2	S	2.6	Cl	3.2
第4周期	K	0.8											Br	3.0
第5周期													I	2.7

　結合が極性をもつかどうかは結合している原子間の電気陰性度の違いからわかる．しかし分子全体として極性をもつかどうかは分子の形による．たとえば，分子全体としてはジクロロメタンのようなものは極性であるのに対し，二酸化炭素は極性がない（図 1.7）．

二酸化炭素　　O=C=O　　　　ジクロロメタン　$\underset{\text{Cl}\;\;\;\;\text{Cl}}{\overset{\text{H}\;\;\;\;\text{H}}{\text{C}}}$

図 1.7 分子の形によって極性の有無が決まる

【例題 1.3】 メタンの C−H 結合には電荷のかたよりがあるだろうか．また，分子全体としては極性があるだろうか．

[解答] 電気陰性度は C：2.6，H：2.2 であるから，H(δ^+)−C(δ^-) となっているが，それぞれの C−H 結合は中心炭素から四面体の頂点に向かって伸びていて互いに結合の極性を打ち消し合うため，分子全体としては極性がない．

色のはなし

われわれのまわりには，さまざまな色が満ち溢れている．木の葉の緑，にんじんの赤，みかんの黄色，などなど．"色"というのは"光"，しかも"目に感じられる"限られたエネルギー領域の光のことである．さらにこの中で光のエネルギーの低い方から高い方に向かって"赤橙黄緑青藍紫"と変わる．

それでは木の葉，にんじん，みかんなどそれぞれがなぜ別の色に見えるのだろうか．あらゆるエネルギー領域の光を含む太陽光が木の葉にあたる．木の葉，とくにそこにあるクロロフィルが緑以外の光を吸収するため，緑の光だけが反射されてわれわれの眼に届く．にんじんでは赤の光だけが反射され，みかんでは黄色の光だけが反射される．衣類の色もそうである．染料といわれる有機化合物が光を吸収し反射された光が色として見える．ファーブルも研究した茜（あかね）の色はアリザリンにより，藍（あい）の色はインジゴによる．2000種以上知られるアゾ染料の多くはアゾベンゼンの骨格をもっている．

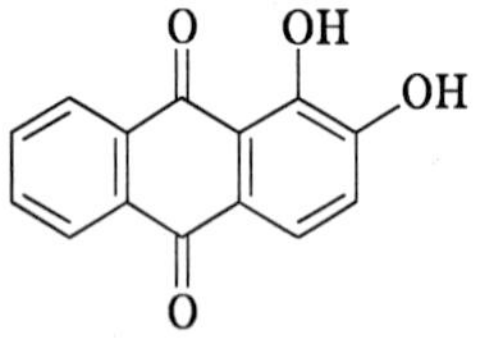

アリザリン 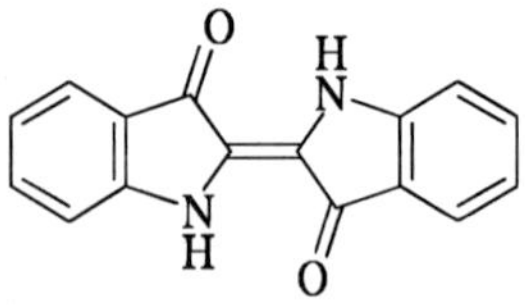　　インジゴ 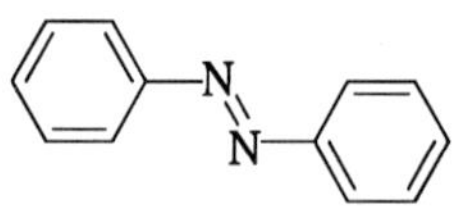　　アゾベンゼン

これらの有機化合物は共役の広がったπ電子系をもっている．一般にπ電子系はよく光を吸収する．また，π電子系の共役が広がるほど低いエネルギーの光を吸収するようになる．分子が吸収した光のエネルギーは熱として放散される場合と再び光として放射される場合があり，この度合いにより色調などが変化する．

このようなわけで，分子構造を設計することによりさまざまな光を吸収する化合物を創りだすことができる．赤外線どころかマイクロ波領域の電磁波を吸収するような有機化合物さえ創り出されている．マイクロ波領域の電磁波はレーダーに用いられるものであるから，レーダー光を吸収しただちに熱として放散してもとにもどる化合物（下図）を飛行機などに塗れば，レーダー光は反射されず"ステルス"になる．

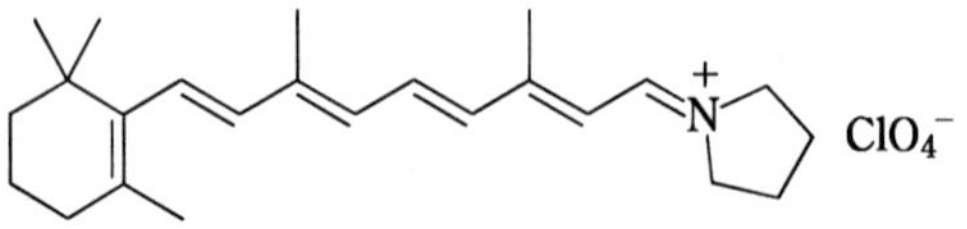

1.4　電子反発と分子の形

H_2 や HF のような2原子分子では原子間の距離が異なるだけの直線分子である．一方，3個以上の原子からなる分子ではさまざまな分子の形がありうる．しかし実際には分子は電子の反発が最小になるような形をとる．たとえば，三塩化ホウ素 BCl_3 では3個の塩素それぞれの**非結合電子対**（nonbonding electron pair, 非共有電子対，孤立電子対）や結合電子対の間の反発が最小になるような状態をとるため，3個の塩素が正三角形の頂点を占め，ホウ素がその中

心にあるような三方形 (trigonal) の配列をしている (図1.8 (a)).

同様の原理でメタン CH_4 を考えると四面体 (tetrahedral) 構造となる．この配置のとき，4組の結合電子対同士の反発が最小になる (図1.8 (b)).

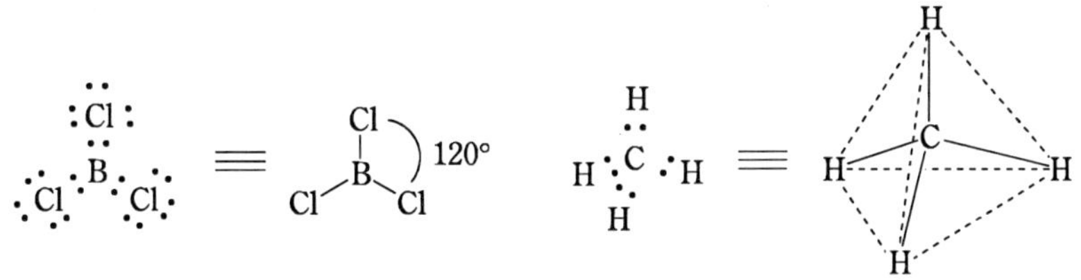

(a) 三塩化ホウ素　　(b) メタン

図 1.8　電子反発と分子の形

このように，電子反発を最小にするように分子の形ができあがるとする理論を **VSEPR理論** (valence shell electron pair repulsion theory, 原子価殻電子対反発理論) という．VSEPR理論では電子反発の大きさは次のような順になっている．

①非結合電子対同士 ＞ ②非結合電子対と結合電子対 ＞ ③結合電子対同士

【例題1.4】 アンモニア分子の形をVSEPR法で予測せよ．
[解答]

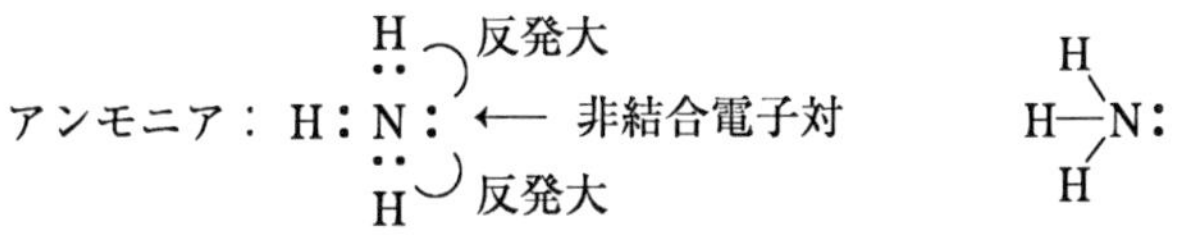

アンモニア： H:N: ← 非結合電子対　　四面体構造であるがH–N–Hの結合角は109.5°より小さくなる

1.5　原子軌道と分子軌道

原子と原子が電子を共有し合いそれぞれの原子が希ガスの電子配置をとることにより安定化し分子ができることを学んだ．量子力学によれば二つの原子が結合することはそれぞれの原子軌道が互いに重なり合うことである (図1.9).

二つの原子のそれぞれに属する原子軌道が互いに重なり合い，新たに二つの分子軌道をつくる．水素原子2個から水素分子が生成するときのエネルギー図を図1.10に示す．一つは**結合性軌道** (bonding orbital)，もう一つは**反結合性軌道** (antibonding orbital) である．結合性軌道は二つの電子を二つの原子核で共有した結合で，もとの原子それぞれの原子軌道より安定である．一方，反結合性軌道はもとの原子軌道より不安定になる．

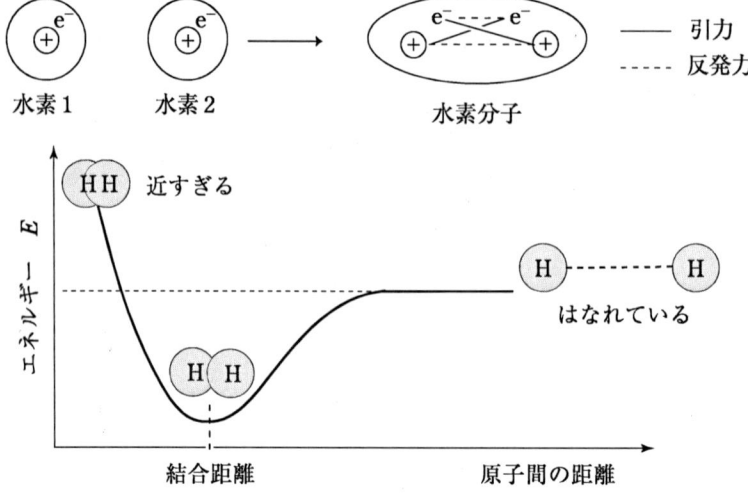

図 1.9 二つの原子が近づくときのエネルギーの変化．原子間の距離が結合距離に近づくまで次第にエネルギーが放出され，結合距離のところでもっとも安定な結合が形成される．さらに原子間の距離が短くなると，原子核どうしの反発が大きくなり，不安定となる．

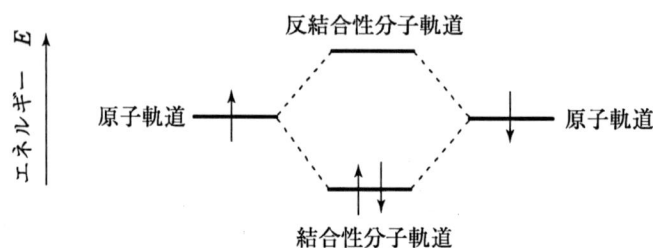

図 1.10 水素分子が生成されるときのエネルギー図

　二つのs軌道同士，s軌道とp軌道，そして二つのp軌道同士からの分子軌道の生成を図1.11に示す．軌道の接近する方向（原子同士を結ぶ方向）と軌道の主軸の方向が一致している重なりで生じる分子軌道は **σ 軌道** (σ orbital) とよばれ，この軌道を占める電子を σ 電子という．一方，図のように，接近する方向と主軸の方向が直交しているような重なりで生じる分子軌道は **π 軌道** (π orbital) とよばれ，それに含まれる電子を π 電子という．

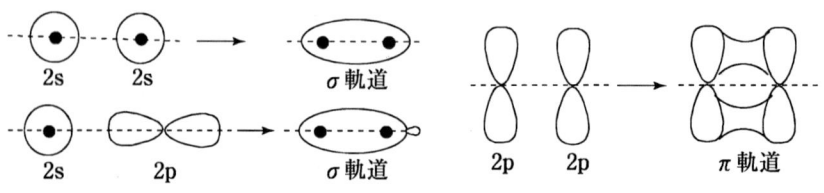

図 1.11 分子軌道の生成

1.6 混成

【例題1.5】 p軌道同士でも σ 結合が形成されうる．このときの原子軌道の重なりを図で示せ．

[解答]

1.6 混　成

炭素は6個の電子をもっている．これらの電子はエネルギーの高くなっていく原子軌道に順次割りふられ，その電子配置は $(1s)^2(2s)^2(2p_x)^1(2p_y)^1(2p_z)^0$ となる．この状態では炭素は対をつくっていない電子（**不対電子**，unpaired electron）を $2p_x$ と $2p_y$ にそれぞれ1個，計2個しかもっていない．炭素を4価にするためには，対になっている2s軌道の電子1個を空の $2p_z$ 軌道に入れ，4個の不対電子をもつ状態にしなければならない．2p軌道は2s軌道よりエネルギーの高い状態にあるので，この状態にするためにさらにエネルギーを必要とするが，二つの新たな結合をつくるとき生成するエネルギーで十二分につぐなわれる．

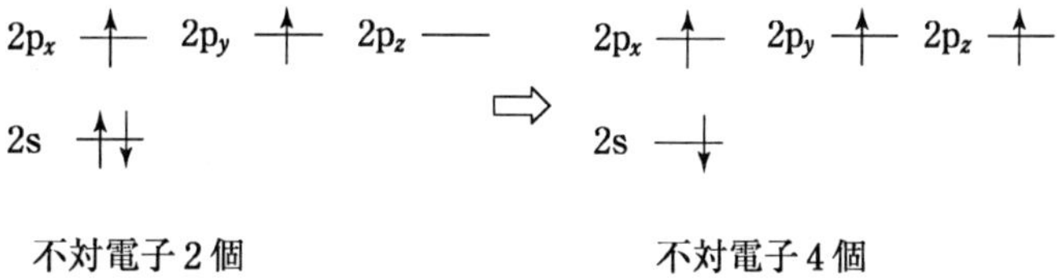

図 1.12 炭素の原子軌道

このようにして炭素の四つの原子軌道，すなわち2s軌道1個と2p軌道3個が得られるが，炭素が4個の他の原子と結合する場合には明らかにこれらの軌道をそのまま使ってはいない．実際には正四面体構造をとるように，1個の

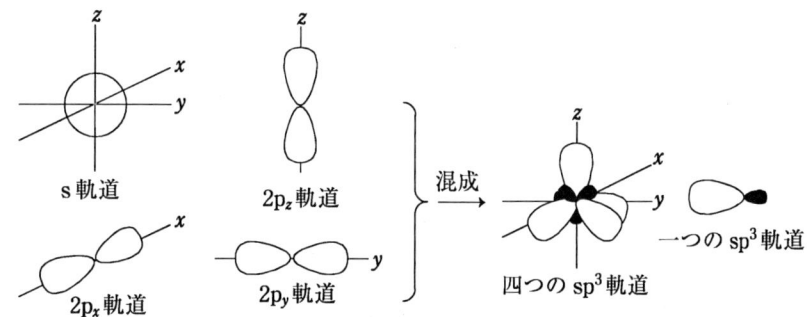

図 1.13 混成軌道

2s軌道と3個の2p軌道を一度混ぜ合わせ，もっと強い結合をつくれる新しい等価な4個の軌道に再生させるわけである（図1.13）．新しい4個の軌道は**sp³混成軌道**（sp³ hybrid orbital）とよばれ，互いに109.5°の角をなしている．

sp³炭素2個と水素6個からエタンCH_3-CH_3が形成される．その結合の様子を図1.14に示す．

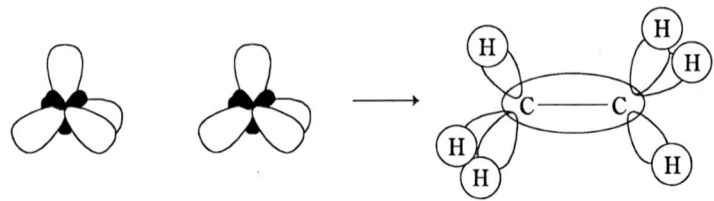

図 1.14 エタンの結合

1個の炭素が3個の他の原子と結合する場合も同じような考え方をすればよい．1個の2s軌道と2個の2p軌道を用いると3個の等価なsp²混成軌道がえられる．これは同一平面上にあって互いに120°の角をなしている．残りの$2p_z$軌道はsp²混成軌道の平面に対し垂直である．このような炭素原子が2個結合したものがエチレン（エテン）$H_2C=CH_2$である．図1.15に示したように，C－CとC－Hの軸にそった結合はσ結合であり，2個の$2p_z$軌道からはπ結合が形成されている．

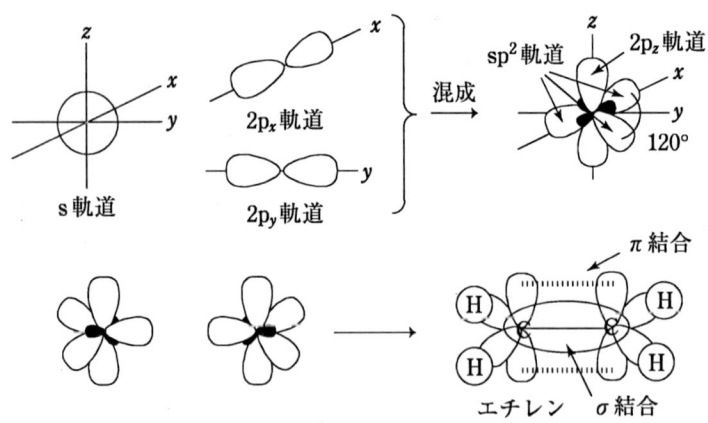

図 1.15 エチレンの結合

1個の2s軌道と1個の2p軌道を用いると2個の等価なsp混成軌道がえられる．sp混成軌道は互いに180°の角をなしており，残りの2個のp軌道は互いに直角で，さらにsp混成軌道に対しても直角である．このような炭素原子が2個結合したものがアセチレン（エチン）$HC\equiv CH$である（図1.16）．アセチレンは直線分子であり，二つのπ軌道は互いに直角な平面上にある．

1.7 共役，非局在化と共鳴　　　　　　　　　　　　　　　　　　　　　　　　　*11*

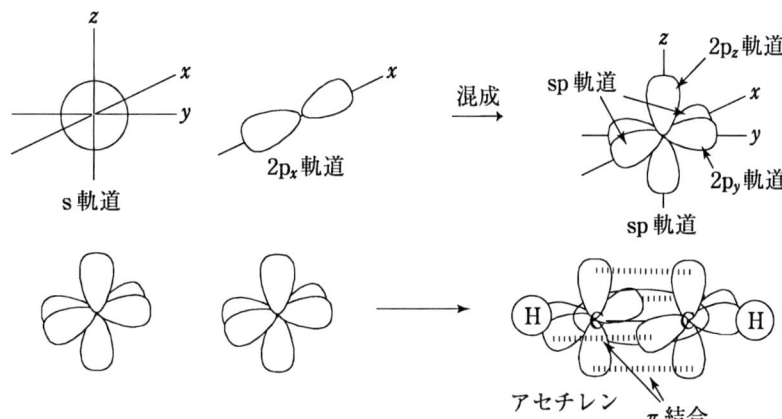

図 1.16　アセチレンの結合

【例題 1.6】　水分子では酸素の sp³ 混成軌道と水素の s 軌道から分子軌道ができあがっている．分子軌道の様子を模式図で示せ．
［解答］

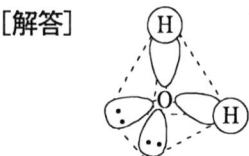

1.7　共役，非局在化と共鳴

　エチレン $H_2C=CH_2$ が 2 分子結合すると 1,3-ブタジエン $H_2C=CH-CH=CH_2$ になる．この分子中の原子はすべて同一平面上にある．このように多重結合が**共役**（conjugation）している（多重結合と単結合が交互に存在する）化合物は多重結合が孤立している化合物よりも安定である．

　1,3-ブタジエンの四つの炭素原子は sp² 混成であり，構造式 $H_2C=CH-CH=CH_2$ から考えると図のように C1-C2 と C3-C4 に二つの π 軌道がつくられ，それぞれの軌道を占める π 電子はそれぞれの軌道にのみ存在する，すなわち**局在化**（localization）するようにみえる．

　しかし，図 1.17 からわかるように C2 と C3 の 2p 電子も重なり合うことができる．つまり 1,3-ブタジエン $H_2C=CH-CH=CH_2$ では四つの 2p 軌道

図 1.17　軌道の重なり合い

が重なり合い，π電子はC1からC4までの広い範囲にわたって自由に存在しうる．このように共役した多重結合のπ電子は**非局在化**（delocalization）されている．

ベンゼンはsp²混成の6個の炭素からなりたっている．しかし交互に二重結合のあるKekulé構造（シクロヘキサトリエン）ではなく，ベンゼンは6個のπ電子が非局在化した平面正六角形をしている（図1.18）．正六角形の炭素骨格からなる平面の上方と下方にドーナツ型のπ電子雲が広がったような姿を想像すればよい．

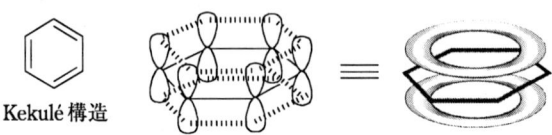

図1.18　ベンゼンの構造

先に学んだ非局在化の取り扱いは分子軌道を基礎にしているため**分子軌道法**という．もう一つの考え方として**原子価結合法**（valence bond method, VB法）がある．この方法はベンゼンを例にすると次のようなものである．

まずベンゼンの構造式として二つの古典的なKekulé構造式を書く．ベンゼン分子としてはこのいずれも正しい表現ではないが，VB法ではベンゼンの真の構造はこれらの構造式の重ねあわせと考え，ベンゼンは二つのKekulé構造の間を**共鳴**（resonance）していると表現する．それぞれのKekulé構造式を**極限構造式**（canonical structure）とよび，式の間に⟵⟶を入れて共鳴の概念を表す（図1.19）．また，それらを合せた姿を共鳴混成体という．ここで共鳴混成体は極限構造をもつものの混合物ではなくて，唯一の構造体を表すことに注意しよう．

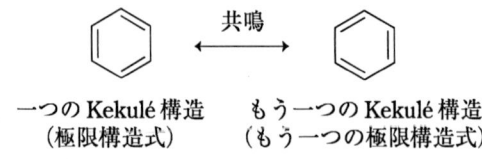

一つのKekulé構造　　　もう一つのKekulé構造
（極限構造式）　　　（もう一つの極限構造式）

図1.19　極限構造式と共鳴

共鳴の結果，系のエネルギーは極限構造式で表される構造のエネルギーに比べて低下する．このエネルギーの差を**共鳴エネルギー**（resonance energy）とよぶ．ベンゼンの共鳴エネルギーはシクロヘキサトリエンの水素化熱342 kJ mol^{-1}とベンゼンの水素化熱207 kJ mol^{-1}の差，135 kJ mol^{-1}と算出される（図1.20）．ベンゼンの真の構造はKekulé構造よりこの分だけ安定であることを意味している．

ここで述べたように，ベンゼンの真の構造は共鳴混成体の正六角形である．

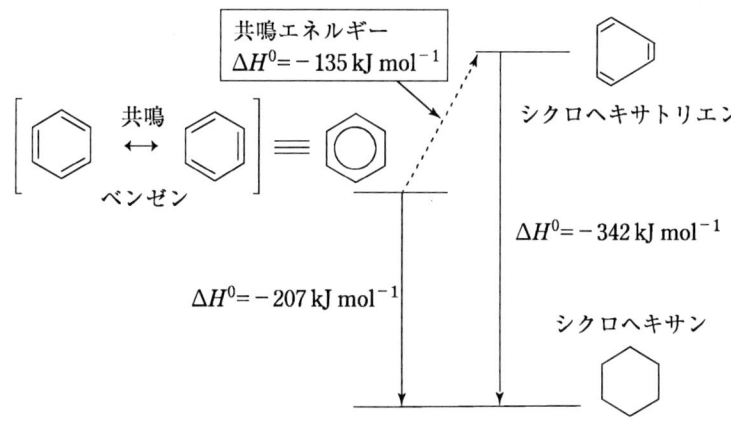

図 1.20 ベンゼンの共鳴エネルギー図

しかし，このような共鳴混成体を一義的にかくことは困難である．ベンゼンの構造式としてかかれる Kekulé 構造が共鳴構造式の一つにすぎないことを承知のうえで，紙の上にかく便利さからそれを用いている．共鳴を正しく理解したうえで共鳴構造式を用いるのはたいそう便利である．次に共鳴構造式の意味とかき方を示そう．

① 共鳴構造式は架空のものであって，真の構造は異なった形の共鳴混成体である．
② 共鳴構造式のあいだでは，π 電子と非結合電子の位置だけが異なっている．異なる共鳴構造式の間では原子の位置も混成も変わらない．
③ 共鳴構造式は正常な原子価の規則（オクテット則）に従う．
④ 真の構造，すなわち共鳴混成体はどの共鳴構造よりも安定である．共鳴構造が多くなるほど，その物質は安定である．

【例題 1.7】 1,3-ブタジエンの共鳴構造式をかけ．

[解答] $H_2C=CH-CH=CH_2 \longleftrightarrow H_2C^+-CH=CH-CH_2^-$
  $\longleftrightarrow H_2C^--CH=CH-CH_2^+$

1章のまとめ

(1) 原子と電子

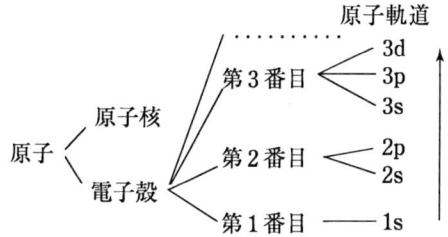

電子配置：
① エネルギーの低い軌道から電子を収容
② Pauli の排他原理
③ Hund の法則

(2) イオン結合と共有結合

オクテット則：原子価殻に8個（オクテット）の電子が収容されるように化学結合が形成される．

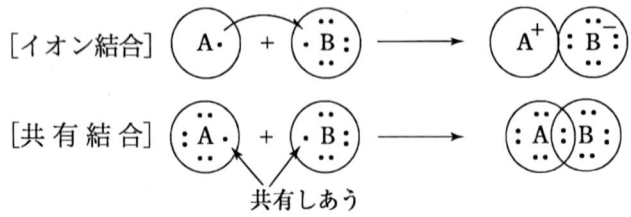

(3) 極性結合と電気陰性度

電気陰性度：A＜Bなら，共有結合は
（分子全体の極性は分子の形による）

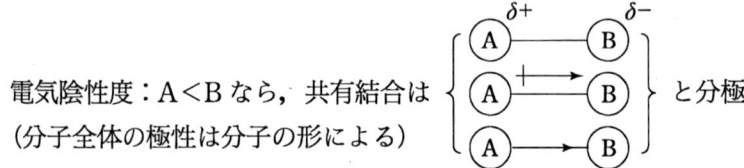

と分極

(4) 電子反発と分子の形

① 分子は電子の反発が最小となるような形をとる．
② VSEPR (valence shell electron pair repulsion) 法
　　非結合電子対同士 ＞ 非結合電子対と結合電子対 ＞ 結合電子対同士

(5) 原子軌道と分子軌道

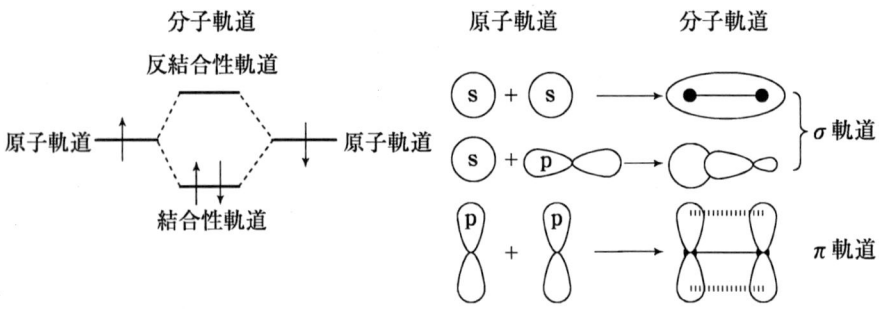

(6) 混成

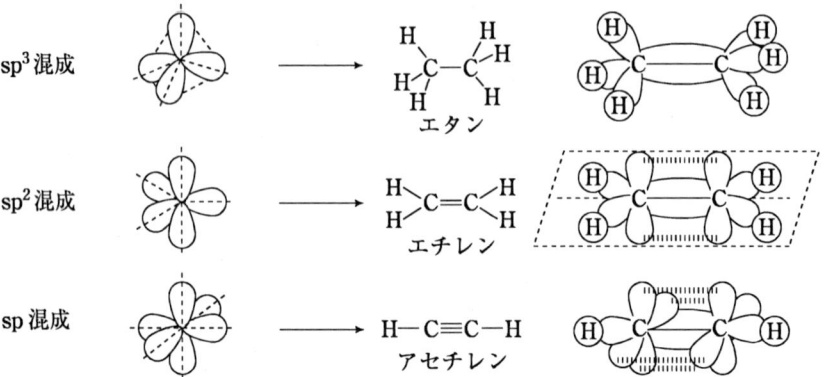

(7) 共役，非局在化，共鳴

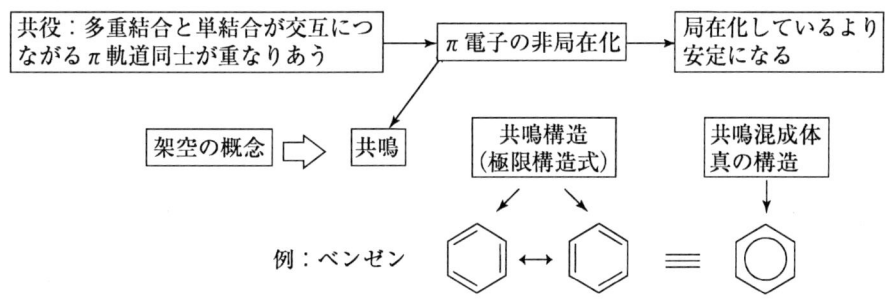

1章の問題

[1.1] 水，塩化水素について，それぞれの分子中の原子の電子配置を記せ．

[1.2] ジメチルエーテル（CH_3OCH_3），クロロホルム（$HCCl_3$）について，結合の極性と分子全体の極性はどのようになっているか考えよ．

[1.3] プロペンの各炭素の原子軌道の混成の状態と結合の種類について，分子軌道の模式図をかいて説明せよ．

[1.4] アレン（1,2-プロパンジエン）の π 軌道の模式図をかき，共役の有無を考えよ．

[1.5] 次の物質の共鳴構造式をすべて記せ．

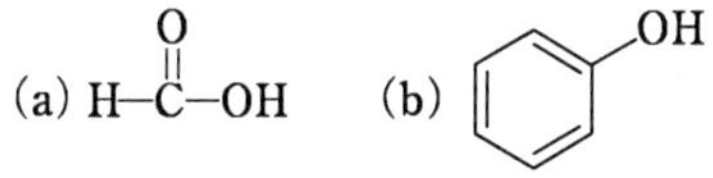

(a) H–C(=O)–OH   (b) C₆H₅OH (フェノール)

2 酸と塩基

● 2章で学習する目標

　有機反応は多くの場合，分子の電子構造そして立体構造の影響を強く受ける．有機酸・塩基の強さも同様に分子構造により大きく変化する．酸と塩基の強さが分子構造とりわけ置換基によりどのように影響されるかを学ぶのはさまざまな有機反応を学ぶ入り口として最適である．

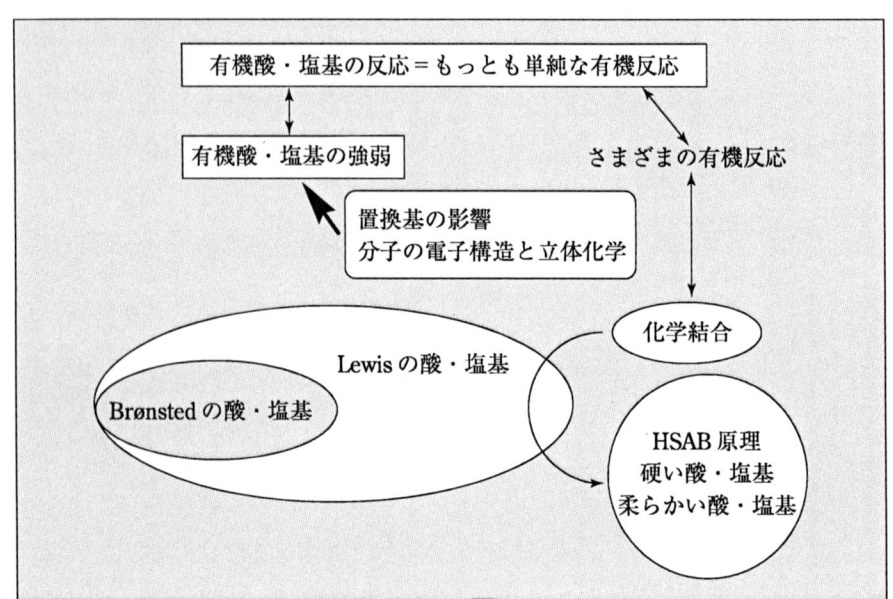

2.1 Brønsted-Lowry 酸と Lewis 酸

　Brønsted と Lowry によれば，酸と塩基は次のように定義される．
"酸とはプロトンを与える物質（プロトン供与体）であり，塩基とはプロトンを受けとる物質（プロトン受容体）である．"
　たとえば，酸 HA が水溶液中で解離すると次のようになる．

$$HA + H_2O \rightleftharpoons A^- + H_3O^+$$

　酸　　塩基　　　　　　共役塩基　共役酸

2.1 Brønsted-Lowry 酸と Lewis 酸

ここでは，酸 HA はプロトンを放して A$^-$ になり，水はそのプロトンを受けとる塩基として働き H$_3$O$^+$ になる．A$^-$ はプロトンを受けとりもとの酸になるので，その酸の**共役塩基** (conjugate base) であり，H$_3$O$^+$ はプロトン供与体であり**共役酸** (conjugate acid) とよばれる．ここで，酸性と塩基性というのは，分子の相対的な性質であることに注意しよう．つまり，一つの物質に対して酸であって，別の物質に対しては塩基であってもよい．たとえば，酢酸は水溶液中で酸として働くが，硫酸中では塩基としてふるまう．

$$CH_3-\underset{\underset{O}{\|}}{C}-OH + H_2O \rightleftarrows CH_3-\underset{\underset{O}{\|}}{C}-O^- + H_3O^+$$

$$CH_3-\underset{\underset{O}{\|}}{C}-OH + H_2SO_4 \rightleftarrows CH_3-\underset{\underset{OH}{\|}}{C}-OH + HSO_4^-$$

Lewis はこれをさらに一般化して，"酸とは非結合電子対を受けとることのできる分子やイオン，塩基とは非結合電子対を与えることのできる分子やイオンである" と定義した．

三フッ化ホウ素 BF$_3$，塩化アルミニウム AlCl$_3$，塩化鉄(III) FeCl$_3$ などは Lewis 酸である．次に一例を示す．

$$\underset{\text{Lewis 酸}}{BF_3} + \underset{\text{Lewis 塩基}}{:N(CH_3)_3} \rightleftarrows F_3B-N^+(CH_3)_3$$

ヒドロキシド (水酸化物，hydroxide) イオンとプロトンの間でおこる Brønsted の酸-塩基反応は Lewis の酸-塩基反応でもある．さらに，Brønsted 酸 HA の解離はちょうど Lewis 酸 H$^+$ と Lewis 塩基 A$^-$ の結合の逆反応であり，次のようになる．

$$\underset{\text{Lewis 塩基}}{HO:^-} + \underset{\text{Lewis 酸}}{H^+} \rightleftarrows H_2O$$

$$\underset{\text{Brønsted の酸}}{HA} \rightleftarrows \underset{\text{Lewis 酸}}{H^+} + \underset{\text{Lewis 塩基}}{A^-}$$

【例題 2.1】 次の物質を Lewis 酸と Lewis 塩基に分類せよ．
(1) MgBr$_2$ (2) (C$_2$H$_5$)$_2$S (3) CuBr$_2$ (4) (CH$_3$)$_3$N (5) C$_6$H$_5$CHO
[解答] Lewis 酸：(1) (3)，Lewis 塩基：(2) (4) (5)

2.2 酸の強さ

酸 HA は水溶液中において次の平衡にある．酸 HA の強さはその平衡定数 K が大きいほど強い．

$$HA + H_2O \rightleftarrows A^- + H_3O^+$$

$$K = \frac{[H_3O^+][A^-]}{[HA][H_2O]} \qquad (2.1)$$

ただし，水は大過剰に存在するのでその濃度 $[H_2O]$ は一定とおける．このときの平衡定数を $K_a(=K[H_2O])$ とすると

$$K_a = \frac{[H_3O^+][A^-]}{[HA]} \qquad (2.2)$$

で表される．K_a は酸が解離する溶媒などの影響を受けるが酸の強さを表すには都合のよい定数であり，**酸性度定数** (acidity constant) という．通常，pK_a $(=-\log_{10}K_a)$ を用いる．したがって pK_a の小さなものほど強い酸である．

塩基 B: の水溶液中における平衡は次のようになっている．

$$B: + HOH \rightleftarrows BH^+ + OH^- \qquad (2.3)$$

$$K_b = \frac{[BH^+][OH^-]}{[B:]} \qquad (2.4)$$

$$pK_b = -\log K_b$$

ここで，塩基の強さとして pK_b の代わりに共役酸 BH^+ の pK_a を使えば，酸と塩基の強さを同一の尺度で評価することができる．すなわち，

$$BH^+ + H_2O \rightleftarrows B: + H_3O^+ \qquad (2.5)$$

$$K_a = \frac{[B:][H_3O^+]}{[BH^+]} \qquad (2.6)$$

この値 $K_a(pK_a)$ は共役酸 BH^+ がプロトンをどれだけ放しやすくなっているか，逆にいうと塩基 B: がどれだけプロトンを受けいれ難くなっているかの尺度である．したがって，共役酸 BH^+ の pK_a が大きいほど B: は強い塩基である．

【例題 2.2】 pK_a 値が 1 と 5 の酸の酸性度定数 K_a はいくらか．また，共役酸の pK_a 値が 8 と 10 の塩基ではどちらが強い塩基か．

[解答] $pK_a=1$ の酸：$K_a=10^{-1}$，$pK_a=5$ の酸：$K_a=10^{-5}$．

塩基の共役酸の pK_a は，$pK_b=14-pK_a$ の関係式より，$pK_a=8$ の場合：$pK_b=14-8=6$，$pK_a=10$ の場合：$pK_b=14-10=4$

したがって，$pK_a=10$ の塩基の方が強い塩基である．

2.3 I効果と酸・塩基の強さ

　有機化合物 H−A の酸性度の変化が何によりもたらされるのかを学ぶ第一歩として，C_1 の有機化合物メタン H_3C-H（$pK_a=43$），メタノール H_3CO-H（$pK_a=16$），そしてギ酸（メタン酸）$HCOO-H$（$pK_a=3.77$）の酸としての強さの違いを考えよう．メタンに比べメタノールの pK_a ははるかに小さい．この原因は酸素の電気陰性度が炭素よりはるかに大きいことにある．すなわち A が強く電子を引きつけるほうがプロトンを放ちやすく酸として強い．

　C−H 結合と違って，アルコールやカルボン酸の O−H 結合は切れやすい．それゆえ，アルコールやカルボン酸では O−H 結合の強弱ではなく，共役塩基の安定性が酸としての強さを決定づける．

　ギ酸はメタノールよりずっと強い酸である．ギ酸の場合，共役塩基のギ酸アニオンが式のように共鳴安定化される．一方，メタノールの共役塩基メトキシドイオンは共鳴安定化されない．つまり，ギ酸の場合，メタノールに比べ共役塩基 A^- が安定なため，酸として強い．

$$CH_3-H \rightleftarrows CH_3^- + H^+ \quad (pK_a=43)$$

$$CH_3O \leftarrow H \rightleftarrows CH_3O^- + H^+ \quad (pK_a=16)$$

メタンより H^+ を放しやすい　　共鳴安定化されない

$$H-\overset{\overset{O}{\|}}{C}-OH \rightleftarrows \left[H-\overset{\overset{O}{\|}}{C}-O^- \longleftrightarrow H-\overset{\overset{O^-}{|}}{C}=O \right] + H^+ \quad (pK_a=3.77)$$

共鳴安定化される

　次に酢酸と置換酢酸 $X-CH_2COOH$ について考えよう．X が炭素より電気陰性度の大きなハロゲン原子の場合には置換酢酸 $X-CH_2COOH$ は酢酸より強い酸となる．この場合も共役塩基の安定性を考えれば理解できる．式のように X は，σ 結合をつくっている電子対を強く引き付ける．その結果カルボン酸イオン $X-CH_2COO^-$ の負電荷は酢酸イオン H_3CCOO^- より非局在化され陰イオンは安定になる．

$$X \leftarrow CH_2 \leftarrow \overset{\overset{O}{\|}}{C}-O^-$$

X=H :	CH_3COOH	$pK_a=4.76$
X=I :	ICH_2COOH	$pK_a=3.16$
X=Br :	$BrCH_2COOH$	$pK_a=2.90$
X=Cl :	$ClCH_2COOH$	$pK_a=2.86$
X=F :	FCH_2COOH	$pK_a=2.66$

　酢酸のメチル基がたとえば塩素2個，さらに3個で置換された場合はどうで

あろうか．容易に予想されるように共役塩基であるカルボン酸イオンは塩素の数が多いだけ電子対を引きつける効果が増し，さらに安定化される．つまり，いっそう強い酸となる．

$$\begin{array}{cc} \text{Cl}\!\leftarrow\!\text{CH}-\text{COOH} & \text{Cl}\!\leftarrow\!\overset{\text{Cl}\downarrow}{\underset{\text{Cl}\uparrow}{\text{C}}}\!-\text{COOH} \\ \text{Cl}\!\swarrow & \\ pK_a = 1.29 & pK_a = 0.65 \end{array}$$

一方，X がメチル基の場合，すなわちプロパン酸 (プロピオン酸) はどうか．メチル基は電子対を押しだすから，プロパン酸の共役塩基は酢酸の場合より不安定になる．したがってプロパン酸は酢酸より弱い酸となる．

$$\text{CH}_3\!\rightarrow\!\text{CH}_2\!\rightarrow\!\overset{\text{O}}{\underset{\|}{\text{C}}}\!-\text{OH} \qquad pK_a = 4.88$$

Cl のように自分の方に電子対を引きつけるような置換基を**電子求引基** (electron-withdrawing group) という．電子求引基にはハロゲン原子以外に，R_3N^+, CN, NO_2, SO_2R, C=O, CO_2R などがある．逆にアルキル基のように，電子対を押しだす置換基を**電子供与基** (electron-donating group または electron-releasing group) という．このような効果を**誘起効果** (inductive effect) または **I 効果**という．誘起効果は炭素-炭素結合を通じて伝わっていくが，急速に減衰する．

$$\begin{array}{ccc} \text{Cl}\!\leftarrow\!\text{CH}_2\!\leftarrow\!\overset{\text{O}}{\underset{\|}{\text{C}}}\!-\text{OH} & \text{Cl}\!\leftarrow\!\text{CH}_2\!\leftarrow\!\text{CH}_2\!\leftarrow\!\overset{\text{O}}{\underset{\|}{\text{C}}}\!-\text{OH} & \text{Cl}\!\leftarrow\!\text{CH}_2\!\cdot\!\text{CH}_2\!\leftarrow\!\text{CH}_2\!\leftarrow\!\overset{\text{O}}{\underset{\|}{\text{C}}}\!-\text{OH} \\ pK_a = 2.86 & pK_a = 4.08 & pK_a = 4.52 \end{array}$$

以上述べてきたように，電子求引基で置換された酢酸は強い酸となり，電子求引基の序列は置換酢酸の酸性度からおおよそ知ることができる．ただし，カルボン酸の酸性度は母体の構造や溶媒により順序が変わることがある．

【発展】 s 性

炭素原子の混成軌道 sp^3, sp^2 および sp では，その中の s 軌道の占める割合，すなわち **s 性** (s character) は，それぞれ 1/4, 1/3, 1/2 となり，s 性の大きい sp 混成や sp^2 混成の方が sp^3 混成より電子対をより強く引きつける．このため，エテニル基やフェニル基，さらにエチニル基 $HC\equiv C$ はアルキル基より電子求引性であり，アクリル酸 (pK_a 4.20) や安息香酸 (pK_a 4.20) は酢酸より強い酸となる．

$$\text{CH}_2\!=\!\text{CH}-\overset{\text{O}}{\underset{\text{OH}}{\text{C}}} \quad pK_a = 4.20 \qquad \text{C}_6\text{H}_5-\text{COOH} \quad pK_a = 4.20$$

アミン塩基の強さも酸の場合と同様に考えればよい．つまり窒素の非結合電子対がどの程度プロトンを受けとりやすいかで決まる．たとえば，アンモニアの水素を 1 個，そして 2 個とアルキル基に置換していく場合を考える．

2.4 R効果と酸・塩基の強さ

$HNH_2 \rightarrow RNH_2 \rightarrow R_2NH$ の順に I 効果は増強されていき，この順に非共有電子対のプロトンを受けとる力が増す．

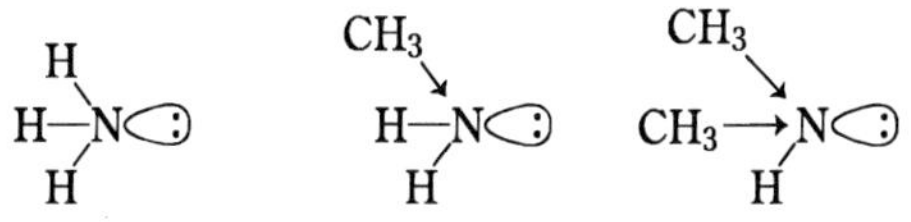

$pK_a = 9.25$　　$pK_a = 10.64$　　$pK_a = 10.77$

一方，電子求引基の付いたアミンは当然塩基性が弱められる．たとえばトリフルオロメチル基の付いたアミン $(CF_3)_3N$ にはもはや塩基性が見られない．

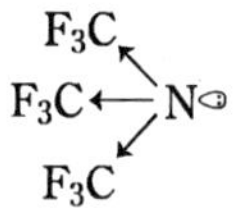

【例題 2.3】 マロン酸は次式のように解離する．

$$HOOC-CH_2-COOH \rightleftharpoons H^+ + HOOC-CH_2COO^-$$
$$\rightleftharpoons 2H^+ + {}^-OOC-CH_2-COO^-$$

第1番目の解離によりモノアニオンを生成する過程の酸性度定数を K_1，2個目のプロトンを放出する過程の酸性度定数を K_2 とすると，pK_1 値と pK_2 値は酢酸の pK_a 値と比べてどうか．

［解答］ $HOOC-CH_2COO^-$ では $HOOC-$ が電子求引基として働き，アニオンを安定化させる．そのため，pK_1 値は酢酸の pK_a 値より小さくなり，マロン酸は酢酸より強い酸となる．

${}^-OOC-CH_2-COO^-$ では，${}^-OOC-$ がむしろ電子供与基として働き，pK_2 値は酢酸の pK_a 値より大きくなる．

2.4 R効果と酸・塩基の強さ

フェノールはアルコールと同様にヒドロキシ基をもつがメタノールよりはるかに強い酸である．フェノールの共役塩基であるフェノキシドアニオンでは，式のようにその負電荷がベンゼン環の π 電子系を通じて非局在化（共鳴）されている．このようにアニオンが安定になっているためである．

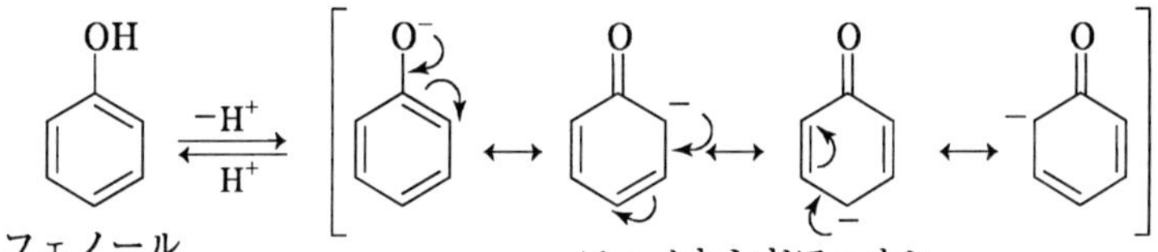

フェノール
$pK_a = 9.95$

フェノキシドアニオン

このような共鳴による電子対の移動効果を**共鳴効果** (resonance effect, R効果) または**メソメリー効果** (mesomeric effect, M効果) という. I効果とR(M)効果との根本的な違いは, 前者が飽和化合物にみられるのに対し, 後者は共役不飽和化合物にみられることである. また, R効果はI効果と異なり伝達により減衰されにくい.

p-ニトロフェノール ($pK_a=7.14$) や o-ニトロフェノール ($pK_a=7.2$) はフェノール ($pK_a=9.95$) より強い酸である. このようにパラ位やオルト位にニトロ基のような電子求引基が置換するとフェノールの酸性が強くなる. p-ニトロフェノールを例にすると, その共役塩基であるフェノキシドイオンは無置換のフェノールの場合より共鳴安定化されるためである.

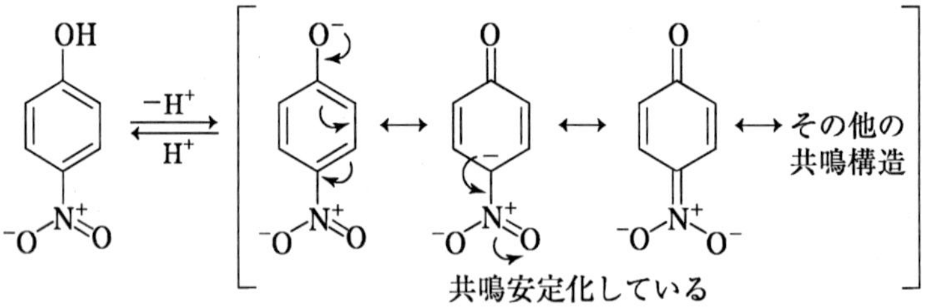

強い酸と強い塩基

よく知られた酸のうちでもっとも強い酸はヨウ化水素 ($pK_a=-5.2$) である. これは水溶液での話であるが, 濃厚酸溶液として比べると 100% 硫酸よりはるかに強い酸が知られている. 超強酸あるいは超酸 (super acid) といわれるもので, HF/SbF_5 (モル比 1:1) や FSO_3H/SbF_5 (モル比 1:1) が知られている. これらは 100% 硫酸の 100 万倍から 1 億倍ほど強い酸 (電離平衡定数からみて) である. 超強酸を用いると, 次の式のようにアルカンから室温以下でカルボカチオンを直接つくりだすことができる.

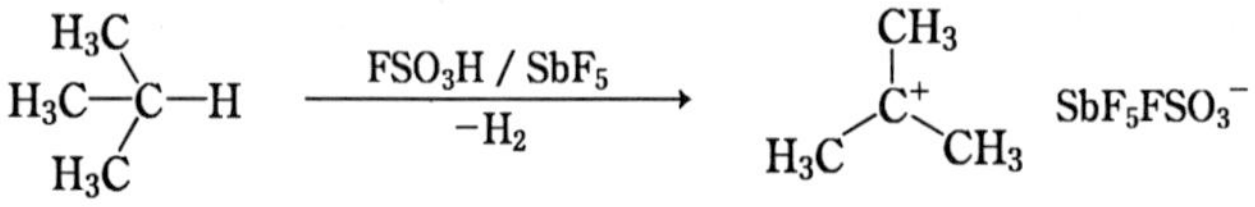

強い塩基としてよく知られているのは NaOH や KOH などアルカリ金属ヒドロキシドである. メタノール, エタノールや t-ブチルアルコールのアルカリ金属塩はもっと強い塩基である. これらの塩基は多様な有機合成反応に触媒や反応試薬として用いられる. ただこれらの塩基は大部分の有機溶媒には十分な量が溶けない. そのためさまざまな工夫がされている. その代表的なものがクラウンエーテルを用いる方法である. クラウンエーテルの酸素がアルカリ金属イオンをまわりからとり囲みそれにヒドロキシドイオンやアルコキシドイオンがペアーとなってベンゼンのような有機溶媒にも溶けるようになり, 塩基触媒としての働きも著しく増強される.

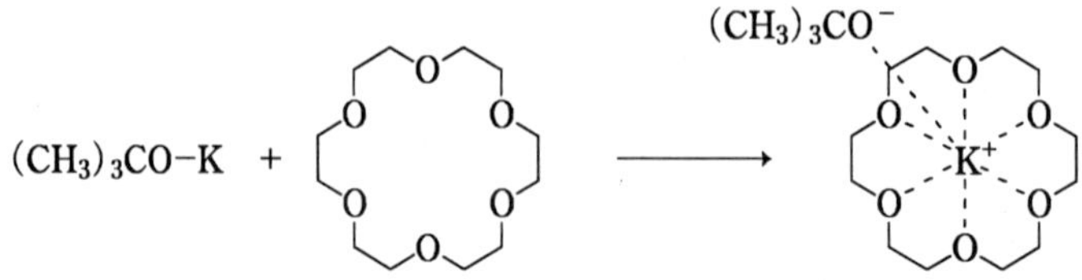

2.5 芳香族カルボン酸

【例題2.4】 p-メトキシフェノールとフェノールはどちらが酸として強いか.

[解答] p-メトキシフェノールから生成する共役塩基は図のような共鳴構造の寄与があるので，フェノキシドアニオンより不安定である．それゆえ，p-メトキシフェノールはフェノールより弱い酸となる.

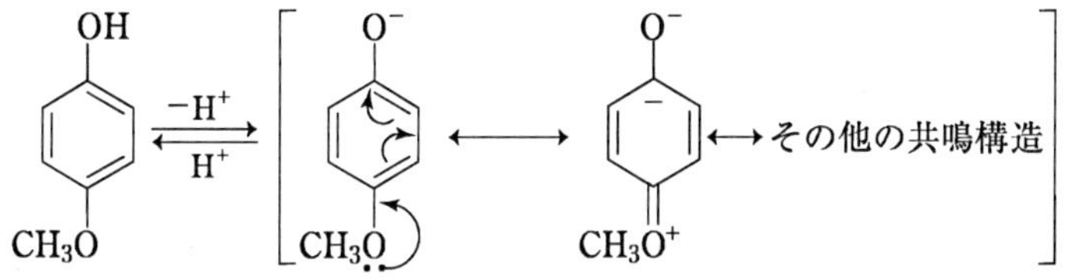

2.5 芳香族カルボン酸

いくつかの置換安息香酸のpK_aを表に示す．芳香環のパラ(p)位やオルト(o)位に電子求引基が付いた置換安息香酸は母体より強い酸である．この理由をp-ニトロ安息香酸を例にして考える．共役塩基において式のような共鳴構造がかけ，p-ニトロフェニル基が強い電子求引基として働き共役塩基を安定化させていることがわかる．オルト異性体についても類似の共鳴構造がかける．一方，メタ異性体についてはカルボキシ基の結合している炭素上には正電荷の現れるような共鳴構造がかけない．したがってm-ニトロ安息香酸においてはニトロ基のI効果だけが共役塩基の安定化に寄与している．他の電子求引性の置換基をもつ安息香酸についても同様に考えればよい．

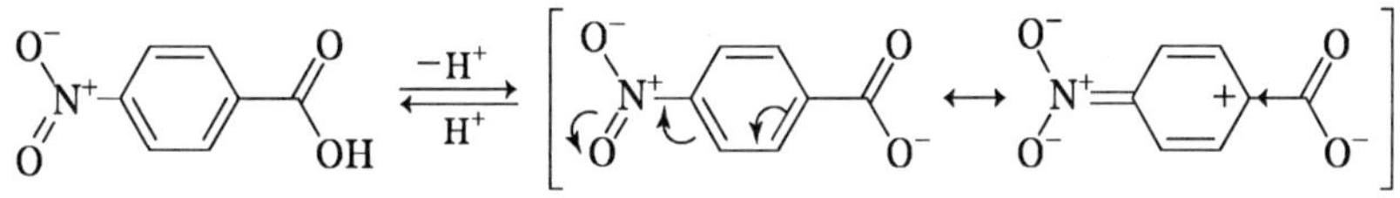

表 2.1 置換安息香酸 XC_6H_4COOH の pK_a

置換基 X	H	OH	OCH$_3$	CH$_3$	Cl	Br	NO$_2$
オルト(o-)	4.20	2.98	4.09	3.91	2.94	2.85	2.17
メタ(m-)	4.20	4.08	4.09	4.24	3.83	3.81	3.45
パラ(p-)	4.20	4.58	4.47	4.34	3.99	4.00	3.43

[注] メタ位置換安息香酸の多くが無置換安息香酸より強い酸であることがわかる．この結果は置換基のI効果がメタ位にも及んでいることを示唆している．とくにヒドロキシ基やメトキシ基がR効果では電子供与基であるのに対し，I効果では電子求引基であることに注意してほしい．

メトキシ基のような電子供与基がパラ位に付いた安息香酸の場合は母体より弱い酸となっている．たとえば p-メトキシ安息香酸の共役塩基の共鳴構造は次のようにかけ，p-メトキシフェニル基が電子供与基として働き共役塩基を不安定化させていることがわかる．すなわち，芳香環に付いた電子供与基の効果は電子求引基の効果とちょうど逆になっている．

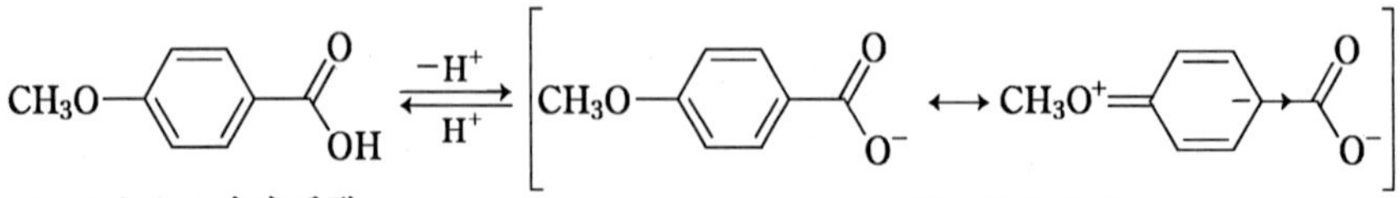

p-メトキシ安息香酸　　　　　　　　　　　　　　　　安定化されない

【例題 2.5】 6-シアノナフタレン-2-カルボン酸とナフタレン-2-カルボン酸はどちらが強い酸か．

[解答] 6-シアノナフタレン-2-カルボン酸の共役塩基では，下式のような共鳴構造が共役塩基を安定化させている．それゆえ，6-シアノナフタレン-2-カルボン酸のほうが，ナフタレン-2-カルボン酸より強い酸である．

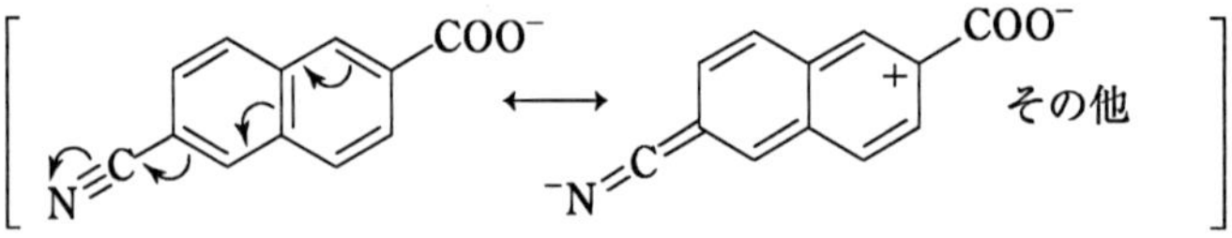

その他

2.6 芳香族塩基

アニリン $C_6H_5NH_2$（pK_a 4.62）はアンモニア（pK_a 9.25）やメチルアミン（pK_a 10.64）より弱い塩基である．フェニル基がアルキル基に比べ電子求引基であることも一因ではあるが，もっと重要なのはアミノ基の非結合電子対が芳

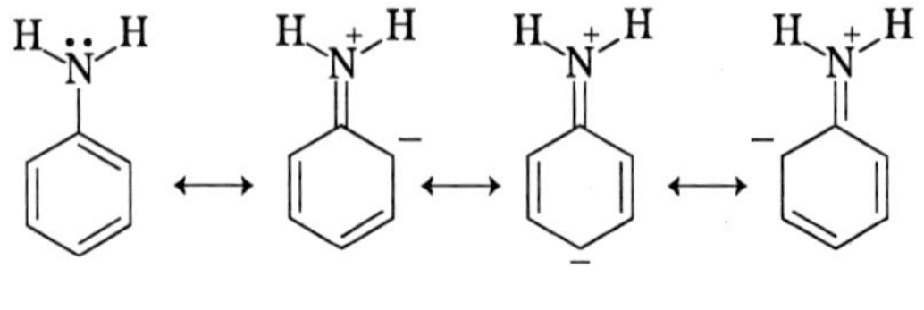

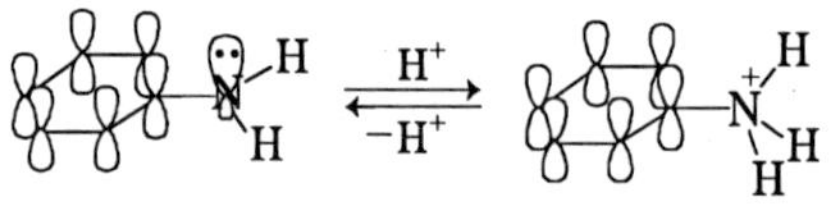

アニリン　　　　　　アニリニウムイオン　不安定

香環のπ電子系と共鳴できる点にある．一方，アニリンへのプロトン付加により生成する共役酸であるアニリニウムイオンにおいては，もはや窒素上の電子対は芳香環のπ電子系と共鳴できず安定化が妨げられる．すなわちアニリン分子のアニリニウムイオンへの変化はエネルギー的に好ましくない方向にあり，これはアニリンがプロトン付加を受けにくい塩基であることを意味している．

　パラ位置換基がアニリンの塩基性の強さに及ぼす影響はどうであろうか．電子求引基であるニトロ基はR効果によりアミノ基上の非結合電子対を引き込むので，p-ニトロアニリンの塩基性はいっそう弱くなる（pK_a 0.98）．一方，電子供与基であるメトキシ基はアミノ基の結合した炭素上に負電荷のある共鳴構造の寄与により，アミノ基に対し塩基性を強めるR効果を発揮する．つまりp-メトキシアニリンの塩基性は強まる（pK_a 5.29）．

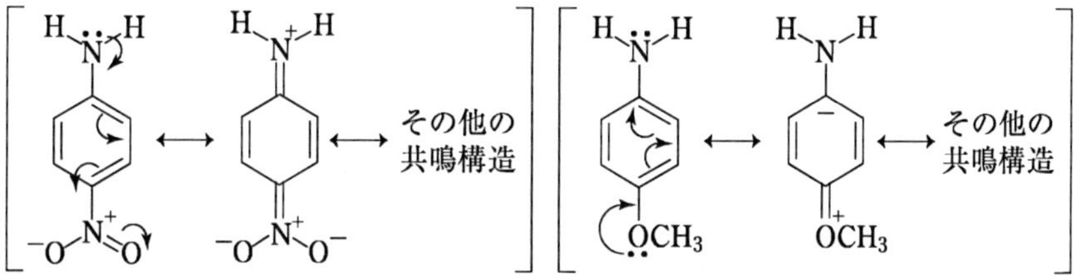

p-ニトロアニリン　pK_a = 0.98　　　　p-メトキシアニリン　pK_a = 5.29

【例題 2.6】 p-メチルアニリンとp-シアノアニリンではどちらが塩基として強いか．

[解答]　p-メチルアニリン ＞ p-シアノアニリン

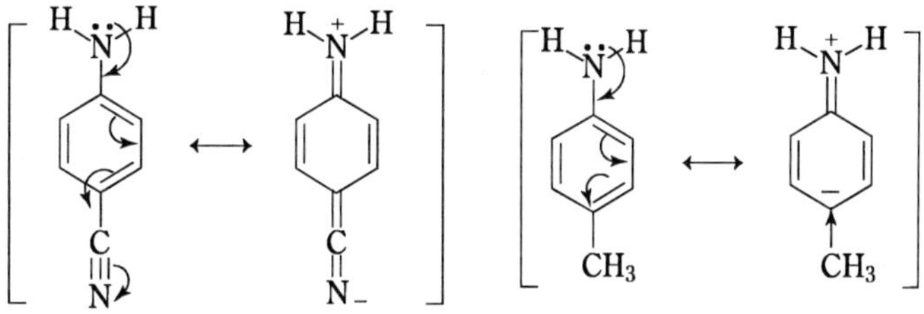

塩基性弱まる　　　　　　　　　　　塩基性強まる

2.7　酸・塩基の強さと水素結合，立体効果

　置換安息香酸や置換アニリンの酸・塩基の強さに及ぼすオルト位置換基の影響は，I効果の効き方は別にして，R効果の点ではパラ位置換基と類似している．したがって，オルト位置換体はパラ位置換体と類似した酸性度・塩基性度を示してよいはずであるが，しばしばこの予想ははずれる．それゆえ，パラ位

置換体やメタ位置換体にはみられない効果がオルト位置換体には作用していると考えられる．

オルト位置換体ではとなり合う置換基同士の立体的な反発による効果（立体効果，steric effect）がまず考えられる．また，置換基によっては分子内での**水素結合**（hydrogen bonding）も重要な働きをする．後者の典型的な例がサリチル酸（o-ヒドロキシ安息香酸）である．サリチル酸の共役塩基の負電荷は隣接するヒドロキシ基と水素結合することにより安定化されるため，サリチル酸はp-ヒドロキシ安息香酸（pK_a 4.58）よりずっと強い酸である．

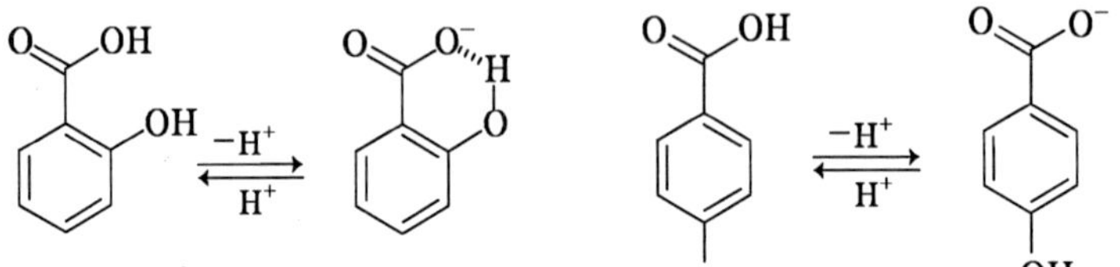

サリチル酸　pK_a = 2.98

p-ヒドロキシ安息香酸　pK_a = 4.58

このほか，分子内水素結合がカルボン酸の酸性を強くする例として cis-ブテン二酸（マレイン酸）をあげることができる．マレイン酸の1価アニオンは水素結合により安定化されるが，その異性体である $trans$-ブテン二酸（フマル酸）の場合にはこのようなことは不可能である．そのため，マレイン酸（pK_a^1 1.92）はフマル酸（pK_a^1 3.02）よりはるかに強い酸性を示す．

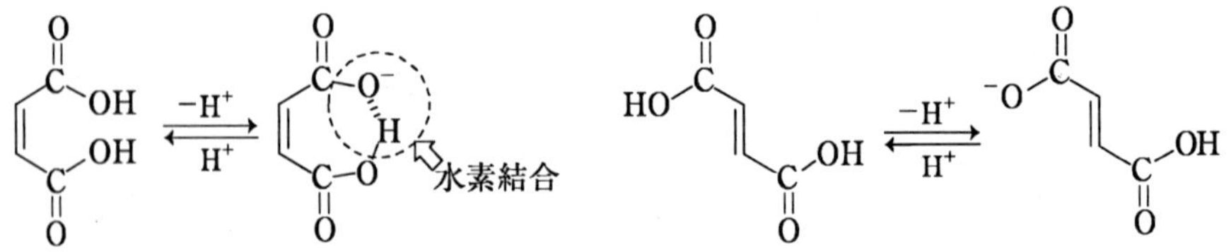

マレイン酸　pK_a^1 = 1.92　　水素結合

フマル酸　pK_a^1 = 3.02

2,4,6-トリニトロアニリンではアミノ基の水素が両隣のニトロ基の酸素と水素結合するためこれらの基は芳香環と同一平面上にならぶ．したがって，窒素のp軌道と芳香環のπ電子系は効率よく共役でき，三つのニトロ基の電子求引性のR効果が強く働く．その結果，2,4,6-トリニトロアニリンの塩基性は著しく弱められる．

これに対し，N,N-ジメチル-2,4,6-トリニトロアニリンでは分子内での水素結合は無論できない．隣接するニトロ基との**立体障害**（steric hindrance）によりジメチルアミノ基は環炭素と窒素の結合軸のまわりで回転し，窒素上のp軌道は芳香環π軌道と共役できなくなる．このため，ニトロ基のR効果はジメチルアミノ基に及ばず，N,N-ジメチル-2,4,6-トリニトロアニリンは2,4,6-トリニトロアニリンよりもはるかに強い塩基となる．

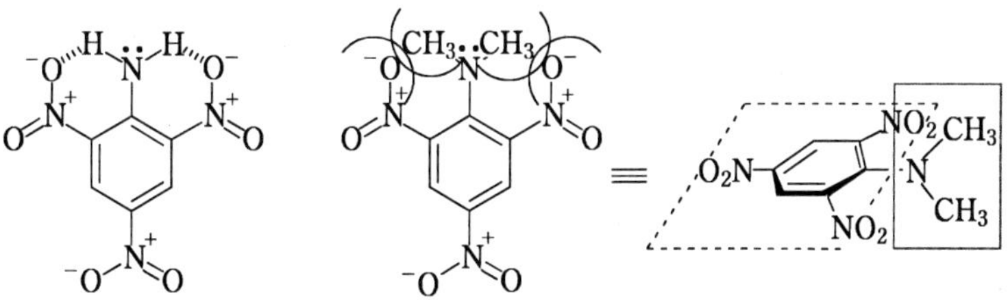

【発展】 アミドとグアニジン

アミドはアミノ基に直接 C=O 基の結合した分子であり，ほとんど塩基性を示さない．たとえばアセトアミドの pK_a は -0.5 である．アミノ基に結合した C=O 基が電子求引基であることのほか，R 効果により窒素上の非結合電子対がカルボニル酸素に引きつけられるためである．

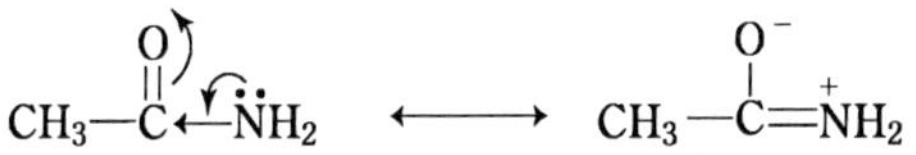

一方，アミドとは逆に R 効果によって塩基性の増強される場合がある．その例がグアニジンで，有機窒素塩基のうちもっとも塩基性の強いものの一つである（pK_a = 13.6）．この理由は，プロトン化された共役酸が次のように強く共鳴安定化されることにある．

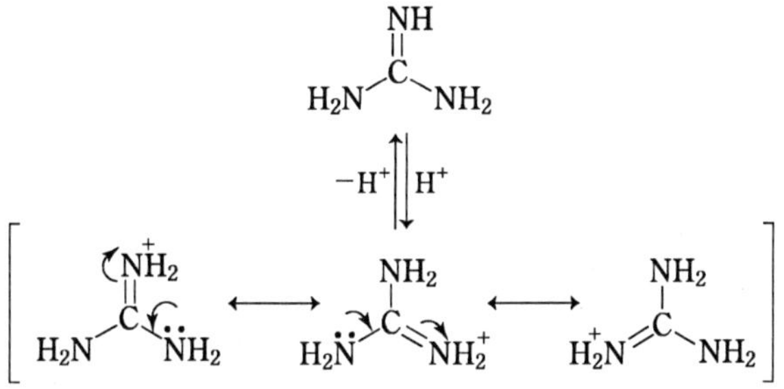

2.8 Lewis の酸・塩基と有機反応，そして HSAB 則

化学結合は電子対によって形成されているから，分子は Lewis の酸と塩基から成り立っていると考えることができる．有機反応の多くも Lewis の酸と塩基の結合か，その逆の，共有結合の開裂による Lewis の酸と塩基の生成とみることができる．

たとえば，4 章で学ぶ求核置換反応の一つである，t-ブチルブロミドと水の反応による t-ブチルアルコールの生成反応を考えてみる．まず，この反応では t-ブチルカチオンと臭化物イオンが生成する．これはちょうど Lewis 酸と Lewis 塩基の塩が解離するのと同じである．

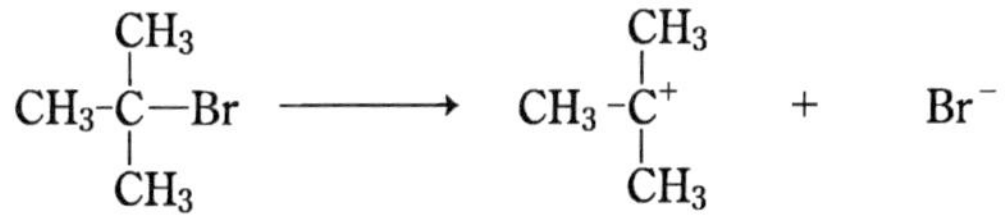

次のステップはt-ブチルカチオンとLewis塩基としての水との反応である．

$$CH_3-\overset{CH_3}{\underset{CH_3}{C^+}} \quad \overset{H}{\underset{H}{\ddot{O}:}} \longrightarrow CH_3-\overset{CH_3}{\underset{CH_3}{\overset{+}{C}}}-\overset{H}{\underset{H}{O}} \longrightarrow CH_3-\overset{CH_3}{\underset{CH_3}{C}}-OH + H^+$$

Lewis酸　Lewis塩基

このような考えを基礎にして化学反応性や選択性を定性的に予想することができる．この基準となっているのがPearsonが提案した**HSAB則**（hard and soft acids and bases principle）とよばれるものである．

HSAB則では，Lewis酸とLewis塩基を硬い酸と塩基，軟らかい酸と塩基に分類する．そして硬い酸は硬い塩基との親和性が高く，互いに強く結合し，軟らかい酸は軟らかい塩基との親和性が高く，互いに強く結合する傾向にあるというものである．

表 2.2　HSAB則によるLewis酸・塩基の分類

	硬 い	中 間	軟らかい
酸	BF_3, CO_2, H^+, Li^+, Al^{3+}, RCO^+	Zn^{2+}, Fe^{2+}, R_3C^+	Ag^+, Hg^+, 金属(0), RCH_2^+
塩 基	NH_3, RNH_2, H_2O, HO^-, F^-, Cl^-, RCO_2^-	N_3^-, SO_3^{2-}, Br^-	R_3P, RSH, R^-, CN^-, SCN^-, I^-

この分類はおもに中心原子の分極率によっており，その代表的なものを表2.2に示す．硬い塩基はフッ化物イオンのように電気陰性度が大きく，原子核の近くに非結合電子対を囲いこんでしまい，ほかのものに電子をわたすのを嫌う．その結果，共有結合をつくりにくくイオン結合をつくりやすい．

軟らかい塩基はヨウ化物イオンのように逆に電気陰性度が小さく分極しやすい．つまり，電子を放しやすいため，共有結合をつくりやすい．

硬い酸はマグネシウムやアルミニウムイオンのようになかなか電子対を受けとらないイオンの類と考えればよく，共有結合をつくりにくく，硬い塩基とイオン結合をつくりやすい．軟らかい酸は電子対を収容しやすく，軟らかい塩基と共有結合をつくりやすい．

【発展】　HSAB則と反応

あとの章で学ぶ求核試薬はLewis塩基であり，求電子試薬はLewis酸とみなせる．これらが関係する反応では反応の速さがどうかというところ（反応性すなわち反応速度論的性質）に関心が向けられる．そこではHSAB則の考えがおおいに役立つ．ただ，酸の強弱，塩基の強弱，すなわち酸性，塩基性は平衡のかたよりを考えるものであったのに対し，求核試薬の強さ（求核性）は"速度論的な"Lewis塩基性と

考えるべきものである点に注意してほしい．
　次に HSAB 則と反応速度との関係についての例を示そう．アルケンへの臭素や酸触媒による水の付加反応ではアルケンが電子供与体となるから塩基と考えてよい．しかも軟らかい塩基である．また臭素は軟らかい酸として働き，酸触媒のプロトンは硬い酸である．したがって，アルケンと臭素の組合せの方が，アルケンとプロトンの組合せより相性がよい．実際，アルケンへの臭素化は速い反応である．

$$CH_2=CH_2 \xrightarrow[速い]{Br_2} \left[\begin{array}{c} Br^+ \\ H-C-C-H \\ H \quad H \end{array} \right] \xrightarrow{Br^-} \begin{array}{c} Br \quad H \\ H-C-C-H \\ H \quad Br \end{array}$$

$$CH_2=CH_2 \xrightarrow[遅い]{H^+} \left[\begin{array}{c} H \\ H-C-C^+-H \\ H \quad H \end{array} \right] \xrightarrow[-H^+]{H_2O} \begin{array}{c} H \quad H \\ H-C-C-H \\ H \quad OH \end{array}$$

● 2章のまとめ

（1） Brønsted の酸・塩基と Lewis の酸・塩基

[Brønsted]　酸：プロトンを与える物質（プロトン供与体）
　　　　　　塩基：プロトンを受けとる物質（プロトン受容体）
[Lewis]　　酸：非結合電子対を受けとる分子やイオン
　　　　　　塩基：非結合電子対を与える分子やイオン

（2） 酸の強さ，酸性度指数と塩基の強さ，塩基性度指数

$$HA + H_2O \rightleftarrows A^- + H_3O^+ \qquad K_a=[H_3O^+][A^-]/[HA]$$
酸　　塩基　　　　　共役塩基　共役酸

酸性度指数：$pK_a = -\log_{10} K_a$

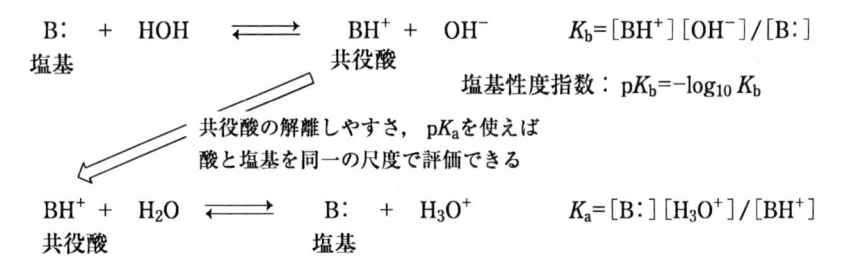

$$B: + HOH \rightleftarrows BH^+ + OH^- \qquad K_b=[BH^+][OH^-]/[B:]$$
塩基　　　　　　共役酸

塩基性度指数：$pK_b = -\log_{10} K_b$

⇐ 共役酸の解離しやすさ，pK_aを使えば
　　酸と塩基を同一の尺度で評価できる

$$BH^+ + H_2O \rightleftarrows B: + H_3O^+ \qquad K_a=[B:][H_3O^+]/[BH^+]$$
共役酸　　　　　　塩基

（3） I 効果と酸・塩基の強さ

I 効果（inductive effect）：σ 結合を通して働く

電子求引基：　　酸性度を強める　　　　　　　　塩基性度を弱める

$$CH_3COOH \ll \begin{array}{c} Cl \\ Cl \leftarrow C \leftarrow COOH \\ Cl \end{array} \qquad \begin{array}{c} H_3C \\ H_3C-N(:) \\ H_3C \end{array} \gg \begin{array}{c} F_3C \\ F_3C-N \\ F_3C \end{array}$$

$pK_a=4.76$　　　$pK_a=0.65$　　　　　　　　　　　　　　　　塩基性を示さない

電子供与基： 酸性度をいくぶん弱める　　塩基性度を強める

$H_3C \rightarrow CH_3-COOH$
$pK_a = 4.88$

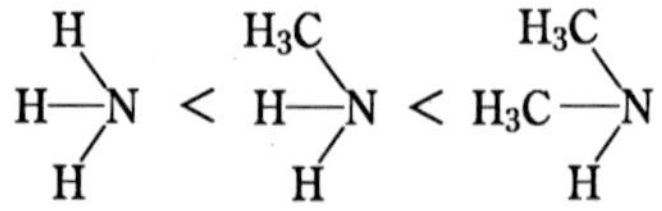

$H_3N-H < H_2N-CH_3 < HN(CH_3)_2$ (構造として H—N(H)(H), H—N(H)(CH_3), H_3C—N(H)(CH_3))
$pK_a = 9.25$　　10.64　　10.77

（4）R 効果と酸・塩基の強さ

① R 効果 (resonance effect) あるいは M 効果 (mesomeric effect)：π 結合を通して働く

② 芳香族カルボン酸やフェノール ⇒ 置換基がオルトかパラにある場合に効果

電子求引基： 酸性度を強める　　　　　　　　　　塩基性度を弱める

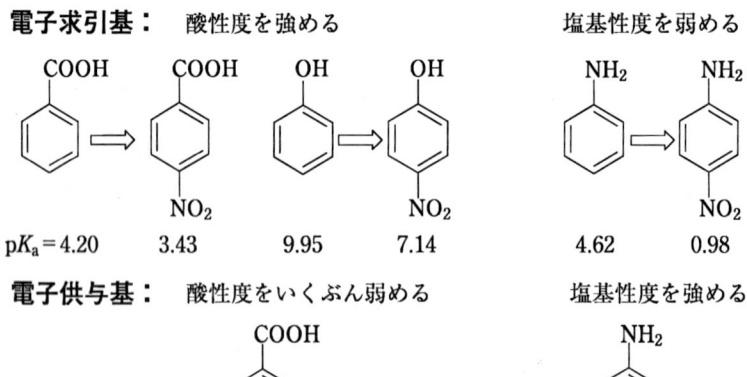

(PhCOOH) ⇒ (p-NO$_2$-PhCOOH)　(PhOH) ⇒ (p-NO$_2$-PhOH)　(PhNH$_2$) ⇒ (p-NO$_2$-PhNH$_2$)

$pK_a = 4.20$　3.43　　9.95　7.14　　　4.62　0.98

電子供与基： 酸性度をいくぶん弱める　　　　　塩基性度を強める

(p-OCH$_3$-PhCOOH)　　　　　　　　　　　(p-OCH$_3$-PhNH$_2$)
$pK_a = 4.47$　　　　　　　　　　　　　　　　5.29

（5）酸・塩基の強さと水素結合，立体効果

共役塩基が水素結合により安定化される ⇒ 酸性度が増強

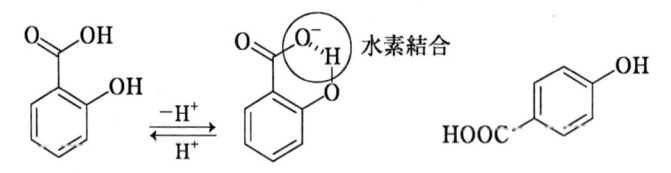

(サリチル酸) ⇌ (共役塩基、水素結合) 水素結合　　　　(p-ヒドロキシ安息香酸)
　　　　　　　　$-H^+ / H^+$

$pK_a = 2.98$　　　　　　　　　　　　　　　　　$pK_a = 4.58$

立体障害により共役系が切断される ⇒ R 効果は及ばなくなる

（6）HSAB 則 (hard and soft acids and bases principle)

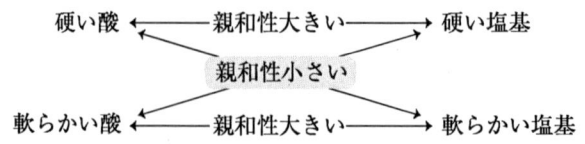

硬い酸 ←——親和性大きい——→ 硬い塩基
　　　　　親和性小さい
軟らかい酸 ←——親和性大きい——→ 軟らかい塩基

2章の問題

[2.1] エタノール，シアン化水素酸，アセチレン，ブタン酸（酪酸）の pK_a は次に示したとおりである．それぞれの酸性度定数はいくらか．

エタノール：16，シアン化水素酸：9.3，アセチレン：25，ブタン酸：4.8

[2.2] 問題 [2.1] で示した pK_a によると，次の反応はどちらにかたよるか．

(a) $CH_3CH_2OH + NaCN \rightleftharpoons CH_3CH_2ONa + HCN$

(b) $CH_3CH_2CH_2COONa + HCN \rightleftharpoons CH_3CH_2CH_2COOH + NaCN$

(c) $CH_3CH_2ONa + HC\equiv CH \rightleftharpoons CH_3CH_2OH + NaC\equiv CH$

[2.3] 次の物質は HCl との反応でどのようにして Lewis 塩基として働くか．

(a) CH_3CH_2OH, (b) $CH_3CH_2OCH_2CH_3$, (c) $HN(CH_3)_2$, (d) CH_3COOCH_3

[2.4] 2,4-ペンタンジオンは $pK_a=9$ の酸である．アセトン（$pK_a=19$）よりはるかに強い酸となる理由を考えよ．

[2.5] 次の二つの化合物 A，B のどちらが塩基として強いか．

A: ピロリジン（飽和五員環アミン）　B: ピロール（芳香族五員環アミン）

3 反応速度と反応機構

● 3章で学習する目標

　ある反応がフラスコ中で起こっているとしよう．このとき，どのような種類の反応が，どのような道筋で，どのくらいの速さで進んでいるのだろうか．そしてそれは何によって決まるのだろうか．この章ではこれらを理解するために必要な基礎的な事柄を学ぶ．

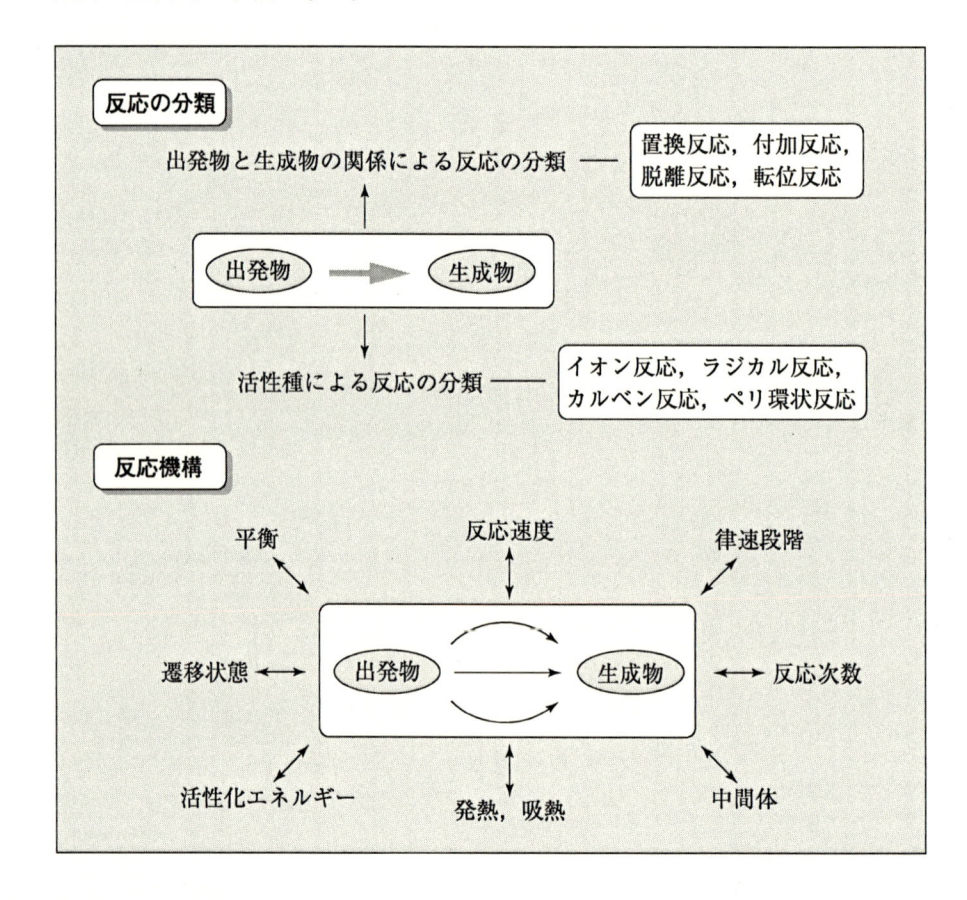

```
反応の分類
  出発物と生成物の関係による反応の分類 ── 置換反応，付加反応，脱離反応，転位反応
    出発物 → 生成物
  活性種による反応の分類 ── イオン反応，ラジカル反応，カルベン反応，ペリ環状反応

反応機構
  平衡　　　　反応速度　　　律速段階
  遷移状態 ↔ 出発物 → 生成物 ↔ 反応次数
  活性化エネルギー　発熱，吸熱　中間体
```

3.1 反応の形式による分類

　有機化学反応は多種多様であり一見複雑に見えるが，出発物と生成物の関係

から考えると，わずかに次の四つの形式に分類できることがわかる．

[置換反応]　　　A−B ＋ C−D ⟶ A−C ＋ B−D　　　　(3.1)

[付加反応]　　　A ＋ B ⟶ C　　　　　　　　　　　　(3.2)

[脱離反応]　　　A ⟶ B ＋ C　　　　　　　　　　　　(3.3)

[転位反応]　　　A ⟶ B　　　　　　　　　　　　　　(3.4)

　置換反応（substituion reaction）は一般式（3.1）で表され，二つの出発物がそれぞれの一部を交換し，二つの新しい生成物を与える．**付加反応**（addition reaction）は一般式（3.2）で表され，二つの出発物から一つの分子が生成する反応をいう．不飽和結合をもつ化合物に対して別の分子が反応し，不飽和結合部の二つの原子がそれぞれ結合をつくる反応である．**脱離反応**（elimination reaction）は形式的には付加反応の逆反応である．一般式（3.3）で表されるように，一つの分子から二つの分子が生成し，不飽和結合が生成する．一つの分子内で，結合の切断と生成が起こる反応を**転位反応**（rearrangement）という．一般式では（3.4）のように表される．

3.2　結合の切断と生成の様式

　すべての反応は結合の切断と生成を伴う．結合の切断には二つの様式があり，結合が**ホモリシス**（homolysis，**均等開裂**）する場合と**ヘテロリシス**（heterolysis，**不均等開裂**）する場合がある．式（3.5）のように，均等に開裂すると**ラジカル**（radical）が生じ，式（3.6），（3.7）のように不均等に開裂すると**イオン**（ion）が生じる．結合の生成にも同様に，二つの出発物が電子を一つずつ出しあう場合と，一方の出発物が電子対を供与して結合をつくる場合がある．前者をラジカル反応，後者をイオン反応という．式（3.6）のように，炭素原子が正電荷をもつ活性種を**カルボカチオン**（carbocation），式（3.7）のように炭素原子が負電荷をもつ活性種を**カルボアニオン**（carboanion）という．

[ラジカル反応]　　C:X ⟶ C· ＋ ·X　　　　　　　　(3.5)

[イ オ ン 反 応]　　C:X ⟶ C^+ ＋ :X^-　　　　　　　(3.6)

[イ オ ン 反 応]　　C:X ⟶ :C^- ＋ X^+　　　　　　　(3.7)

a．イオン反応

　電子が豊富な基質と電子が不足している基質が，互いに引き付けあうことで起こる反応を**イオン反応**（ionic reaction）という．カルボアニオンのように電子が豊富な基質を**求核試薬**（nucleophile），カルボカチオンのように電子不足の基質を**求電子試薬**（electrophile）という．一般に，炭素原子に電気陰性度の大きな原子がつくと，炭素原子は部分正電荷を帯びるようになり，求電子試薬として作用する．一方，電気陰性度の小さな原子，たとえば金属原子がつく

と，炭素原子は逆に部分負電荷を帯びるようになり求核試薬として働く．

以下に代表的な求核試薬および求電子試薬をあげる．電荷や電荷のかたよりを持たないものも求核試薬や求電子試薬として作用する点に注意しよう．非結合電子対，不飽和結合をもつものは電子が豊富に存在するので求核試薬として作用し，一方，Lewis酸のように電子を欲しがっているものは求電子試薬として作用する．アルコールROHは通常，求核試薬として作用するが，プロトン化した状態（ROH_2^+）では求電子試薬として働く．電荷のかたより，非結合電子対，不飽和結合は官能基に存在するので，イオン反応は官能基あるいは官能基の隣接位で起こることになる．

[求核試薬]　H^-, RS^-, CN^-, I^-, HO^-, RO^-, N_3^-, Br^-, Cl^-, $RCOO^-$, NH_3, RSH, ROH

[求電子試薬]　H^+, NO_2^+, CH_3CO^+, R^+, $R\text{-}X$, $R_2C\text{=}O$, ROH_2^+

臭化メチルとナトリウムメトキシドとの反応によるエーテル合成を考えよう．臭化メチルでは臭素側に電子が引き付けられ，メチル基の炭素原子は正電荷を帯びている．一方，ナトリウムメトキシドでは酸素原子が負電荷を帯びているため，これが臭化メチルの炭素原子を攻撃する．このとき，ナトリウムメトキシドは求核試薬であり，臭化メチルは求電子試薬である．反応における電子の動きをわかりやすく示すために**屈曲矢印**がしばしば用いられる．イオン反応では，電子対から正電荷を帯びている部分に向かって矢印を書く．

$$CH_3O^-Na^+ + \overset{\delta^+}{CH_3}\text{-}\overset{\delta^-}{Br} \longrightarrow CH_3OCH_3 + NaBr$$

官能基の中には，炭素-炭素不飽和結合のようにそれ自体は分極してはいないが，電子が豊富であるため求電子試薬の攻撃を受けるものもある．たとえば，エチレンと臭化水素との反応では，求電子試薬であるプロトン（H^+）が電子の豊富なエチレンと反応し，エチルカチオンが生成したのち，臭化物イオンが反応することで臭化エチルが生成する．

$$CH_2=CH_2 + HBr \longrightarrow CH_2=CH_2 + [\,H^+ + Br^-\,]$$
$$\longrightarrow [\,CH_3\text{-}CH_2^+ + Br^-\,] \longrightarrow CH_3\text{-}CH_2Br$$

b．ラジカル反応

例に示したように，官能基をもたないメタンのような化合物も塩素と反応し，塩素化合物を生成する．塩素分子は熱や光でホモリシスを起こし，ラジカルを生成する．これが水素原子を引き抜き炭素ラジカルを生成して，塩素分子と反応することで，塩化メチルを生成する．イオン反応では電子対が反応に関

与しWXいることを述べたが，ラジカル反応では不対電子の関与している点が特徴である．ラジカル反応を矢印で表記する場合は，電子一つが移動することを示すため，イオン反応の場合と区別して，**つりばり形の屈曲矢印**を用いる．

つりばり形の屈曲矢印

$$Cl-Cl \xrightarrow{h\nu} Cl\cdot\ +\ \cdot Cl$$

$$Cl\cdot\quad H-CH_3 \longrightarrow HCl\ +\ \cdot CH_3$$

$$CH_3\cdot\quad Cl-Cl \longrightarrow CH_3Cl +\ \cdot Cl$$

3.3 反応速度と化学平衡

ある二つの化合物を混ぜ合わせた場合，反応が起こるか起こらないかは何で決まるのであろうか．一つの要因として化学平衡が考えられる．平衡が生成物側にかたよっていれば反応が進むことになり，平衡が反応物側にかたよっていれば反応は進まないのは容易に想像がつくであろう．しかし，ある反応が何年もかかって進むなら，それは実質的に反応しないに等しい．すなわち，反応の速さが問題となる．したがって，反応の進行は**化学平衡**（chemical equilibrium）と**反応速度**（reaction rate）によって決定される．

a．反応速度と反応次数

反応速度は，出発物の物質量の減少速度，あるいは生成物の物質量の増加速度と定義される．

$$a\mathrm{A}\ +\ b\mathrm{B}\ \rightleftharpoons\ c\mathrm{C}\ +\ d\mathrm{D} \tag{3.8}$$

式 (3.8) を考えた場合，出発物 A の濃度を [A]，出発物 B の濃度を [B] とすると，正の反応速度 v_1 は $k_1[\mathrm{A}]^a[\mathrm{B}]^b$ で表される．このとき，比例定数 k_1 は**速度定数**（rate constant）とよばれ，反応は A に関して a 次，B に関して b 次であるといい，正の**反応次数**（order of reaction）は $(a+b)$ で表される．k_1 は同じ温度であればその反応に特有な値となる．

一次反応と二次反応の例を以下に示す．

(1) 一次反応　ある反応の速度が一つの基質の濃度にのみ比例する場合，その反応を**一次反応**（first-order reaction）という．例として，アセト酢酸の脱炭酸によるアセトンと二酸化炭素の生成がある．

$$\underset{\text{アセト酢酸}}{\mathrm{CH_3COCH_2COOH}} \xrightarrow{k_1} \underset{\text{アセトン}}{\mathrm{CH_3COCH_3}}\ +\ \mathrm{CO_2}$$

この反応速度 v_1 はアセト酢酸の濃度に比例し，

$$v_1 = k_1[\mathrm{CH_3COCH_2COOH}] \tag{3.9}$$

となる．

(2) 二次反応 反応の速度が二つの基質の濃度に比例するか，あるいは一つの基質の濃度の自乗に比例する場合，その反応を**二次反応** (second-order reaction) という．例として，酢酸エチルのアルカリ加水分解をあげる．この反応が進行するためには，酢酸エチルとヒドロキシドイオンとの衝突が起こらなければならないため，反応速度は両者の濃度に依存することになる．

$$CH_3COOC_2H_5 \text{ (酢酸エチル)} + OH^- \underset{k_{-1}}{\overset{k_1}{\rightleftarrows}} CH_3COO^- + C_2H_5OH$$

反応速度 v_1 とその逆の反応速度 v_{-1} は次のように表される．

$$\left.\begin{array}{l} v_1 = k_1[CH_3COOC_2H_5][OH^-] \\ v_{-1} = k_{-1}[CH_3COO^-][C_2H_5OH] \end{array}\right\} \quad (3.10)$$

b. 化学平衡

すべての反応は平衡過程と考えることができ，平衡の位置を表すのが**平衡定数** (equilibrium constant) K である．平衡定数 K は，出発物の濃度の積と生成物の濃度の積の比，あるいは正の反応速度定数 k_1 と逆の反応速度定数 k_{-1} との比で表される．式 (3.8) を考えた場合，平衡状態では v_1 と v_{-1} は等しいので次式が導かれる．

$$k_1[A]^a[B]^b = k_{-1}[C]^c[D]^d \tag{3.11}$$

これから平衡定数 K が次のように導かれる．

$$\frac{k_1}{k_{-1}} = \frac{[C]^c[D]^d}{[A]^a[B]^b} = K \tag{3.12}$$

式 (3.12) から，K が 1 より大きいときは生成物の濃度が出発物より大きく，反応は右にかたより，逆に K が 1 より小さいときは反応は左にかたよることがわかる．

【例題 3.1】 ある反応で 1 モルの A と 1 モルの B が反応し 1 モルの C が生成した．① このときの速度定数を k_1 とする場合，反応速度 v_1 はどのように表されるか．② 反応次数は何次か．③ この反応が平衡状態にある場合，平衡定数 K はどのように表されるか．

[解答] この反応式は次のように表せる．

$$A + B \rightleftarrows C$$

① $v_1 = k_1[A][B]$．② A については一次，B についても一次であるので，反応次数は二次である．③ $K = [C]/[A][B]$

3.4 遷移状態と活性化エネルギー

　化学反応，すなわち結合の切断と生成が起こるためには，通常，出発系のエネルギーより高いエネルギー状態を通って結合の切断と生成が起こり，生成系に至る．エネルギーと反応中の分子の構造の変化を図に表したものをエネルギー模式図といい，反応の全体像をつかむのに便利である．ナトリウムメトキシドと臭化メチルとの反応のエネルギー図を図 3.1 に示す．反応の推移を横軸に，反応系のエネルギーを縦軸に描いてある．ここでは縦軸を Gibbs 自由エネルギー G で表しており，出発物と生成物のエネルギー差 ΔG により，反応が**自発的**か**非自発的**かが決まる．また，ΔG により平衡の位置も決定される．

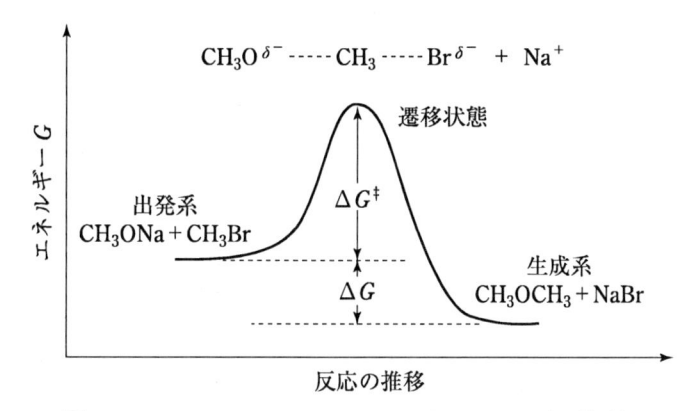

図 3.1 CH_3Br と $NaOCH_3$ との反応のエネルギー模式図

　エネルギーのもっとも高い状態は，結合の切断と生成が起こりつつある状態であり**遷移状態**（transition state）という．この状態は，単離することも検出することもできない．この例では，試薬 CH_3O^- が CH_3Br に攻撃すると同時に Br^- が脱離しつつある状態が遷移状態である．出発系と遷移状態とのエネルギー差は活性化自由エネルギー $\Delta G^\ddagger$ であり，多くの場合，Arrhenius の**活性化エネルギー**（activation energy）E_a とほぼ等しい．Arrhenius の反応速度論によれば反応速度定数 k は次の式（3.13）で表される．

$$k = Ae^{-E_a/RT} \tag{3.13}$$

　ここで，A は**頻度因子**（frequency factor）であり，反応に関与する分子同士の衝突の確率の尺度となる．この式から，山の高さは反応速度に関係し，山が高いほど反応速度は相対的に遅くなることがわかる．

　エチレンへの臭化水素の付加反応のエネルギー模式図を図 3.2 に示す．この反応は二段階の反応であり二つの山ができる．最初の山がプロトンの二重結合への付加に対応し，二つ目の山は臭化物イオンの付加に対応する．二つの山

の間の谷は準安定状態であり，これを**反応中間体** (reaction intermediate) とよぶ．この反応ではカルボカチオンに対応している．

この反応では最初の段階であるプロトンの付加における $\Delta G_1^\ddagger$ の方が，次の段階の $\Delta G_2^\ddagger$ より大きいため，反応速度は最初の段階で決定される．このように全体の反応速度を決定する段階を**律速段階**（rate-determining step）という．

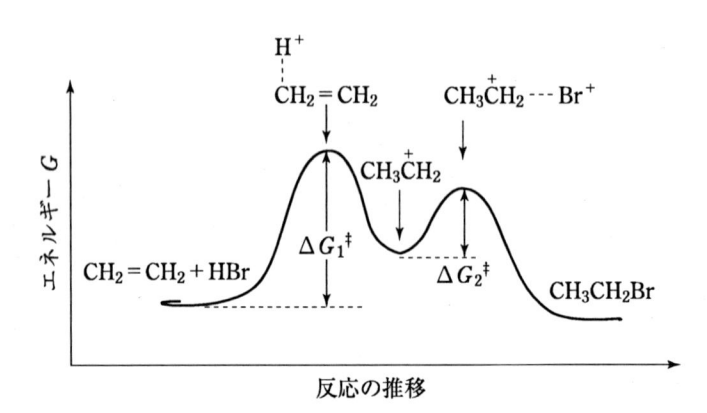

図 3.2 エチレンへの臭化水素の付加反応のエネルギー模式図

反応速度はさまざまな因子の影響を受ける．反応温度を高くすることは，外部からエネルギーを分子に与えることになるため，分子運動を激しくし，衝突の頻度を増すと同時に，活性化エネルギーの山を越えやすくする．

電子レンジで有機合成

電子レンジは食品の加熱などに広く用いられ，今や各家庭では必要不可欠の家電製品である．電子レンジ内では**マイクロ波**（microwave；MW）が照射され，食品中の水分がマイクロ波を吸収することで温められるようになっている．マイクロ波は可視光線や紫外線より波長が長く，エネルギー的には弱い電磁波である．したがって，化学反応を直接引き起こすことはできないと考えられるが，それにもかかわらず，有機化学反応を加速する効果が数多く報告されている．

たとえば，ジブロモアルカン酸を80℃で1時間加熱しても，ブロモアルケンは41％の収率でしか得られない．しかし，電子レンジではわずか15秒で，91％の収率でブロモアルケンを得ることができる．このような加熱反応とマイクロ波照射の違いはまだ明らかではないが，加熱反応は外部から熱を加えるのに対し，マイクロ波照射は分子が振動することで熱が発生する内部加熱である点に，何か秘密が隠されていると考えられている．近い将来，電子レンジは実験室に必要不可欠の実験装置になるかも知れない．

触媒（catalyst）は活性化エネルギーを低くするため，反応を速めることになる（図3.3）．なお，触媒は平衡の位置を変化させるものではないことに注意しよう．

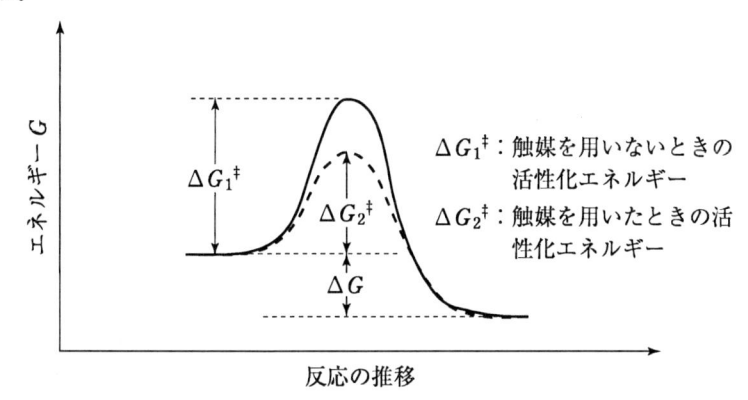

$\Delta G_1^{\ddagger}$：触媒を用いないときの活性化エネルギー
$\Delta G_2^{\ddagger}$：触媒を用いたときの活性化エネルギー

図 3.3 触媒を用いないとき（実線）と用いたとき（破線）の活性化自由エネルギー変化

3.5 反応中間体の構造と安定性

反応中間体には，**カルボカチオン**，**カルボアニオン**，**ラジカル**，**カルベン**の4種があり，最外殻電子の数と配置が異なる．これらの中間体の安定性は主に共鳴効果と誘起効果で決定される．

a．カルボカチオン

カルボカチオンは正電荷をもち，アルキルカチオンの中心炭素はsp^2混成軌道をとり平面三配位である．残ったp軌道には電子が入っていない．カルボカチオンは，アルキル置換基の数が増すほど安定化される．これは，アルキル基が電子供与性であることと，**超共役**（hyperconjugation）によるためである．

カルボカチオンの生成例：
$(CH_3)_3C-Br \longrightarrow (CH_3)_3C^+ + Br^-$

カルボカチオンの安定性

$H-\overset{+}{C}H_2\ <\ H_3C-\overset{+}{C}H_2\ <\ H_3C-\overset{+}{C}H-CH_3\ <\ H_3C-\overset{+}{C}(CH_3)_2$

カルボカチオンの共鳴による安定化

$H_2C=CH-\overset{+}{C}H_2\ \longleftrightarrow\ H_2\overset{+}{C}-CH=CH_2$

$CH_3\overset{..}{O}-\overset{+}{C}H_2\ \longleftrightarrow\ CH_3\overset{+}{O}=CH_2$

超共役

σ軌道と，隣接したp軌道との重なりによる共役は超共役とよばれる．とくにカルボカチオンの場合に超共役は顕著であり，空のp軌道と隣のC–Hσ結合の間の超共役がカルボカチオンのエネルギーを下げる．このため，C–H結合の数が多いほど，すなわちアルキル置換基が多いほどカルボカチオンは安定化を受けることになる．

$$\underset{\substack{|\\H}}{\overset{\substack{H\\|}}{H-C}}-\overset{+}{\underset{R^2}{C}}-R^1 \quad \xleftrightarrow{\text{超共役}} \quad \overset{\overset{+}{H}}{\underset{H}{H-C}}=\underset{R^2}{C}-R^1$$

また，立体的かさ高さにより，カチオンを攻撃しづらくなることももう一つの要因である．したがってカチオンの安定性の一般的傾向はメチル＜第一級＜第二級＜第三級の順になる．電荷の非局在化も安定化に大きく寄与するので，芳香環，二重結合，非結合電子対の存在もカルボカチオンの安定性を高めることになる．

b．カルボアニオン

カルボアニオンは中心炭素に負の電荷をもつものをいう．カルボアニオンを安定化する要因として，中心炭素のs性の増加，電子求引基の存在，隣接基との共鳴があげられる．電子供与基は逆に不安定化する．すなわち，カルボカチオンとは逆にカルボアニオンの安定性は，メチル＞第一級＞第二級＞第三級の順になる．

電荷は非局在化するほど安定化するため，カルボニル基，ニトロ基，シアノ基，二重結合，芳香環などと共役する場合に安定化が見られる．第三級カルボアニオンはsp^3混成軌道をとり正四面体構造である．このとき，電子対は一つのsp^3混成軌道を占めている．また，下図のようにsp^2, sp炭素のカルボアニオンも存在し，とくにsp炭素のカルボアニオンは安定で，その金属塩は**アセチリド**（acetylide）として知られている．

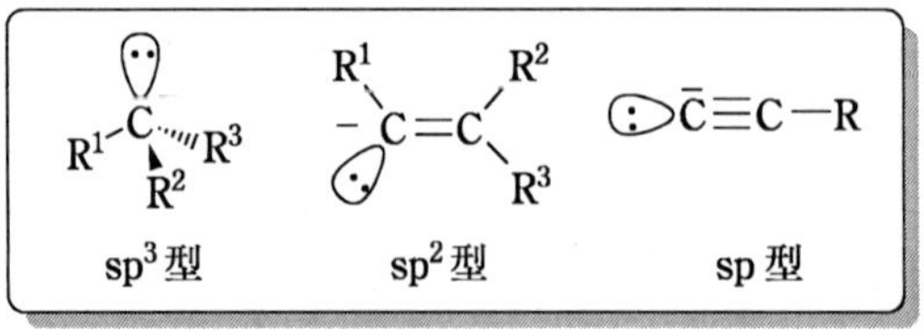

カルボアニオンの生成例

$C_7H_5C \equiv CH + C_4H_9Li$
$\longrightarrow C_6H_5C \equiv C^-Li^+ + C_4H_{10}$

sp³型　　sp²型　　sp型

カルボアニオンの安定性

$$\underset{\substack{|\\H}}{\overset{\substack{H\\|}}{H-C}}^- \quad > \quad \underset{\substack{|\\H}}{\overset{\substack{H\\|}}{H_3C-C}}^- \quad > \quad \underset{\substack{|\\CH_3}}{\overset{\substack{H\\|}}{H_3C-C}}^- \quad > \quad \underset{\substack{|\\CH_3}}{\overset{\substack{CH_3\\|}}{H_3C-C}}^-$$

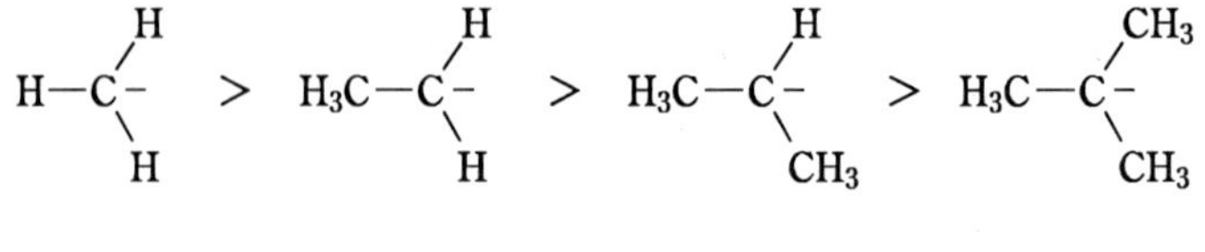

c. ラジカル

炭素ラジカルは，平面構造あるいは正四面体構造をとっていると考えられる．カルボカチオンと同様に，炭素ラジカルはアルキル置換基の数が増すほど安定化になり，メチル＜第一級＜第二級＜第三級の順になる．これらの化学種は，他の化学種と同様に共鳴安定化を受ける．とくに芳香環が結合している場合には共鳴のため大きな安定化を受ける．

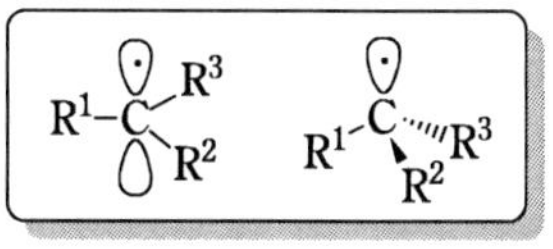

ラジカルの生成例

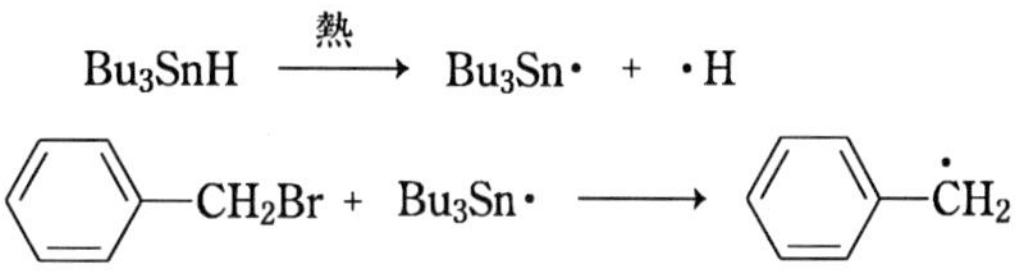

$$Bu_3SnH \xrightarrow{熱} Bu_3Sn\cdot + \cdot H$$

$$C_6H_5\text{-}CH_2Br + Bu_3Sn\cdot \longrightarrow C_6H_5\text{-}\dot{C}H_2$$

ラジカルの安定性

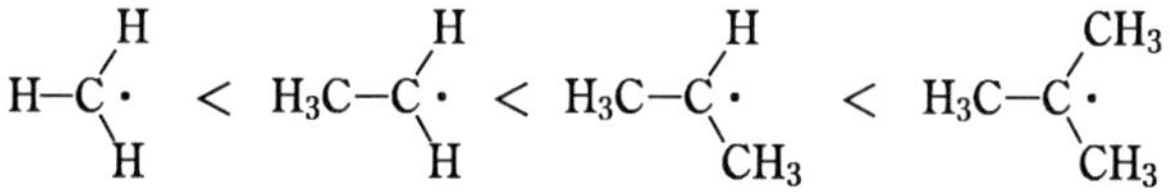

$$H\text{-}\overset{H}{\underset{H}{C}}\cdot < H_3C\text{-}\overset{H}{\underset{H}{C}}\cdot < H_3C\text{-}\overset{H}{\underset{CH_3}{C}}\cdot < H_3C\text{-}\overset{CH_3}{\underset{CH_3}{C}}\cdot$$

ラジカルの共鳴による安定化

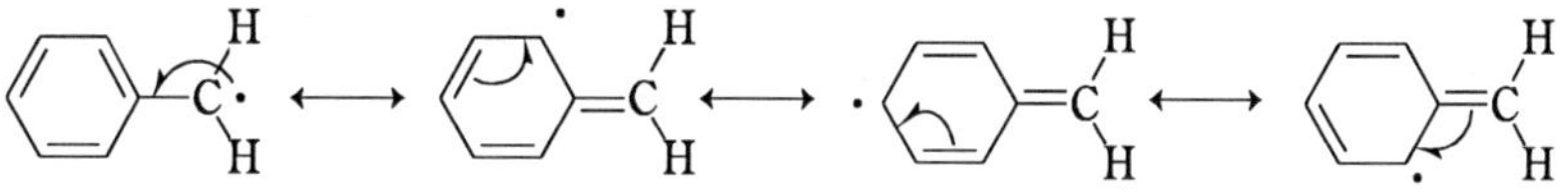

d. カルベン

カルベンは中心炭素が二配位の炭素原子であり，反応性に富む中間体である．カルベンの炭素原子には電子が6個しか入っておらず，形式電荷を持たない．カルベンには，一重項状態と三重項状態の二種類があり，両者は異なる反応をする（9章で詳しく述べる）．

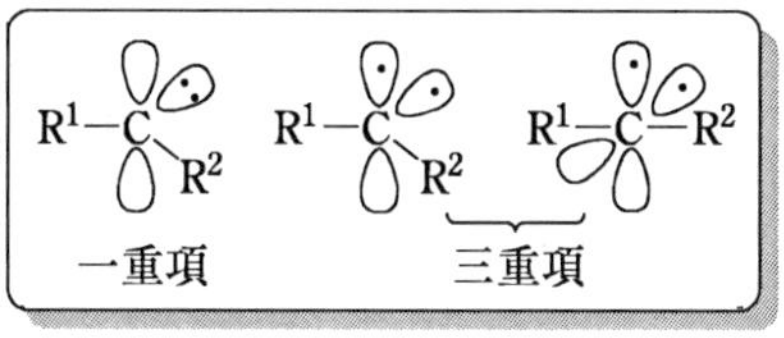

一重項　　三重項

カルベンの生成例

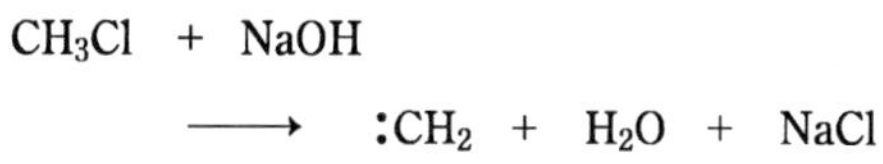

$$CH_3Cl + NaOH \longrightarrow \text{:}CH_2 + H_2O + NaCl$$

【例題 3.2】 パラ置換ベンジルアニオンおよびカチオンの置換基が，NO_2, Br, CH_3, OCH_3 の場合，どのような安定性の順になるかを記せ．

[解答] パラ位の電子求引基はカルボアニオンを安定化するが，カルボカチオンを不安定化するので，以下の順番になる．

パラ置換ベンジルアニオン：$NO_2 > Br > CH_3 > OCH_3$

パラ置換ベンジルカチオン：$NO_2 < Br < CH_3 < OCH_3$

3.6 速度論支配と熱力学支配

　ある反応において，反応温度の違いにより異なる生成物を与えることがある．フェノールのスルホン化を低温で行うと，パラ位がスルホン化を受けるが，高温ではオルト位がスルホン化を受ける（6章参照）．

p-ヒドロキシベンゼンスルホン酸　　　フェノール　　　o-ヒドロキシベンゼンスルホン酸

　図3.4のエネルギー模式図に示すように，フェノール（**A**）からp-ヒドロキシベンゼンスルホン酸（**B**）を与える反応における活性化エネルギー$\Delta G_B^\ddagger$は，o-ヒドロキシベンゼンスルホン酸（**C**）を与える活性化エネルギー$\Delta G_C^\ddagger$に比べて低いため，低温条件下では活性化エネルギーのより低い経路を通り，パラ置換体（**B**）を与えることになる．一方，活性化エネルギー$G_C^\ddagger$を越えるだけの十分なエネルギーが与えられる高温条件下では，**B**と**C**が平衡状態に到達し，自由エネルギーのより低い安定なオルト置換体（**C**）を与えることになる．このような現象は，二つの生成物を与える可逆的な系において，活性化エネルギーの大小と生成物の安定性とが逆転している場合にみられる．

　このように，生成物の安定性にかかわらず，活性化エネルギーの低い側の生成物を与えるような反応を**速度論支配**（kinetic control）の反応という．一

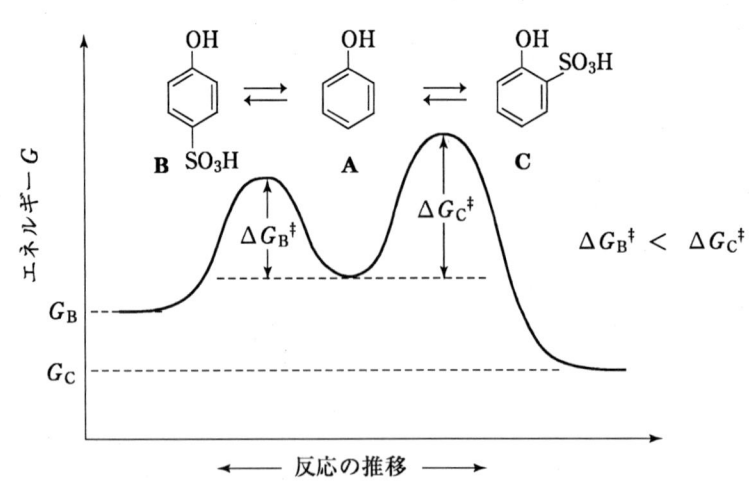

図 3.4　フェノールのスルホン化のエネルギー模式図

方,高温条件下で$\Delta G_c^{\ddagger}$を上まわるエネルギーを与える場合に見られるような,生成物の安定性によって支配される反応を**熱力学支配**(thermodynamic control)の反応という.速度論支配の条件下では活性化エネルギー差が大きいほど,そして熱力学支配の反応では生成物のエネルギー差が大きいほど,生成物の選択性が高くなる.

3.7 反応機構

どのような種類の反応が,どのような道筋を経て進行し生成物に至るかを詳細に記述したものが**反応機構**(reaction mechanism)である.反応機構を理解することは,今ある反応をより効率のよいものに改良するヒントを与えてくれる.つまり,収率の向上,副生成物の低減,さらには環境負荷の低減などにつながる.また,新しい反応の予測につながる.

反応機構を詳細に知るためには,反応速度や遷移状態,活性化エネルギー,律則段階などの速度論的研究や,生成物の分布,反応中間体,立体化学などの解析,さらに同位体標識などの幅広い検討が必要である.ここでは,芳香族化合物の反応機構を調べるためによく用いられる**Hammett 則**(Hammett rule)について紹介しよう.

Hammett 則は芳香族化合物の反応の平衡や反応速度に及ぼす置換基の効果を定量的に表した関係である.安息香酸および置換安息香酸の酸性度定数をそれぞれK_H, K_Xとすると,両者のpK_aの差としてΔpK_aが得られる.これをσで表し,Hammett の**置換基定数**(substituent constant)とよぶ.

$$\Delta pK_a = -\log K_H - (-\log K_X) = pK_H - pK_X = \log K_X/K_H = \sigma \quad (3.14)$$

パラ位に置換基がある場合のσ_p値を表に示す.電子供与性置換基は負,電子求引性置換基は正の値となる.

Hammett はまた,置換フェノール,置換アニリンなどの解離定数についてもσ値を用いる同様な関係式で表すことができることを見い出した.ここでρは比例定数であり,**反応定数**(reaction constant)とよばれている.

$$\log \frac{K_X}{K_H} = \rho\sigma \quad (3.15)$$

表 3.1 Hammett の置換基定数 σ_p

置換基 X	σ_p	置換基 X	σ_p	置換基 X	σ_p
HO	-0.37	H	0	CH_3CO	$+0.50$
CH_3O	-0.27	F	$+0.06$	CN	$+0.66$
$(CH_3)_3C$	-0.20	Cl	$+0.23$	NO_2	$+0.78$
CH_3	-0.17	Br	$+0.23$		

さらに重要なのは，二置換ベンゼン誘導体の置換基上における反応の速度定数 k_H, k_X についても同様な関係式が成り立つことである．反応定数 ρ の符号や大きさは反応機構の研究に重要な情報を提供する．この符号は，注目している反応の遷移状態や中間体において，反応が求核的か求電子的かによって異なってくる．なぜなら，置換基の効果がそれぞれ逆に作用するためである．すなわち ρ の値が正の場合は，電子求引基によって反応が加速され，負の場合は逆に電子供与基によって加速されることを意味している．また，ρ の大きさは置換基の反応に及ぼす効果の大きさに関係している．

図3.6に，パラ置換安息香酸エチルのアルカリ加水分解の例を示した．よい直線関係が得られており，ρ 値は正の値（2.2程度）であることから電子求引基がつくことで反応は加速され，遷移状態では求核的反応が起こっていることがわかる．

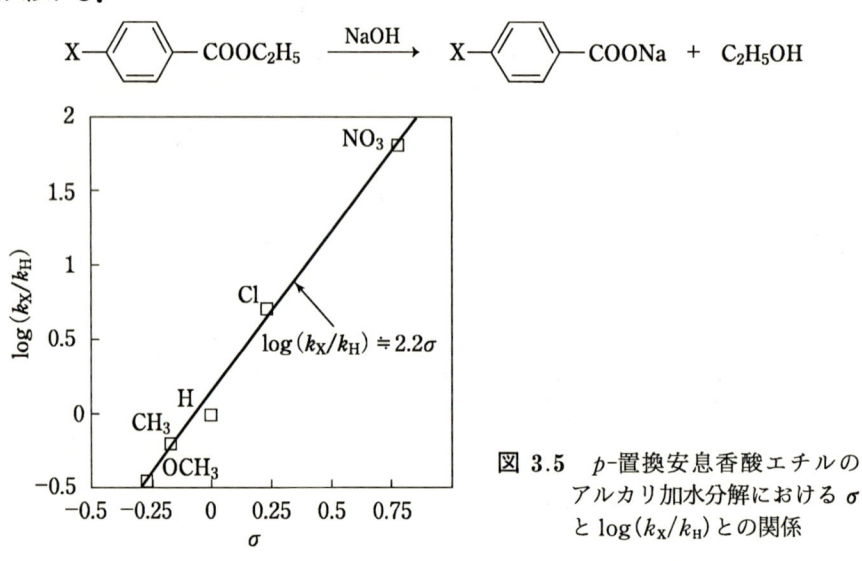

$$X\text{-}C_6H_4\text{-}COOC_2H_5 \xrightarrow{NaOH} X\text{-}C_6H_4\text{-}COONa + C_2H_5OH$$

$\log(k_X/k_H) \approx 2.2\sigma$

図 3.5 p-置換安息香酸エチルのアルカリ加水分解における σ と $\log(k_X/k_H)$ との関係

【例題3.3】 パラ位に種々の置換基をもつ芳香族化合物 $ArC(CH_3)_2Cl$ を水-エタノール中で加溶媒分解を行ったところ，ρ の値は -4.45 であった．この ρ 値の符号からこの反応の反応機構はどのように説明されるか．

$$Ar-C(CH_3)_2-Cl \xrightarrow{C_2H_5OH} Ar-C(CH_3)_2-OC_2H_5$$

[解答] ρ 値は負であるから，電子供与基により反応が加速されることを意味している．このことはカルボカチオン中間体の生成を示唆しており，これが律速段階であると考えられる．したがって，S_N1 機構（4章参照）で反応が進行していると考えられる．

3章のまとめ

(1) 反応の形式

[置換反応] A−B + C−D ⟶ A−C + B−D

CH$_3$Br + NaOCH$_3$ ⟶ CH$_3$OCH$_3$ + NaBr

[不加反応] A + B ⟶ C

CH$_2$=CH$_2$ + Br$_2$ ⟶ BrCH$_2$−CH$_2$Br

[脱離反応] A ⟶ B + C

CH$_3$CH$_2$Br $\xrightarrow{\text{塩基}}$ CH$_2$=CH$_2$ + HBr

[転位反応] A ⟶ B

C$_6$H$_5$−OCH$_2$CH=CH$_2$ $\xrightarrow{200℃}$ o-(CH$_2$CH=CH$_2$)C$_6$H$_4$−OH

(2) 結合の形成と切断から見た反応の種類

[ラジカル反応]

Cl−Cl $\xrightarrow{h\nu}$ Cl・ + ・Cl

Cl・ + H−CH$_3$ ⟶ HCl + ・CH$_3$

CH$_3$・ + Cl−Cl ⟶ CH$_3$Cl + ・Cl

[イオン反応]

CH$_2$=CH$_2$ + HBr ⟶ [CH$_3$−CH$_2^+$ + Br$^-$] ⟶ CH$_3$−CH$_2$Br

(3) 反応速度, 反応次数, 平衡定数

aA + bB ⇌ cC + dD

反応速度　　$v_1 = k_1[A]^a[B]^b$

反応次数　　$(a+b)$

平衡定数　　$K = \dfrac{[C]^c[D]^d}{[A]^a[B]^b}$

(4) 遷移状態, 中間体, 活性化エネルギー

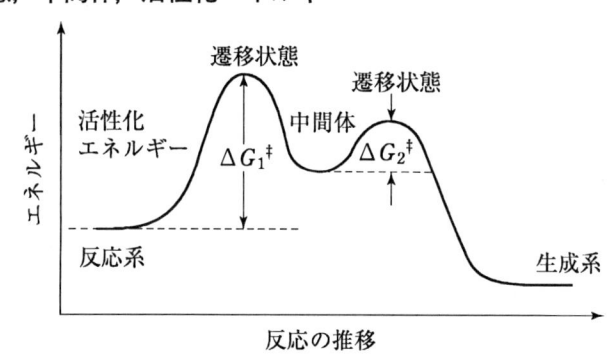

エネルギー図: 反応系から遷移状態(活性化エネルギー $\Delta G_1^\ddagger$)を経て中間体となり, さらに遷移状態($\Delta G_2^\ddagger$)を経て生成系に至る. 横軸は反応の推移.

（5）中間体の種類と安定性

[カルボカチオン]

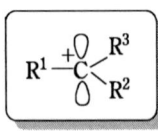

構造的特徴：平面構造，正電荷をもつ．
安定性：メチル＜第一級＜第二級＜第三級

[カルボアニオン]

sp³型　　sp²型　　sp型

構造的特徴：四面体，平面，直線構造，負電荷をもつ．
安定性：メチル＞第一級＞第二級＞第三級

[ラジカル]

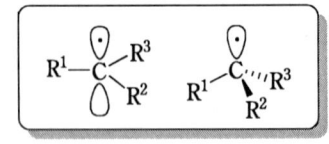

構造的特徴：平面または四面体構造，不対電子をもつ．
安定性：メチル＜第一級＜第二級＜第三級

[カルベン]

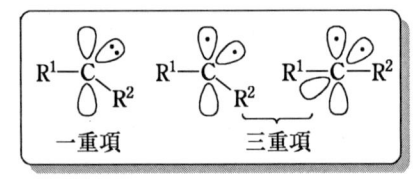

一重項　　三重項

構造的特徴：直線および折れ曲がり構造，二つの非結合電子をもち，電子のスピン状態により，一重項と三重項がある．

（6）速度支配と熱力学支配

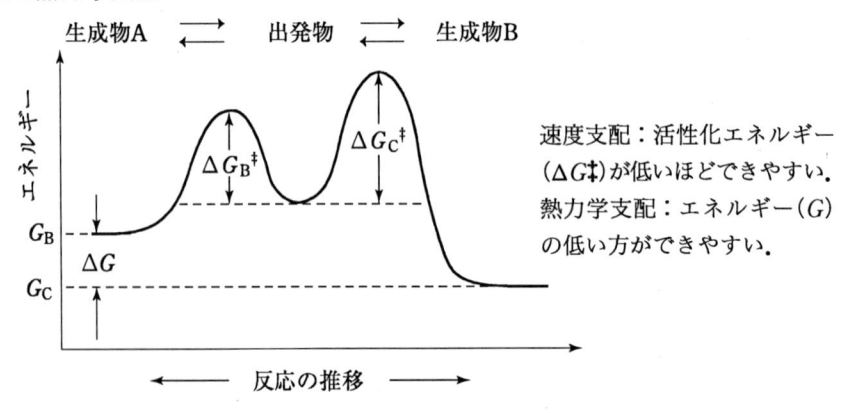

速度支配：活性化エネルギー（$\Delta G^{\ddagger}$）が低いほどできやすい．
熱力学支配：エネルギー（G）の低い方ができやすい．

（7） 反応機構の研究
① 速度定数，活性化エネルギー，律速段階，遷移状態，生成物の分布，反応中間体，立体化学，同位体標識などの検討
② Hammett 則－芳香族化合物の反応に及ぼす置換基効果
置換基定数 σ：$\Delta \mathrm{p}K_a = -\log K_H - (-\log K_X) = \mathrm{p}K_H - \mathrm{p}K_X = \log K_X/K_H = \sigma$
反 応 定 数 σ：$\log K_X/K_H = \rho\sigma$
$\rho > 0$ 求核的反応を受ける，$\rho < 0$ 求電子的反応を受ける

3章の問題

[3.1] 次のうちで求電子試薬として働くものと，求核試薬として働くものをあげよ．
CN^-　　H^+　　CH_3COO^-　　Br^+　　C_6H_5MgBr　　NO_2^+

[3.2] 次の反応は付加，脱離，置換，転位のいずれの反応に属するか．

(a)　$CH_3CH_2Br + NaCN \longrightarrow CH_3CH_2CN$

(b) 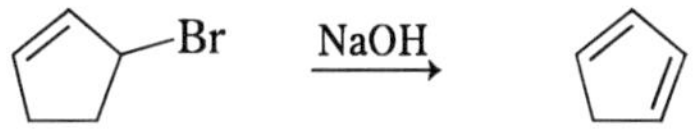 シクロペンテニルブロミド $\xrightarrow{NaOH}$ シクロペンタジエン

(c) 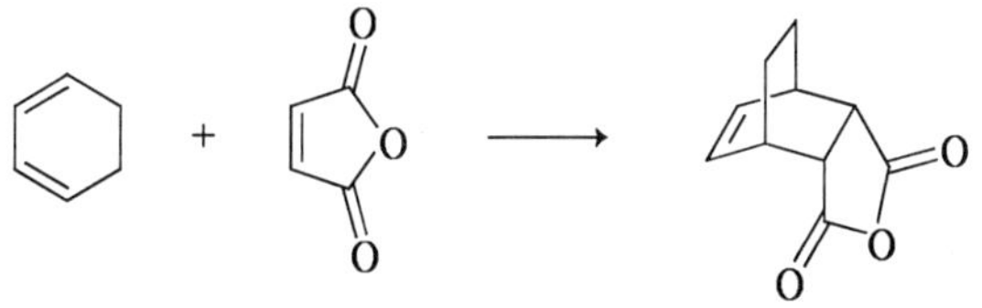 1,3-シクロヘキサジエン + 無水マレイン酸 $\longrightarrow$ Diels-Alder付加物

(d) 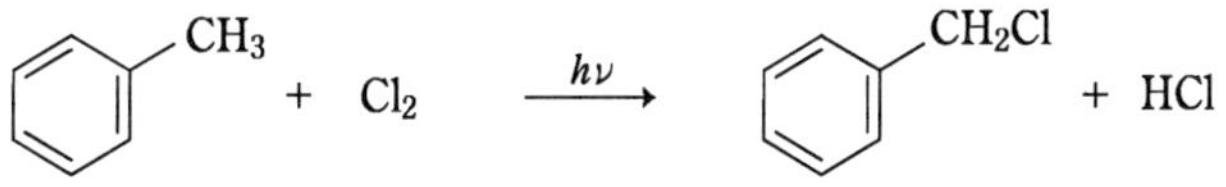 トルエン + $Cl_2 \xrightarrow{h\nu}$ ベンジルクロリド + HCl

(e) 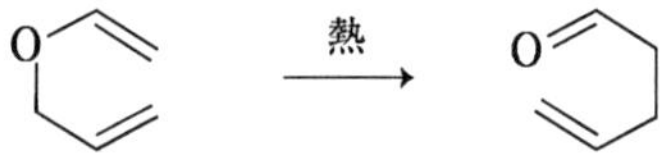 2H-ピラン $\xrightarrow{熱}$ 4H-ピラン

[3.3] 遷移状態と反応中間体の違いを述べよ．

[3.4] 次の反応の正の反応速度 v_1 と平衡定数 K はどのように表されるか．また，反応次数は何次か．

$$2A + B \underset{k_{-1}}{\overset{k_1}{\rightleftarrows}} C$$

4 脂肪族飽和化合物の反応

● 4章で学習する目標

脂肪族飽和化合物の代表的な反応である求核置換反応や脱離反応にはどのような様式があり、どのような特徴をもっているのか．また、それらの反応はどのような因子により支配されるのかを理解する．

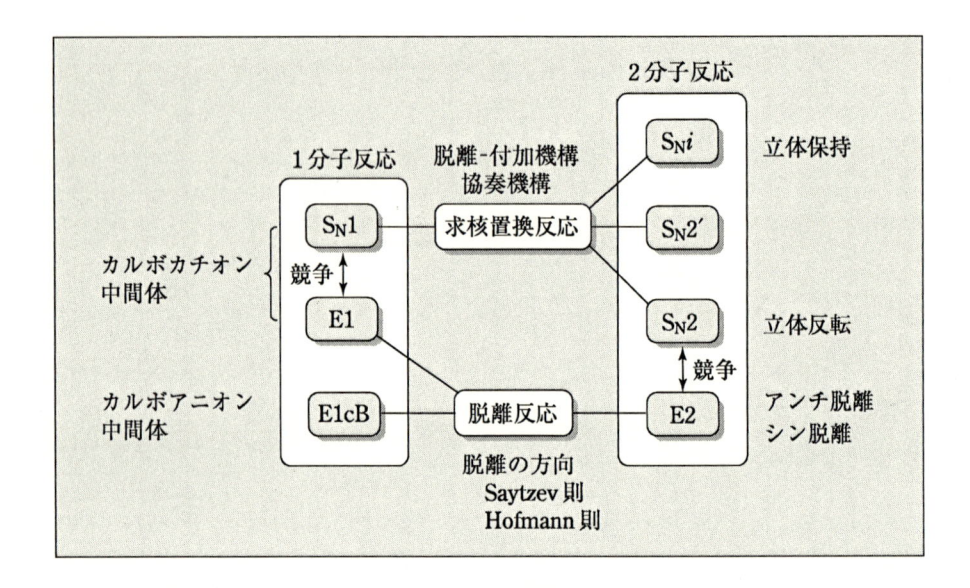

```
                              2分子反応
                      ┌──────────────────┐
                      │         S_Ni      │── 立体保持
          1分子反応    脱離-付加機構       
                      協奏機構            
          ┌────────┐  ┌────────┐ ┌──S_N2′
          │  S_N1  │──│求核置換反応│─┤
カルボカチオン│        │  │        │ │  S_N2  │── 立体反転
 中間体  │ 競争 ↕ │  └────────┘ └────────┘
          │   E1   │                    ↕ 競争
          └────────┘                  ┌────────┐
カルボアニオン│  E1cB  │──┌────────┐──│   E2   │── アンチ脱離
 中間体  └────────┘  │脱離反応 │  └────────┘    シン脱離
                      └────────┘
                      脱離の方向
                      Saytzev則
                      Hofmann則
```

4.1 求核置換反応の分類

電子求引性で脱離しやすい置換基をもつ炭化水素、たとえばハロゲン化アルキルなどは、ハロゲンと結合した炭素原子が正電荷を帯びているため、求核試薬を作用させることで**求核置換反応**（nucleophilic substitution reaction から S_N 反応と略称される）が進行する．求核置換反応はその機構により、S_N1 反応と S_N2 反応の二つに大別されるが、基質の構造や反応条件によりどちらの機構で進むかが決まってくる．

a. S_N1 反 応

S_N1 反応では、初めに C−L 結合がヘテロリシスして**脱離基**（leaving

group)（:L⁻）がはなれ，カルボカチオンが中間体として生成する．これに求核試薬（:Nu⁻）が攻撃することで置換反応が起こる2段階の反応である．一般に，カルボカチオンの生成の方が，カチオンへの求核試薬の付加より遅いため，カルボカチオンの生成が律速段階となる．律速段階に関与する基質分子の数は1分子であるため，この場合の反応を**1分子的求核置換反応**（unimolecular nucleophilic substitution）といい，S_N1反応と略称する．

$$R^2-\underset{R^3}{\overset{R^1}{C}}-L \xrightleftharpoons{遅い} \left[R^2-\underset{R^3}{\overset{R^1}{C}}+\right] + L:^-$$

カルボカチオン中間体

$$\left[R^2-\underset{R^3}{\overset{R^1}{C}}+\right] + Nu:^- \xrightarrow{速い} R^2-\underset{R^3}{\overset{R^1}{C}}-Nu$$

求核試薬

tert-ブチルブロミドの加水分解反応をエネルギー模式図を用いて表すと図4.1のように二つの山がかける．最初の山は，臭化物イオン（脱離基）が離れていく過程である．谷は中間体カルボカチオンに対応し，2番目の山は，これに求核試薬が付加して生成物を与える過程に対応している．すなわち，**脱離-付加の2段階機構**であることがわかる．

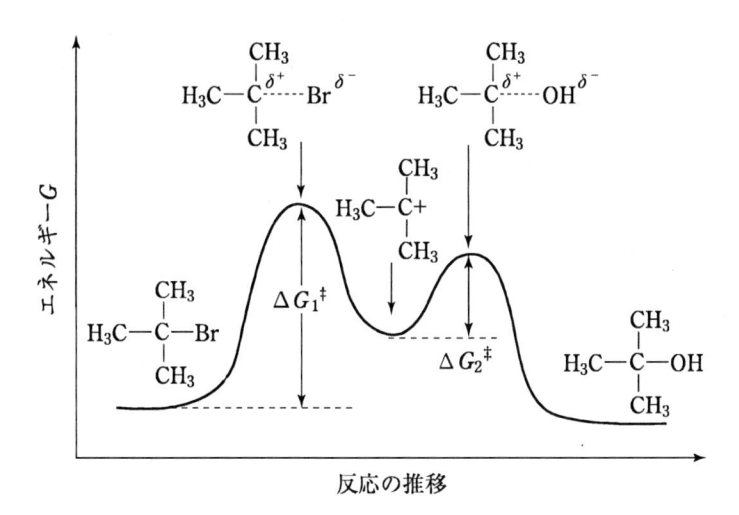

図 4.1 S_N1反応のエネルギー模式図

b. S_N2 反 応

S_N2反応は炭素と求核試薬との新しい結合生成と，炭素と脱離基の結合開裂が同時に起こる1段階反応である．したがって，S_N1反応と異なり中間体は存在しない．このような結合生成と開裂が同時に起こる過程は協奏反応とよばれ

る．S_N2 反応では，反応速度の決定段階において 2 分子が関与しているため，**2 分子的求核置換反応**（bimolecular nucleophilic substitution）であり，S_N2 反応とよばれる．

$$Nu^- : R^2 - \overset{R^1}{\underset{R^3}{C}} - L^{\delta -} \longrightarrow Nu - \overset{R^1}{\underset{R^3}{C}} - R^2 + L:^-$$

臭化メチルとナトリウムメトキシドとの S_N2 反応を，エネルギー図を用いて表すと図 4.2 のように一つの山がかける．山の頂点が遷移状態であり，求核試薬の攻撃と同時に臭化物イオンが脱離するため **1 段階機構**である．

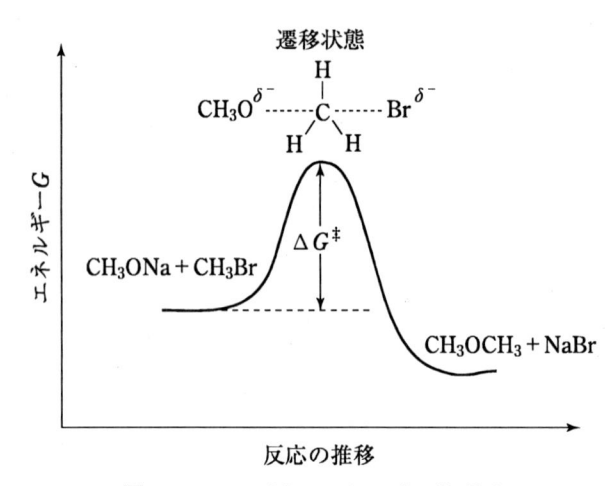

図 4.2 S_N2 反応のエネルギー模式図

4.2 S_N1 反応と S_N2 反応の立体化学

a. S_N1 反応の立体化学

S_N1 反応では，生成したカルボカチオン中間体に，求核試薬（$Nu:^-$）が攻撃

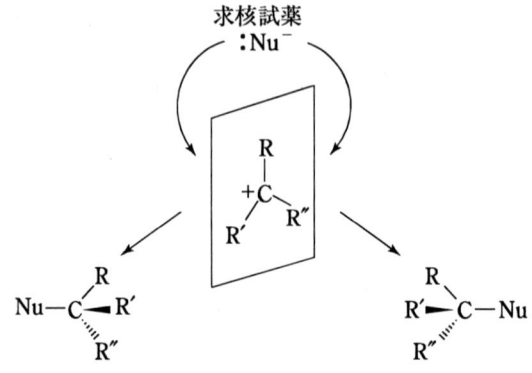

図 4.3 中間体カルボカチオンへの両面からの求核試薬の攻撃

して生成物を与えるため，図4.3のように平面構造のカルボカチオンに対して，面の左右の二つの方向からの攻撃が可能となる．したがって，不斉炭素においてS_N1反応が起こる場合，光学活性化合物を用いると，両方の鏡像異性体を等しい確率で生成する．すなわち**ラセミ体**（racemic modification）を与えることになる．

b．S_N2反応の立体化学

S_N2反応では遷移状態において，図4.4のように求核試薬が脱離基（：L^-）の反対側から攻撃するため，中心炭素の立体化学は**反転**（inversion）することになる．立体反転がS_N2反応のもっとも重要な特徴である．これを発見者にちなんで**Walden反転**（Walden inversion）という．

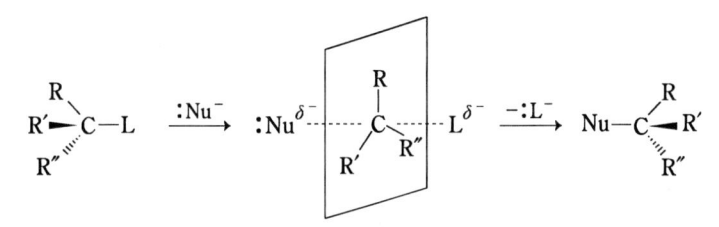

$$R'\underset{R''}{\overset{R}{-}}C-L \xrightarrow{:Nu^-} :Nu^{\delta-}\cdots C\cdots L^{\delta-} \xrightarrow{-:L^-} Nu-\underset{R''}{\overset{R}{C}}-R'$$

図 4.4　S_N2反応の遷移状態における背面からの求核試薬の攻撃

4.3　求核置換反応に影響を与える因子

a．置換基の影響

S_N1反応では，カルボカチオン中間体を経由するため，カルボカチオンが安定なほど活性化エネルギーが小さくなり反応は起こりやすくなる．すなわち，S_N1反応の起こりやすさは"第三級＞第二級＞第一級＞メチル"の順となる．

一方，S_N2反応の遷移状態では，脱離基の背面から求核試薬が攻撃するため，立体障害が活性化エネルギーに大きな影響を及ぼす．そのため，S_N2反応の起こりやすさは，立体的かさ高さの低い順に，すなわちS_N1反応とは逆に"メチル＞第一級＞第二級＞第三級"の順になる．しかしアルキル置換基の級数はあくまでも目安であり，S_N1とS_N2のどちらの反応が起こるかは，基質や求核試薬の立体的および電子的影響，さらに反応条件により決定される．

たとえば，臭化ネオペンチルは第一級臭化物であるが，かさ高いネオペンチル基をもっているため，立体障害によりS_N2反応は非常に遅い（図4.5）．そのためカルボカチオン経由の転位生成物を与えることが知られている（8章参照）．また，電子求引基をもつ1-クロロ-2-プロパノールの塩化水素による塩素化では，無置換体の2-プロパノールに比べ非常に反応が遅い．これは中間体カルボカチオンが電子求引基により不安定化されるためである．

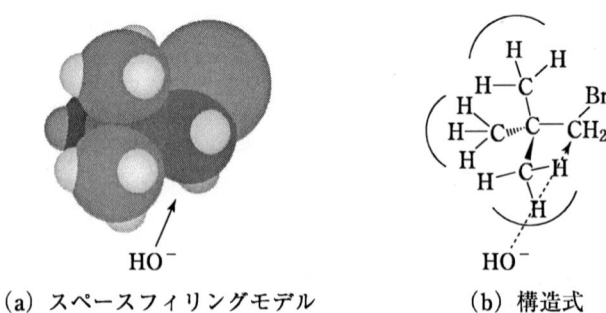

(a) スペースフィリングモデル　　　（b）構造式

図 4.5　臭化ネオペンチルの S_N2 反応における大きな立体障害

$$CH_3-\underset{CH_3}{\overset{CH_3}{C}}-CH_2Br \xrightarrow{-Br^-} \left[CH_3-\underset{CH_3}{\overset{CH_3}{C}}-\overset{+}{C}H_2 \longrightarrow CH_3-\overset{+}{\underset{CH_3}{C}}-CH_2CH_3 \right] \xrightarrow{HO^-} CH_3-\underset{CH_3}{\overset{OH}{C}}-CH_2CH_3$$

臭化ネオペンチル

$$ClCH_3-\underset{}{\overset{OH}{CH}}-CH_3 \xrightarrow[遅い]{H^+,\ -H_2O} ClCH_2-\overset{+}{CH}-CH_3 \xrightarrow{Cl^-} ClCH_2-\underset{}{\overset{Cl}{CH}}-CH_3$$

1-クロロ-2-プロパノール

【例題 4.1】 1-ブロモ[2.2.2]オクタンと臭化 *tert*-ブチルのカルボカチオンの生成のしやすさを比べると，圧倒的に臭化 *tert*-ブチルの方が生成しやすい．この理由を述べよ．

⟨構造式⟩—Br << ⟨構造式⟩—Br

［解答］　1-ブロモ[2.2.2]オクタンは，立体的に束縛された強固な骨格をもっているため，生成するカルボカチオンは平面になることができず安定化されない．

---

b．脱離基の影響

　S_N1，S_N2 反応のいずれにおいても，脱離基の脱離しやすいものほど活性化エネルギーを小さくするので反応速度を速めることになる．脱離基は負の電荷をもって脱離するので，安定なアニオンほど脱離しやすい．アニオンは酸の共役塩基であるから，強酸の共役塩基ほど安定である．したがって，脱離しやすさは以下のような順になる．

$$H_3C-\text{⟨benzene⟩}-SO_3^- > I^- > Br^- > Cl^- > F^- > CH_3COO^- \gg OH^-,\ OR^-,\ NR_2^-$$

　ヒドロキシ基の脱離能は極めて乏しく，通常，脱離基として作用しない．し

4.3 求核置換反応に影響を与える因子

かし,これを p-トルエンスルホン酸エステルに変えることで,優れた脱離基 (OTs 基) に変えることができる.これは強い塩基である OH^- より,極めて弱い塩基の OTs^- の方がはるかに脱離しやすいためである.下の例では,ナトリウムメトキシドを求核試薬として用いると対応するエーテルが生成する.

$$R-OH + Cl-SO_2-C_6H_4-CH_3 \longrightarrow R-O-SO_2-C_6H_4-CH_3$$

Ts 基(トシル基)　　　　　　　　優れた脱離基(OTs)

$$C_4H_9-OTs + NaOCH_3 \longrightarrow C_4H_9-OCH_3 + TsONa$$

c. 求核試薬の種類と強さ

求核試薬の**求核性** (nucleophilicity) の強さは以下の順であることが知られている.

$$HS^-, CN^- > I^- > (C_2H_5)_2NH > CH_3O^- > HO^- > Br^- >$$
$$C_5H_5N > Cl^- > CH_3COO^- > F > CH_3OH$$

これから明らかなように,求核試薬の求核性の強さは,一般に反応中心の原子が同じ場合,塩基性の大きいものほど求核性も強い.たとえば,メトキシドイオンは酢酸イオンより,またトリエチルアミンはピリジンより塩基性,求核性ともに強い.アニオンは電荷をもっているため一般に中性分子より求核性が強い.しかし,アミン類は電荷をもっていないが非結合電子対をもっているため,高い求核性を有する.また,同一周期の原子が反応中心である場合,周期表の左のものほど求核性が強い.たとえば,ジエチルアミンはエタノールより求核性が強い.同族元素では周期表の下の元素ほど求核性が強い.ハロゲン化物イオンを比べると,イオン半径の大きなものほど求核性が増している.これは電荷が分散するほど求核性が強くなるためである.

$$I^- > Br^- > Cl^- > F^-$$

d. 溶媒の影響

極性溶媒はイオンの安定化に寄与するため,S_N1 反応のイオン性中間体の生成を促進する.そのため,極性が高い溶媒ほど反応速度を速めることになる.一方,S_N2 反応では,基質と求核試薬の組合せに応じて溶媒の影響は異なる.以下に四つの組合せについて溶媒効果の一般的傾向を示す.さらにそれぞれについて例を示す.

(1) 中性分子と負電荷をもつ求核試薬との反応では,遷移状態において電荷の分散が起こる.そのため,非極性溶媒中で反応が促進される.

$$\text{Nu:}^- + \text{RL} \longrightarrow \text{Nu}^{\delta-}\text{----R----L}^{\delta-}$$
$$\text{NaOCH}_3 + \text{CH}_3\text{I} \longrightarrow \text{CH}_3\text{OCH}_3 + \text{NaI}$$

(2) 正電荷を有する基質と中性の求核試薬との反応では，(1)と同様に遷移状態において電荷の分散が起こる．そのため非極性溶媒中で反応が促進される．

$$\text{Nu:} + \text{RL}^+ \longrightarrow \text{Nu}^{\delta+}\text{----R----L}^{\delta+}$$
$$\text{H}_2\text{S:} + \text{C}_6\text{H}_5\text{CH}_2\overset{+}{\text{N}}(\text{CH}_3)_3\text{Br}^- \longrightarrow \text{C}_6\text{H}_5\text{CH}_2\text{SH} + (\text{CH}_3)_3\text{NH}^+\text{Br}^-$$

(3) 中性分子への中性求核試薬の攻撃では，遷移状態での分極構造が生じるため，極性溶媒の方が遷移状態を安定化する．そのため極性溶媒中で反応が促進される．

$$\text{Nu:} + \text{RL} \longrightarrow \text{Nu}^{\delta+}\text{----R----L}^{\delta-}$$
$$(\text{CH}_3)_3\text{N:} + \text{CH}_3\text{I} \longrightarrow (\text{CH}_3)_4\text{N}^+\text{I}^-$$

(4) 基質も求核試薬も共に電荷を有する場合には，遷移状態で電荷が中和されるため非極性溶媒中で反応が促進される．

$$\text{Nu:}^- + \text{RL}^+ \longrightarrow \text{Nu}^{\delta-}\text{----R----L}^{\delta+}$$
$$\text{OH}^- + \text{C}_6\text{H}_5\text{CH}_2\overset{+}{\text{N}}(\text{CH}_3)_3\text{Br}^- \longrightarrow \text{C}_6\text{H}_5\text{CH}_2\text{OH} + (\text{CH}_3)_3\text{N} + \text{Br}^-$$

4.4 求核置換反応における競争反応

有機化学反応にはしばしば目的とする反応とは異なる反応が競争して起こり，目的物以外の生成物，すなわち副生成物を伴う場合がある．基質や反応条件の違いによって，S_N1反応とS_N2反応の二つの求核置換反応が競争する場合や，求核置換反応と脱離反応や転位反応が競争する場合がある．

a. S_N1とS_N2反応の競争

S_N1反応とS_N2反応は求核置換反応の両極端を表したものであり，多くの場合両者の中間的な反応が起こると考えることができる．ハロゲン化アルキルのS_N1反応の起こりやすさは"第三級＞第二級＞第一級"の順であるのに対し，S_N2反応では"第一級＞第二級＞第三級"の順であるため，一般的に第一級ではS_N2が，第三級ではS_N1が優先する．しかし，第二級の場合は両方が混ざりやすい．しかし級数だけで決まってくるわけではなく，溶媒，求核試薬，脱離基などの組合せで，S_N1とS_N2反応生成物の比率が変化する．

b. 脱離反応

一般に求核試薬は求核性をもつと同時に塩基性も示すため，S_N2反応と同時

4.4 求核置換反応における競争反応

に脱離反応が競争して起こりやすい（4.10節で述べる）。第二級ハロゲン化物である臭化イソプロピルとナトリウムエトキシドとの反応では，脱離生成物と，置換生成物が得られる．

$$\underset{\text{臭化イソプロピル}}{H_3C-\underset{\underset{CH_3}{|}}{CH}-Br} + CH_3CH_2ONa \longrightarrow \underset{(79\%)}{CH_3-CH=CH_2} + \underset{(21\%)}{CH_3\underset{\underset{CH_3}{|}}{CH}OCH_2CH_3} + NaBr$$

第三級ハロゲン化物である臭化 tert-ブチルの S_N1 反応による加溶媒分解でも，カチオンの生成ののち，求核試薬が隣接する水素原子を攻撃するとアルケンが副生成物として得られる（4.5節で述べる）．

$$\underset{\text{臭化 tert-ブチル}}{CH_3-\underset{\underset{CH_3}{|}}{\overset{\overset{CH_3}{|}}{C}}-Br} \xrightarrow[CH_3CH_2OH]{-Br^-} \left[CH_3-\underset{\underset{CH_3}{|}}{\overset{\overset{CH_3}{|}}{C^+}}\right] \longrightarrow \underset{(81\%)}{CH_3-\underset{\underset{CH_3}{|}}{\overset{\overset{CH_3}{|}}{C}}-OCH_2CH_3} + \underset{(19\%)}{CH_2=\underset{\underset{CH_3}{\diagdown}}{\overset{\overset{CH_3}{\diagup}}{C}}}$$

c. 転位反応

もう一つの副反応として転位反応がある．S_N1 反応ではカルボカチオンが中間体として生成するため，転位によってより安定なカチオンが生成できる場合には転位生成物が得られてくる（第9章参照）．下の例では，最初に生成する第二級カルボカチオンが第三級カルボカチオンへ転位したのち，臭化物イオンの付加が起こる．

$$H_3C-\underset{\underset{CH_3}{|}}{\overset{\overset{CH_3\ OH}{|}}{C}}-CHCH_3 \xrightarrow[-H_2O]{HBr} \left[H_3C-\underset{\underset{CH_3}{|}}{\overset{\overset{CH_3}{|}}{C}}\overset{+}{-}CHCH_3\right] \longrightarrow H_3C-\underset{\underset{CH_3}{|}}{\overset{\overset{CH_3}{|}}{\overset{+}{C}}}-CHCH_3$$

$$\xrightarrow{Br^-} H_3C-\underset{\underset{CH_3}{|}}{\overset{\overset{Br}{|}}{C}}-\overset{\overset{CH_3}{|}}{C}HCH_3$$

【発展】 塩基性と求核性

非結合電子対をもつ化合物が炭素原子を攻撃する場合は求核試薬とよばれ，水素原子を攻撃する場合は塩基とよばれる．一般に，求核試薬は塩基としての性質をもつ場合が多いが，求核試薬の強さと塩基としての強さの間に必ずしも相関があるわけではない．Brønsted 塩基の場合，塩基性はプロトンを受け取る尺度であり，塩基によるプロトンの引き抜きは立体的影響をあまり受けない．一方，求核性は炭素を攻撃する尺度であり，立体的影響を大きく受ける．たとえば，tert-ブトキシカリウム t-BuOK やリチウムジイソプロピルアミド $LiN[CH(CH_3)_2]_2$ のような塩基は立体的にかさ高いため，塩基としてのみ作用し求核性はほとんどみられない．

攻撃する塩基の中心原子が同じなら，$CH_3O^- > C_6H_5O^- > CH_3COO^- > NO_3^-$ のように，塩基性が強いほど求核性も強くなる．しかし，同族原子の塩基性と求核性を比較する場合は相関関係は成り立たない．たとえばハロゲン化物イオンを考えよう．塩基性は $F^- > Cl^- > Br^- > I^-$ の順であるのに対し，求核性は $I^- > Br^- > Cl^- >$

F^- の順に,攻撃する原子が大きいほど高くなる.これは,原子の大きさが増すほど分極しやすくなり,求核攻撃が容易に起こることによる.また,イオン半径が大きくなると溶媒和が起こりづらくなることも,求核性を高める要因となる.

4.5 求核置換反応の合成的利用

a. ハロゲン化物の合成

ハロゲン化アルキルの合成法として,アルコールとハロゲン化水素による直接的合成方法については4.3節で述べた.一方,アルコールのヒドロキシ基をよい脱離基であるOTs基に変えたのち(4.3節参照),ハロゲン化物イオンとのS_N2反応により合成する方法がある.

$$C_2H_5OH \xrightarrow{TsCl} C_2H_5OTs \xrightarrow{NaI} C_2H_5I$$

b. エーテル合成

対称エーテルの合成には,酸触媒を用いる2分子のアルコールからの脱水反応が用いられる.

$$2\,C_2H_5OH \xrightarrow{H^+} C_2H_5OC_2H_5 + H_2O$$

$$C_2H_5\ddot{O}H \xrightarrow{H^+} C_2H_5OH_2^+$$

$$C_2H_5\ddot{O}H + CH_3CH_2\!-\!\overset{+}{O}H_2 \longrightarrow C_2H_5OC_2H_5 + H_2O$$

非対称エーテルの合成には,アルコキシドとハロゲン化アルキルとのS_N2反応による **Williamson のエーテル合成法**(Williamson ether synthesis)が用いられる.

tert-ブチルメチルエーテルの合成には下式の2通りの組み合わせが考えられる.*tert*-ブトキシドと臭化メチルとの組み合わせではS_N2反応により*tert*-ブチルメチルエーテルが生成する.一方,メトキシドと臭化*tert*-ブチルとの組み合わせでは脱離が優先する.

$$H_3C-\underset{\underset{CH_3}{|}}{\overset{\overset{CH_3}{|}}{C}}-O^-Na^+ \longrightarrow CH_3\!-\!Br \longrightarrow H_3C-\underset{\underset{CH_3}{|}}{\overset{\overset{CH_3}{|}}{C}}-OCH_3 + NaBr$$

$$CH_3O^-Na^+ + H-\underset{\underset{H}{|}}{\overset{\overset{H}{|}}{C}}-\underset{\underset{CH_3}{|}}{\overset{\overset{CH_3}{|}}{C}}-Br \longrightarrow H_2C=\underset{\underset{CH_3}{|}}{\overset{\overset{CH_3}{|}}{C}}-CH_3 + CH_3OH + NaBr$$

【例題4.2】 Williamson合成法を用いてメチルフェニルエーテル(アニソール)を合成するにはどのようにしたらよいか.

[解答] ナトリウムフェノキシドと臭化メチルとのS_N2反応により合成で

きる．一方，実験室的条件下ではナトリウムメトキシドと臭化ベンゼンから合成することはできない．なぜなら臭化ベンゼンへの背面からの攻撃は幾何学的に不可能であるため，S_N2 反応が起こらないからである．

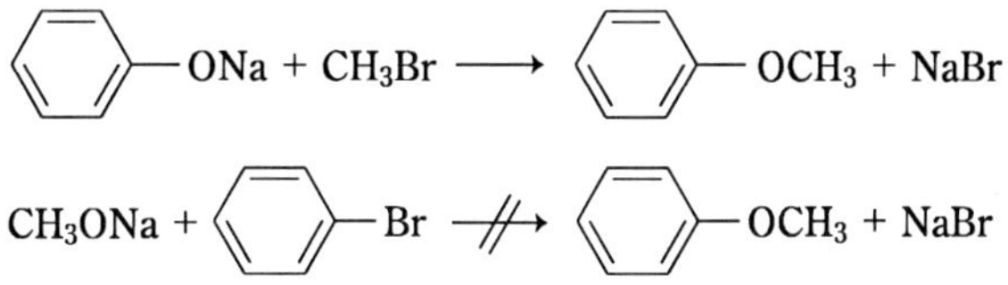

C₆H₅—ONa + CH₃Br ⟶ C₆H₅—OCH₃ + NaBr

CH₃ONa + C₆H₅—Br ⟶̸ C₆H₅—OCH₃ + NaBr

c．アミン類の合成

アミンはハロゲン化アルキルとアンモニアとの反応で得られるが，生成したアルキルアミンの方が原料のアンモニアより求核性が高いので，多置換反応が起こりやすく，以下のような混合物を与えることになる．そのため，このような方法を用いた場合，目的とする化合物のみをつくり出すことは一般に難しい．

CH₃Br + NH₃ ⟶ CH₃NH₂ + (CH₃)₂NH + (CH₃)₃N + (CH₃)₄N⁺Br⁻

第一級アミンの合成法としては **Gabriel 合成**がよく用いられる．求核試薬として，フタルイミドカリウムを用いて，ハロゲン化アルキルにより *N*-アルキル化し，これをヒドラジンで処理することで，第一級アミンを得ることができる．フタルイミドカリウムのアミノ基は二つのカルボニル基によって保護（7 章参照）された形になっているため多置換反応は起こらない．

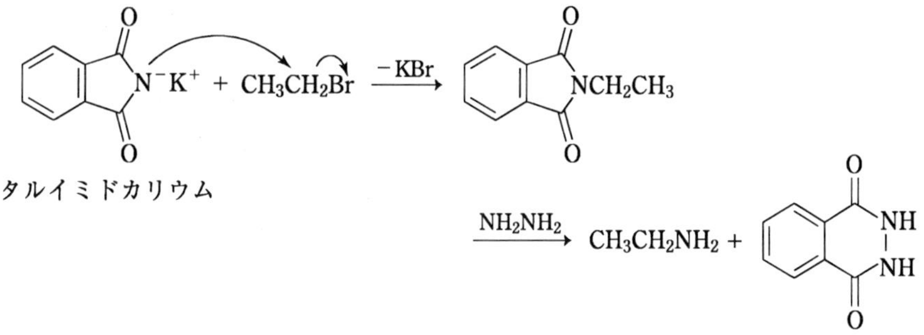

[フタルイミドカリウム] + CH₃CH₂Br ⟶ [-KBr] [N-エチルフタルイミド]

⟶ [NH₂NH₂] CH₃CH₂NH₂ + [フタルヒドラジド]

4.6　他の求核置換反応

a．S_Ni 反応

S_N1 および S_N2 反応では見られない，立体化学に関する第 3 の形式の求核置換反応，すなわち立体保持の反応が知られている．これを**内部求核置換反応**（internal nucleophilic substitution）**S_Ni 反応**という．

アルコールを塩化チオニルで塩素化すると，塩化アルキルが生成する．このとき，立体配置はほぼ完全に**保持**（retention）されている．このような**立体配

置の保持は，アルコールから生成したクロロスルフィン酸エステルが分解して，カルボカチオンと塩化物イオンを生成し，これらがただちに結合することでカルボカチオン平面の片側からのみ反応が起こるためである．

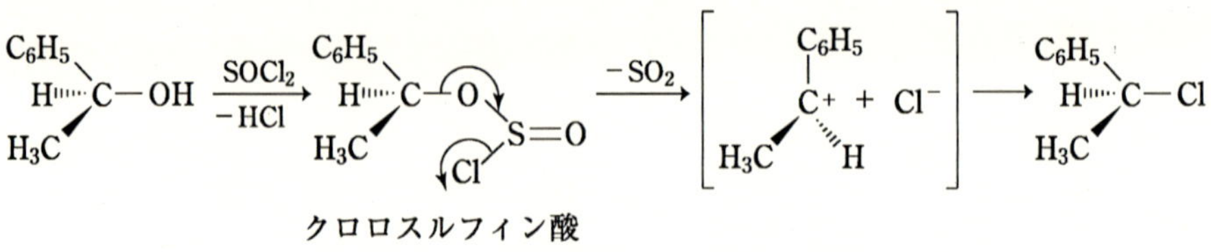

クロロスルフィン酸

しかし，この反応をピリジン中で行うと，中心炭素の**立体配置の反転**した生成物が得られてくる．この系では，最初に生成した HCl がピリジンと反応しピリジン塩酸塩 $C_5H_5NH^+Cl^-$ となり，塩化物イオンが S_N2 攻撃するためである．

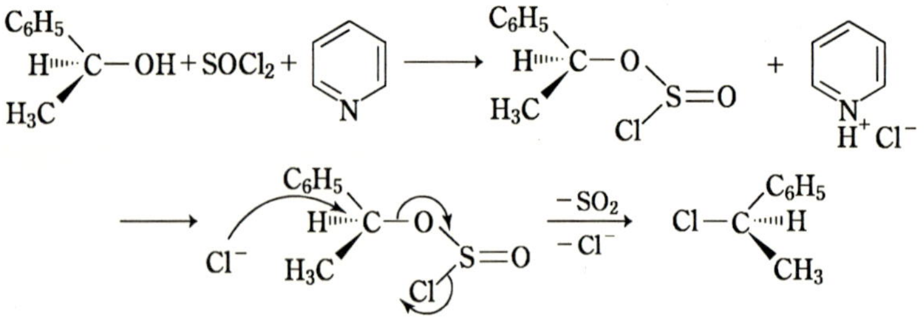

b. S_N2' 反応

[注] S_N2' は，S_N2 ダッシュ反応とよばれることが多いが，ここでは英語読みの S_N2 プライムとした．

S_N2 プライム反応はアリル系で見られる 2 分子求核置換反応であり，求核試薬の攻撃を受ける炭素と脱離基が脱離する炭素とが異なる．とくに脱離基がかさ高い場合や脱離基の近くにかさ高い基が存在し求核試薬が攻撃しづらい場合，アリル位を攻撃して置換反応が進む．

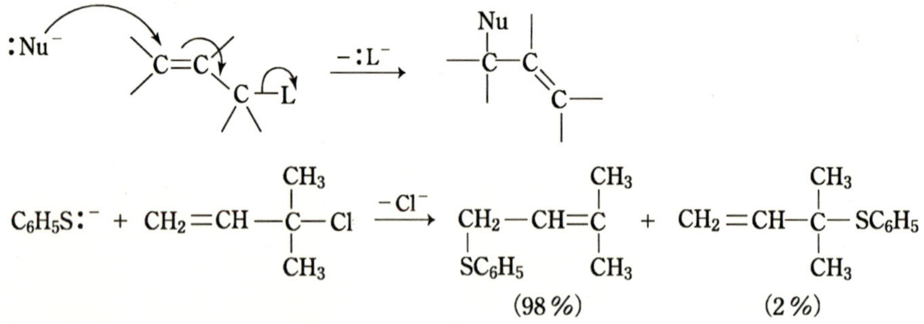

(98%)　　(2%)

c. アンビデント求核試薬による求核置換反応

負電荷をもつ求核試薬の中に 2 か所攻撃できる位置がある場合，これを**アンビデント求核試薬**（ambident nucleophile）という．マロン酸エステルのアニオンは電荷の非極在化により，C と O の 2 か所で求核攻撃が可能であり，反応条件によって反応する位置が変わる．ヨウ化メチルを用いると通常 **C-アルキル化**が起こるが，この反応を銀塩存在下で反応を行うと **O-アルキル化**が起こる．

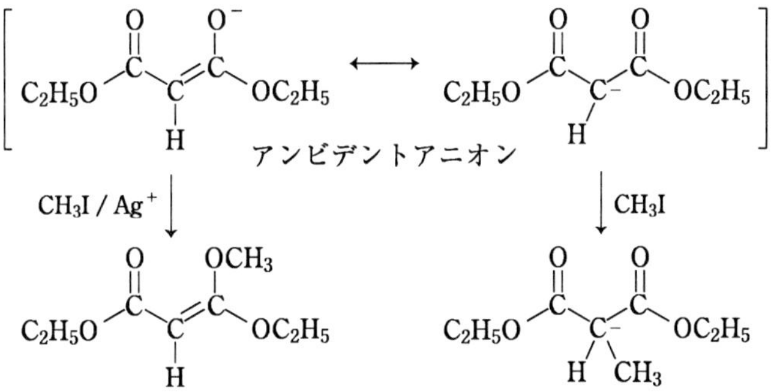

4.6 他の求核置換反応

発がん物質と求核置換反応

　発がん物質には様々なものが知られており，思いがけないものに含まれていることも少なくない．日本人の食卓にのぼる代表的な山菜の一つ，ワラビにも発がん物質が含まれている．ワラビに含まれる発がん物質は，プタキロシド (**1**) という化合物であり，天然物には珍しい三員環構造をもっている．三員環は軌道の重なりが不十分で，わん曲した結合しかつくることができないため（これをバナナ結合という）高い反応性をもっている．この三員環こそががんを引き起こすための引きがねとなるのである．

　実際にはプタキロシドそのものが発がん物質ではなく，グルコースが除去されたジエン (**2**) が真の発がん物質であることが明らかにされている．三員環部分が開環してヒドロキシ基が脱離すると安定な芳香環に変わることが，DNAの求核攻撃を起こりやすくしており，このようにして生成した**3**が発がん性を示すもとになっていると考えられている．

　ただ，ワラビを生で食べる家畜には害があることが知られているが，われわれが食べるときはゆでてから食べているのでほとんど影響がない．

　また，煙突のすすやタバコの煙に含まれる多環性芳香族化合物の一つである1,2-ベンツピレン (**4**) も発がん物質としてよく知られている．この場合もこれ自体が発がん物質ではなく，生体内で酸化されることで生成したジオールエポキシド (**5**) が発がん物質の正体である．プタキロシドと同様に，このエポキシドに対してDNA中のアミノ基が求核攻撃することでDNAが修飾され，生成する**6**ががんを引き起こすと考えられている．このように，求核置換反応はフラスコの中だけでなく，様々な生体内反応で見いだされている．

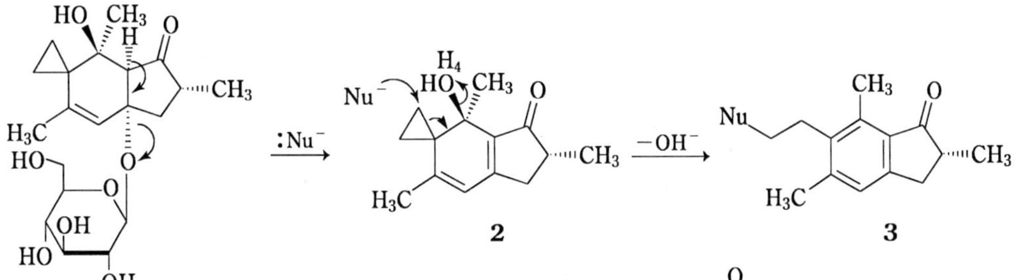

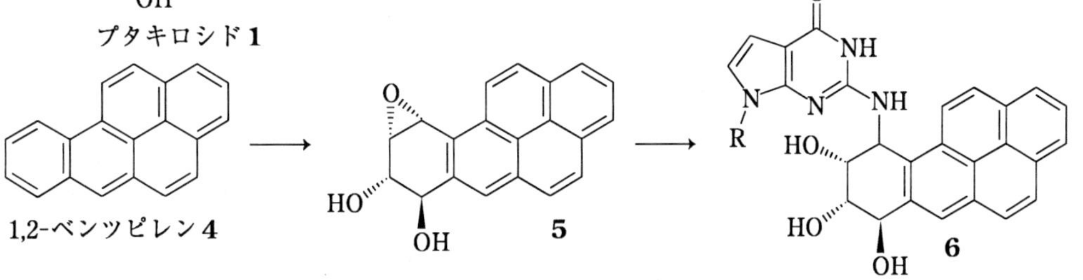

このような反応条件の違いによる反応点の変化は **HSAB 則**（2 章参照）で説明できる．O 原子は C 原子より電子を強く引き付けているため O-アニオンは C-アニオンより硬い塩基である．ヨウ化メチルの炭素原子は軟らかいため，軟らかい C-アニオンと S_N2 反応が起こる．一方，銀塩存在下ではヨウ素原子の銀イオンへの配位によりヨウ化メチルの分極が促進され，メチル基はより硬い酸となるため，より硬い塩基である O 原子が攻撃しやすくなる．

4.7 隣接基関与

脱離基の近傍に官能基がある場合，通常の S_N1，S_N2 反応では説明のつかない反応の加速，立体化学の保持・選択性が見られることがある．隣接基が反応に関与しているためであり，**隣接基関与**（neighboring group participation）とよばれる．たとえば，光学活性な α-ブロモプロピオン酸ナトリウムの加水分解によって乳酸ナトリウムが得られるが，このとき立体配置が保持されることが知られている．これはカルボキシレートイオンが分子内で α 位を求核攻撃して，三員環ラクトンを生成し，これにヒドロキシドイオンが S_N2 攻撃することによる．

α-ブロモプロピオン酸ナトリウム　　乳酸ナトリウム

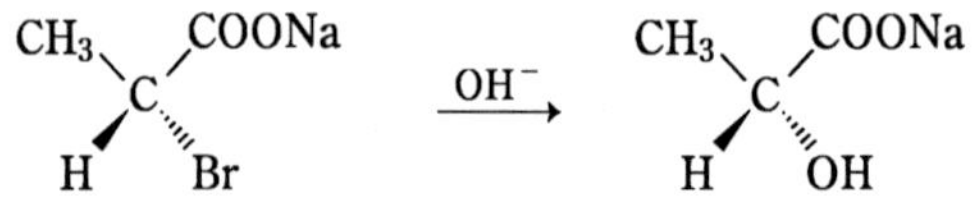

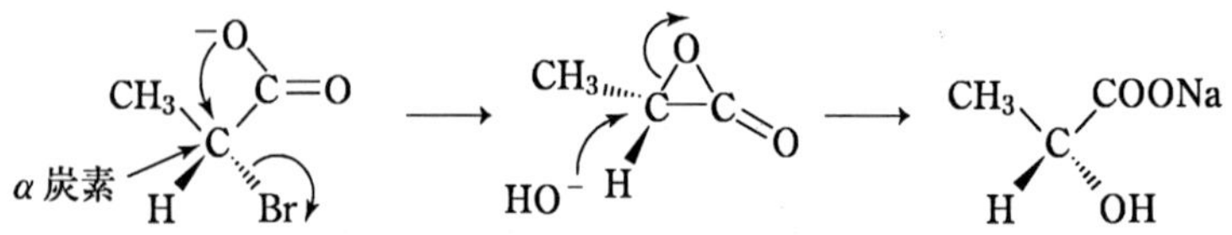

【例題 4.3】 1-エチル-2-クロロメチルピロリジン塩酸塩をアルカリで処理すると 1-エチル-3-クロロピペリジンに変わることが知られている．これはどのような反応が起こったと考えられるか．

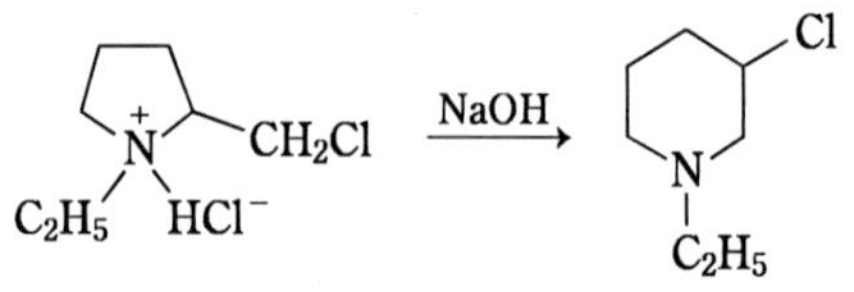

［解答］ 塩基によって塩酸塩が第三級アミンに変わると，窒素原子がクロロメチル基を攻撃し，いったん，三員環のアンモニウム中間体（アジリジニウム中間体）が生成する．これを塩化物イオンが攻撃することで六員環の 1-エ

チル-3-クロロピペリジンが得られる．

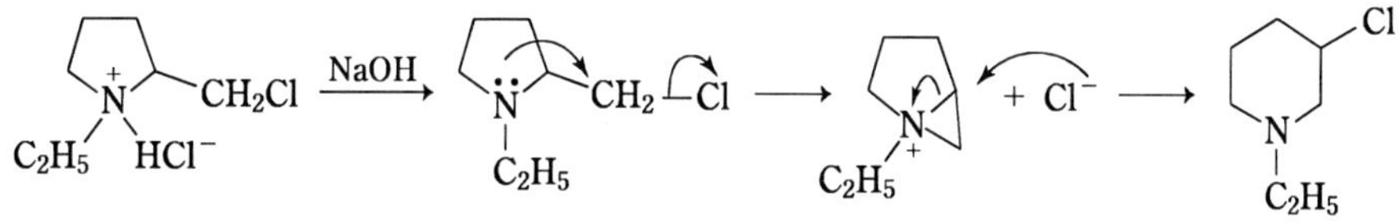

4.8 β脱離反応

　脱離反応は，脱離する二つの基の位置関係によって，**α脱離**（α-elimination）と**β脱離**（β-elimination）に大別される．同じ炭素から二つの基が脱離を起こす場合を**α脱離反応**，異なる隣接する炭素から二つの基が脱離を起こす場合を**β脱離反応**という．α脱離反応からは，カルベンのような活性種が生じる（9章参照）．一方，β脱離反応ではアルケンが生成する．

[α脱離反応]　　　　$\underset{Y}{\overset{\alpha\;X}{\diagdown C\diagup}} \longrightarrow \diagdown C: + XY$

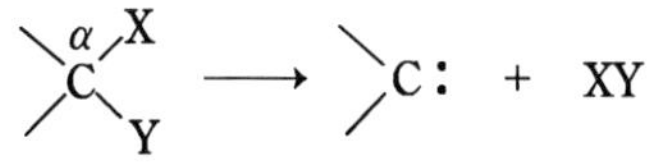

[β脱離反応]　　　$X-\underset{|}{\overset{|}{C}}-\underset{|}{\overset{|}{C}}-Y \longrightarrow \diagdown C=C\diagup + XY$

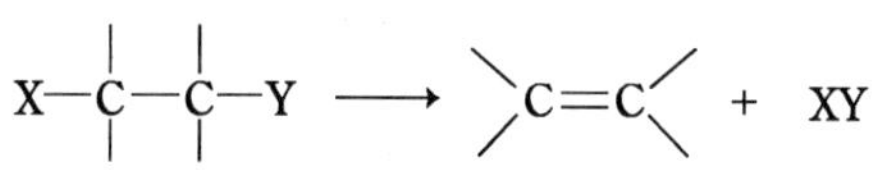

　β脱離反応には**1分子脱離反応**（unimolecular elimination reaction）（**E1反応**）と**2分子脱離反応**（bimolecular elimination reaction）（**E2反応**）がある．ハロゲン化アルキルの脱離では，基質のかさ高さや反応条件によって，E1反応とE2反応のどちらが進行するかが決まってくる．

a．E2反応

　E2反応は，ハロゲン化アルキルに塩基を作用させたときにみられる．塩基（:B$^-$）によって脱離基Lの隣接位の水素原子が攻撃を受けてC–H結合が切れ始め，脱離基がC–L結合の電子対を伴って脱離していくと同時に炭素-炭素二重結合が生成する．これらの過程は同時に進行する協奏反応である．たとえば，1-ブロモ-1-フェニルエタンを水酸化カリウムで処理するとスチレンが生成する．

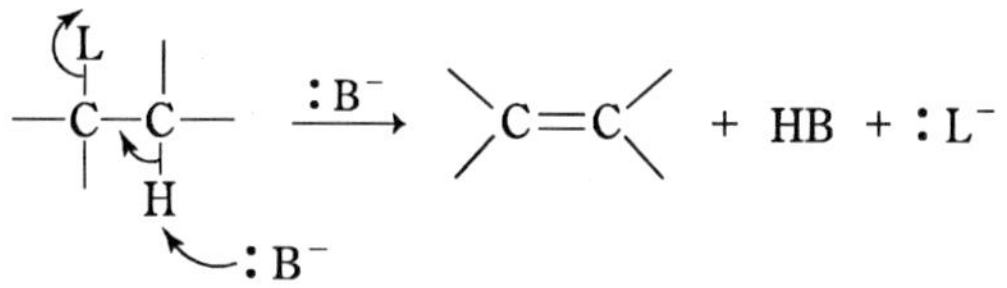

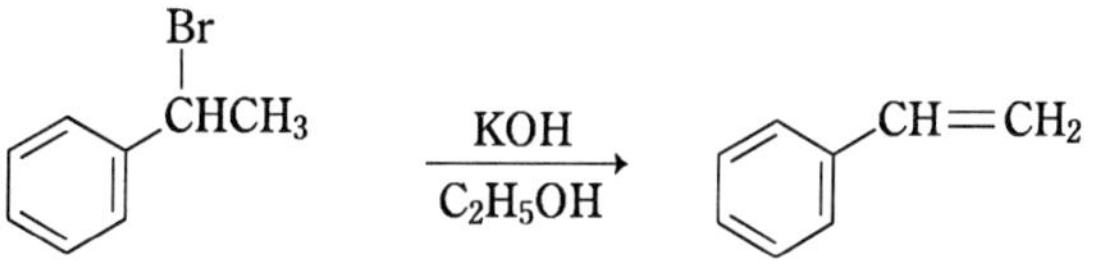

1-ブロモ-1-フェニルエタン　　　　スチレン

E2 反応は**立体特異的**（stereospecific）に進行する．たとえば，下式のようなメソ形のジブロミドからは (Z)-アルケンが，一方，dl 体からは (E)-アルケンが生成する．これは，脱離する二つの基が**アンチペリプラナー**に位置している場合に，効率よく脱離が起こるためである．このような脱離を**アンチ脱離**（anti-elimination）という．このように，異なる立体異性体から，同一条件下においてそれぞれ異なる立体化学をもつ生成物を与える場合を**立体特異的反応**（stereospecific reaction）という．

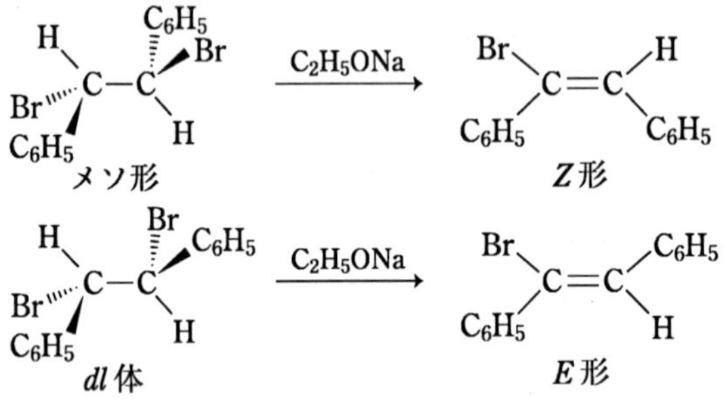

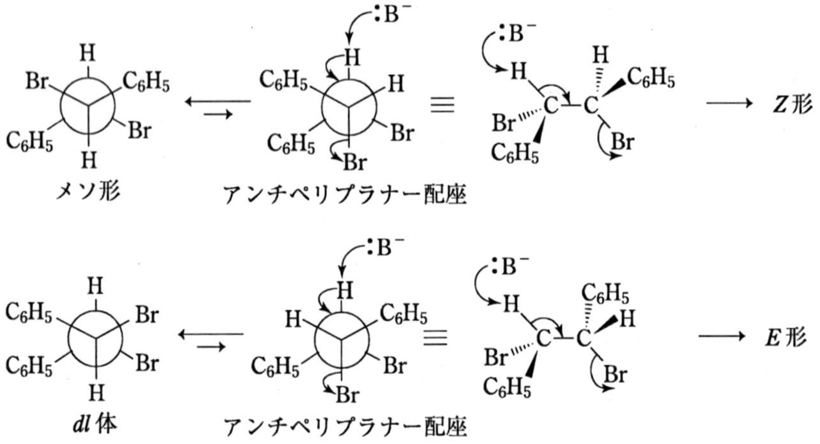

【発展】 アンチ脱離はなぜ起こる

アンチ脱離はなぜ起こるのであろうか？ 二つの基が脱離して二重結合ができる際，二つの軌道が効果的に重なる遷移状態がもっともエネルギー的に有利であると考えられる．H と脱離基 L に関して四つの異なるねじれ角 θ をもつ Newmann 投影図を考えてみよう．**シンクリナル** (sc) **配座**と**アンチクリナル** (ac) **配座**では C–H と C–L 結合の二つの σ 軌道が重なるためには C–C 結合が回転する必要があることがわかる．一方，**シンペリプラナー** (sp) **配座**と**アンチペリプラナー** (ap) **配座**では二つの σ 軌道が平行であるため，二重結合をつくる際，最も効果的に重なるこ

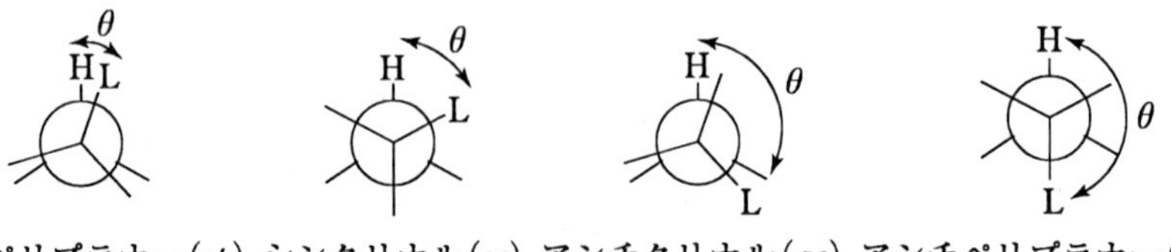

シンペリプラナー (sp)　　シンクリナル (sc)　　アンチクリナル (ac)　　アンチペリプラナー (ap)
$\theta = 0°$　　$\theta = 60°$　　$\theta = 120°$　　$\theta = 180°$

4.8 β脱離反応

とができる．しかし，sp 配座と ap 配座を比べると，sp 配座は重なり型配座であるため ap 配座よりエネルギーが高い．その結果，軌道の重なりが効果的で，かつエネルギーの低い ap 配座から脱離が起こることになる．

b．E1 反応

E1 反応は，通常の加溶媒分解条件下で行われる1分子脱離反応のことであり，S_N1 反応と同様にカルボカチオン中間体を経由する．このカルボカチオン中間体からプロトンがはずれることでアルケンが生成する．ハロゲン化アルキルの E1 反応の起こやすさは，一般にカルボカチオンの生成しやすさと同様に"第三級＞第二級＞第一級"の順である．また，S_N1 反応と同様にカルボカチオンを安定化する条件下では E1 反応が促進される．

E1 反応ではカルボカチオン中間体を経由するので，E2 反応に見られるような立体特異性は見られない．メソ形，dl 体どちらのジブロミドからも (E)- および (Z)-アルケンの混合物が生成する．

c．E1cB 反応

E2 反応と同様に，塩基によってプロトンが引き抜かれることにより開始される反応である．E1 反応ではカルボカチオンが中間体として生成するのに対し，**E1cB 反応**（cB はカルボアニオンの略）ではカルボアニオンが中間体として生成し，1分子的に脱離基を失う．このような反応の例は多くないが，カルボアニオンが安定化される場合や脱離基の脱離能が小さい場合などに見られる．

例として以下のようなニトロシクロヘキサン誘導体の脱離反応をあげる．ニトロ基は強く電子を引き付けるため，塩基によりカルボアニオンが生成しやすく，生成したカルボアニオンは安定化される．このカルボアニオン中間体からアセトキシ基が脱離しアルケンを与える．

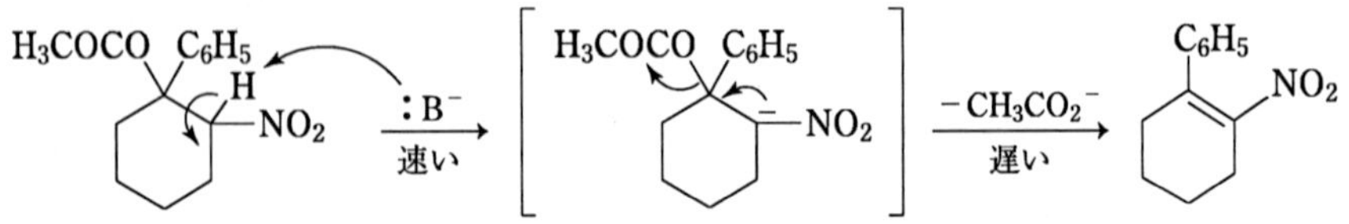

【例題 4.4】 次の反応はどのような反応機構により起こると考えられるか．

(a), (b), 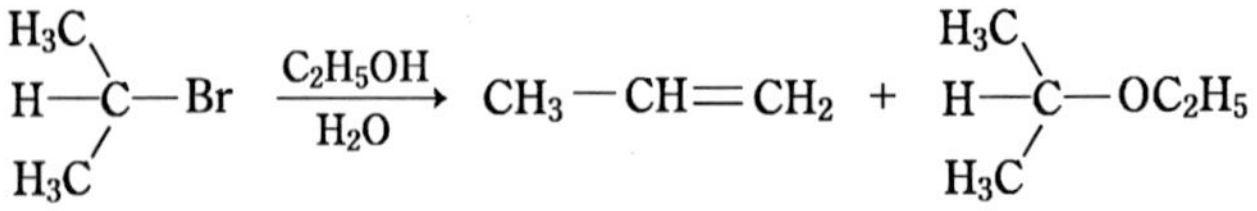 (c) の反応式

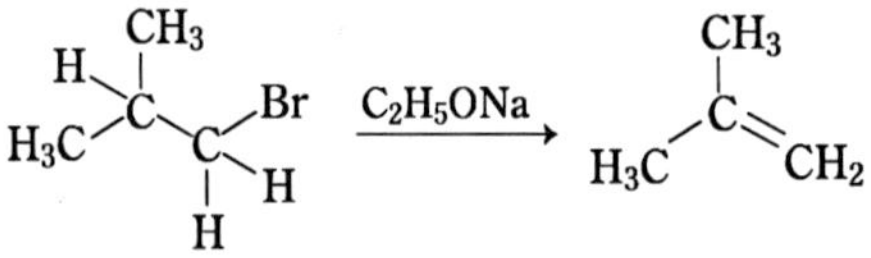

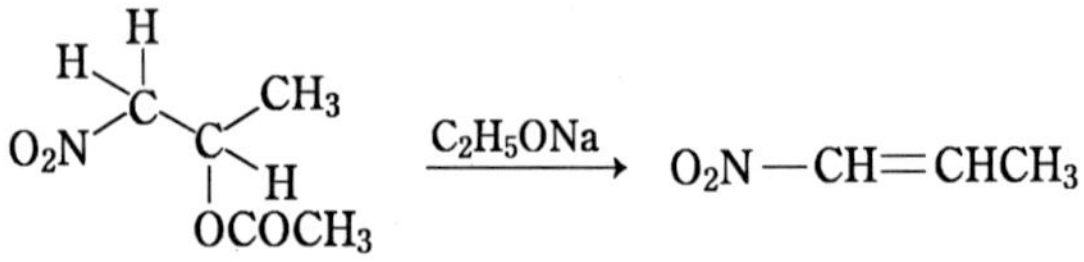

[解答]　(a)　第一級臭化物であるので，E2 脱離が起こりやすい．
　　　　(b)　第二級臭化物であり，加溶媒分解の条件なのでE1脱離が起こったと考えられる．
　　　　(c)　ニトロ基は強い電子求引基であり，アニオンを安定化するのでE1cB反応が起こると考えられる．

4.9　脱離の方向性

a．Saytzeff 則

脱離の方向に2とおりの可能性がある基質では，どちらの方向に脱離が起こるであろうか．E2反応ではより多く置換された二重結合が生成する方が安定であるため，多置換アルケンの生成が優先する．2-ブロモブタンのE2反応では，2-ブテンが主生成物として得られる．また，E1反応でも同様に，より多く置換された二重結合を生成する方向に脱離が起こりやすい．2-ブロモ-2-メチルブタンのE1反応では2-メチル-2-ブテンが主生成物として得られる．つま

4.9 脱離の方向性

り，どちらの脱離反応においても多置換アルケンの生成が優先することになる．このように熱力学的に安定な多置換アルケンが生成するような脱離の配向性に関する規則を **Saytzeff 則**（Saytzeff rule）という．

$$\underset{\text{2-ブロモブタン}}{CH_3CH_2-\underset{\underset{H}{|}}{\overset{\overset{Br}{|}}{C}}-CH_3} \xrightarrow[C_2H_5OH]{C_2H_5ONa} \underset{\underset{\text{熱力学的に安定}}{\text{2-ブテン}}}{\underset{(81\%)}{CH_3CH=CHCH_3}} + \underset{\underset{\text{1-ブテン}}{(19\%)}}{CH_3CH_2CH=CH_2}$$

$$\underset{\text{2-ブロモ-2-メチルブタン}}{CH_3CH_2-\underset{\underset{CH_3}{|}}{\overset{\overset{Br}{|}}{C}}-CH_3} \xrightarrow[25℃]{C_2H_5OH} \underset{\underset{\text{熱力学的に安定}}{\text{2-メチル-2-ブテン}}}{\underset{(80\%)}{\overset{H_3C}{\underset{H}{>}}C=C\overset{CH_3}{\underset{CH_3}{<}}}} + \underset{\underset{\text{2-メチル-1-ブテン}}{(20\%)}}{\overset{H_3C}{\underset{CH_3CH_2}{>}}C=CH_2}$$

b. Hofmann 則

脱離基が第四級アンモニウム塩またはスルホニウム塩の場合は，Saytzeff 則とは逆の方向の脱離が起こり，置換の少ないアルケンを与える．たとえば，下式のような第四級アンモニウム塩を加熱すると，置換基の少ないアルケンが主生成物として高い選択性で得られる．これを **Hofmann 配向** とよぶ．

$$\underset{CH_3CH_2CHCH_3}{\overset{\overset{+N(CH_3)_3^-OH}{|}}{}} \xrightarrow{\text{熱}} \underset{(95\%)}{CH_3CH_2CH=CH_2} + \underset{(5\%)}{CH_3CH=CHCH_3}$$

このような配向性の違いは，電子的要因と立体的要因による．第四級アンモニウム塩はその正電荷により強く電子を引きつけ，β水素原子がプロトンとして脱離しやすくなっている．また，R_3N^+ 基はかさ高いため，多置換体が生成する遷移状態 (**A**) では，アルキル基と R_3N^+ 基との立体反発が生じ，エネルギー的に不利である．一方，末端が攻撃を受ける遷移状態 (**B**) ではそのような立体障害がなく，かつ，メチル基のどの水素原子でも攻撃を受けることができるため，末端アルケンが生成しやすくなる．

【例題 4.5】 4-*tert*-ブチル-2-クロロ-1-メチルシクロヘキサンを E1 条件下（希薄塩基，EtOH-H$_2$O 中）脱離させると 4-*tert*-ブチル-1-メチルシクロヘキセン (**1**) が主生成物として得られてくる．一方 E2 条件下（強塩基，EtOH 中）では 3-*tert*-ブチル-6-メチルシクロヘキセン (**2**) のみが得られてくる．このような選択性の違いはどのようにして生まれてくるか説明せよ．

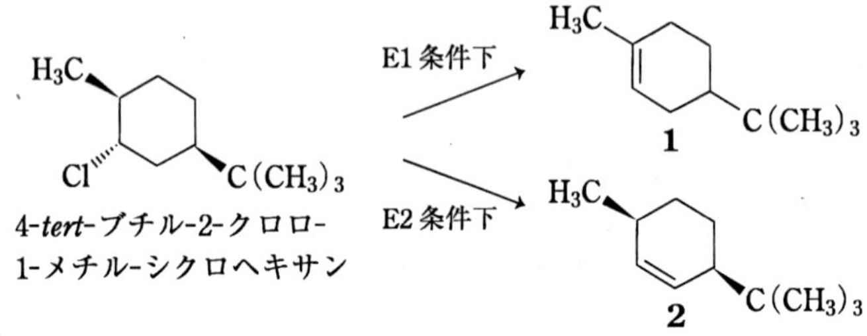

[解答] *tert*-ブチル基は立体的にかさ高いため，必ずエクアトリアル配置をとる．そのため，以下のような配座で反応が進行する．E1 条件下では，カルボカチオンが生成したのち，Saytzeff 則に従い多置換オレフィンである **1** が生成する．一方，E2 条件下では塩素原子とアンチの関係にある水素原子が脱離するため **2** が生成する．

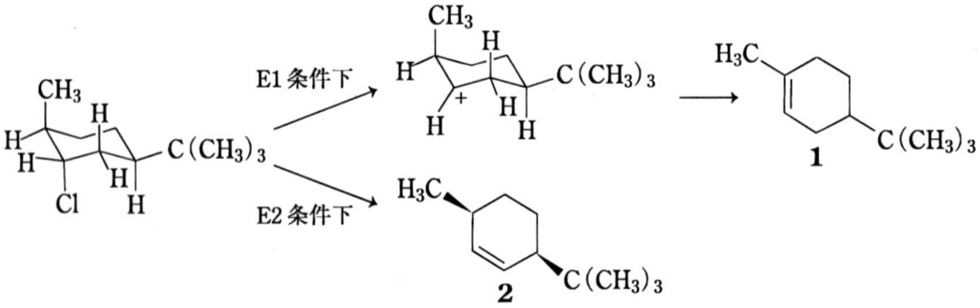

4.10 求核置換反応と脱離反応の競争

4.4 節で少し触れたが，S$_N$1 反応と E1 反応は共通のカルボカチオン中間体を経るため，2 段目の求核試薬/塩基 A（A は求核試薬と塩基の両方の性質をもっている）がカルボカチオンを攻撃するか，隣接位の水素を攻撃するかによって，置換生成物か脱離生成物のどちらが生じるかが決まる．すなわち，求核試薬/塩基 A の性質が反応を大きく支配する．攻撃する求核試薬/塩基のかさ高さが大きくなると求核試薬として働きにくくなるため，脱離が優先するようになる．

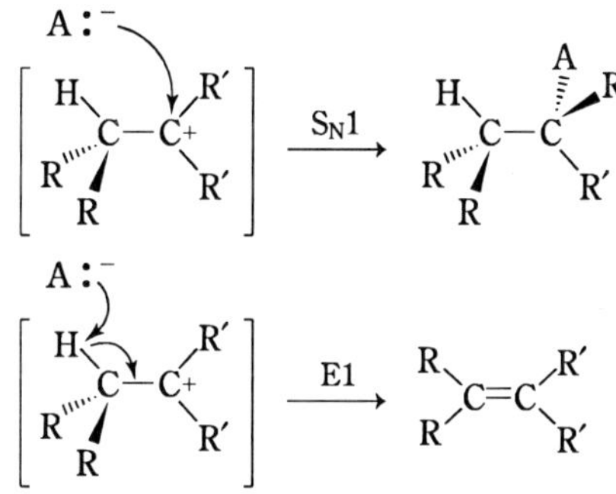

4.10 求核置換反応と脱離反応の競争

S_N2 反応と E2 反応を比較すると，求核試薬/塩基 A が脱離基の α 位炭素を攻撃するか，β 位の水素を攻撃するかによって置換生成物か脱離生成物のどちらが生じるかが決まる．S_N2 反応はハロゲン化アルキルの第一級＞第二級＞第三級の順で起こりやすいので，用いる基質によってどちらが優先するかがおおよそ決まってくる．しかし，上に述べた S_N1 反応と E1 反応の競争と同様に，求核試薬/塩基 A のかさ高さや塩基性の強さも S_N2 反応と E2 反応の競争に関与する．

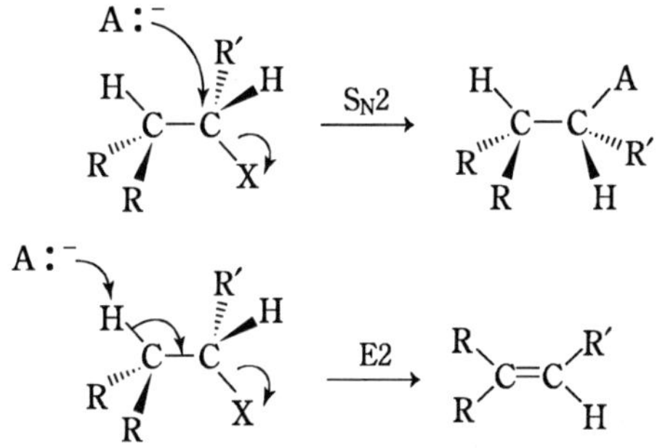

たとえば，第一級ハロゲン化アルキルでも，tert-ブトキシドのようなかさ高い塩基を用いた場合には E2 脱離が起こる．一方，エトキシドのような小さい塩基では S_N2 反応が主として起こる．

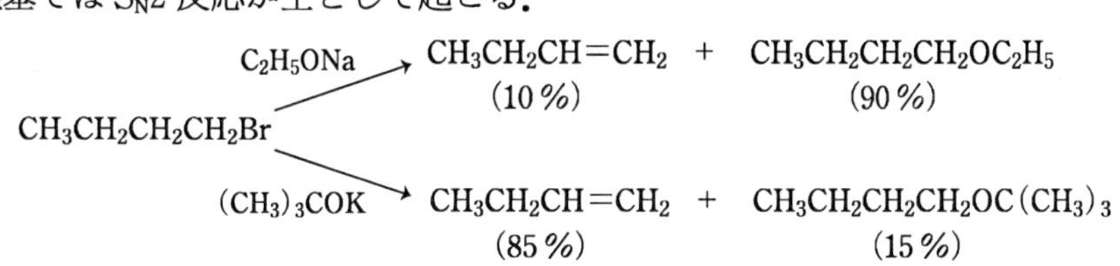

$$CH_3CH_2CH_2CH_2Br \xrightarrow{C_2H_5ONa} \underset{(10\%)}{CH_3CH_2CH=CH_2} + \underset{(90\%)}{CH_3CH_2CH_2CH_2OC_2H_5}$$

$$CH_3CH_2CH_2CH_2Br \xrightarrow{(CH_3)_3COK} \underset{(85\%)}{CH_3CH_2CH=CH_2} + \underset{(15\%)}{CH_3CH_2CH_2CH_2OC(CH_3)_3}$$

第二級ハロゲン化アルキルでは，エトキシドのような強塩基を用いると脱離が優先するが，酢酸イオンのような弱塩基では，求核攻撃が起こる．

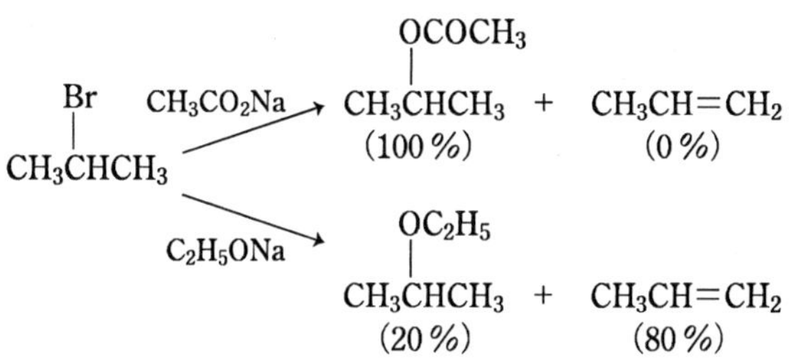

第三級ハロゲン化アルキルは加溶媒分解条件下ではS_N1反応とE1反応が起こる．一方，塩基を用いるとE2反応が優先し，通常S_N2反応はほとんど起こらない．下の例に示すように，臭化 tert-ブチルの含水エタノール中での加溶媒分解では，イソブテンと tert-ブチルエチルエーテルが生成する．一方，ナトリウムメトキシドを用いると，E2脱離反応によりイソブテンがおもに生成する．

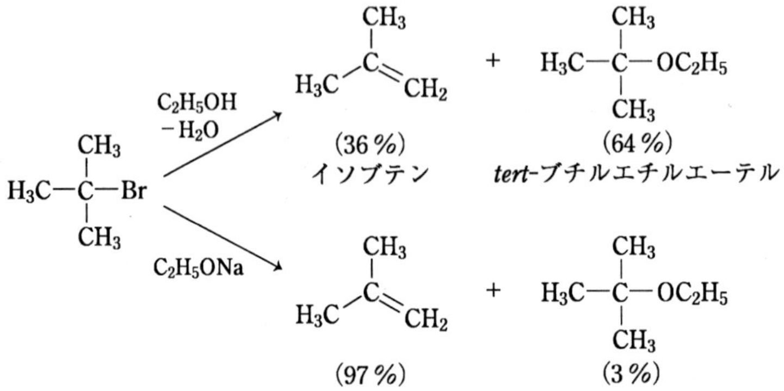

表4.1にハロゲン化アルキルの級数とS_N1，S_N2，E1，E2反応の一般的傾向を示した．この表は反応の傾向を便宜的に示したものであり，基質や反応条件によって変わることに注意して欲しい．

表 4.1　ハロゲン化物における置換反応と脱離反応の一般的傾向

ハロゲン化物	S_N1	S_N2	E1	E2
第一級	×	◎	×	○
第二級	○	○	○	○
第三級	◎	×	◎	◎

◎：容易に起こる
○：起こる
×：起こりづらい

● 4章のまとめ

（1）S_N1 反応の特徴

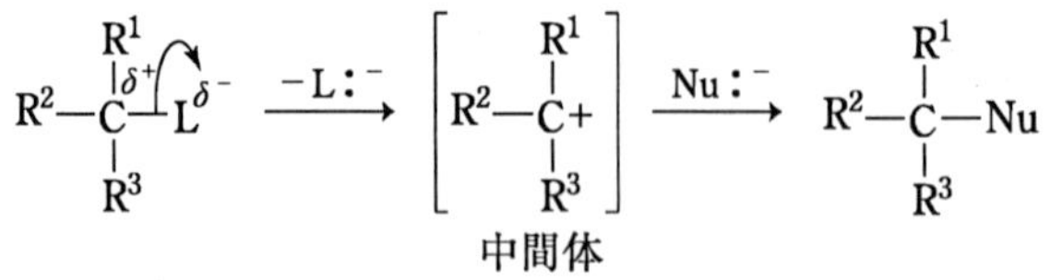

① 脱離と求核試薬の付加の二段階機構に従う．
② 脱離の段階が律速で，一次反応速度式に従う．
③ カルボカチオン中間体を経由する．
④ 立体配置は保持されない（ラセミ化する）．
⑤ S_N1 反応の起こりやすさ：第一級＜第二級＜第三級．
　 カチオンを安定化する極性溶媒がよい．

（2）S_N2 反応の特徴

$$R^2\underset{R^3}{\overset{R^1}{-}}C-L \xrightarrow{Nu:^-} \left[Nu\cdots\underset{R^2\ R^3}{\overset{R^1}{C}}\cdots L\right]^{\delta-} \xrightarrow{-L:^-} Nu-\underset{R^3}{\overset{R^1}{C}}R^2$$

遷移状態

① 二次反応速度式に従う．
② 中間体を経ない協奏反応．
③ 脱離基の裏側から攻撃し，立体反転（Walden 反転）が起こる．
④ S_N2 反応の起こりやすさ：第三級＜第二級＜第一級．

（3）ハロゲン化物合成

$$R-OH \xrightarrow{TsCl} ROTs \xrightarrow{NaI} R-I$$
$$R-OH \xrightarrow{HX} R-X$$

（Ts：$CH_3C_6H_4SO_2$）

（4）エーテル合成

対称エーテル

$$2R-OH \xrightarrow{H^+} R-O-R + H_2O$$

非対称エーテル：Williamson エーテル合成

$$R-X + NaOR' \longrightarrow R-O-R' + NaX$$

（5）アミン合成

$$R-X + NH_3 \longrightarrow RNH_2 + R_2NH + R_3N + R_4N^+X^-$$

第一アミン：Gabriel 合成

フタルイミドカリウム + R-X → N-置換フタルイミド $\xrightarrow{NH_2NH_2}$ R-NH$_2$ + フタルヒドラジド

（6）S_Ni 反応の特徴

$$\underset{H_3C}{\overset{C_6H_5}{\underset{H}{|}}}C-OH \xrightarrow{SOCl_2, -HCl} \underset{H_3C}{\overset{C_6H_5}{\underset{H}{|}}}C-O-S(=O)Cl \xrightarrow{-SO_2} \left[\underset{H_3C\ H}{\overset{C_6H_5}{C^+}} + Cl^-\right] \longrightarrow \underset{H_3C}{\overset{C_6H_5}{\underset{H}{|}}}C-Cl$$

① 脱離基の手前から攻撃し立体保持する．
② ピリジン存在下では S_N2 反応が起こり立体反転する．

（7）S_N2' 反応の特徴

$$:Nu^- \quad C=C-C-L \xrightarrow{-:L^-} \underset{|}{\overset{Nu}{|}}C-C=C-$$

① アリル位に脱離基がある場合に見られる．

② 脱離基の近くにかさ高い基がある場合に見られる．

③ 脱離基と同じ側から求核攻撃する場合が多い．

（8）アンビデント求核試薬

2 個所の反応点がある求核試薬

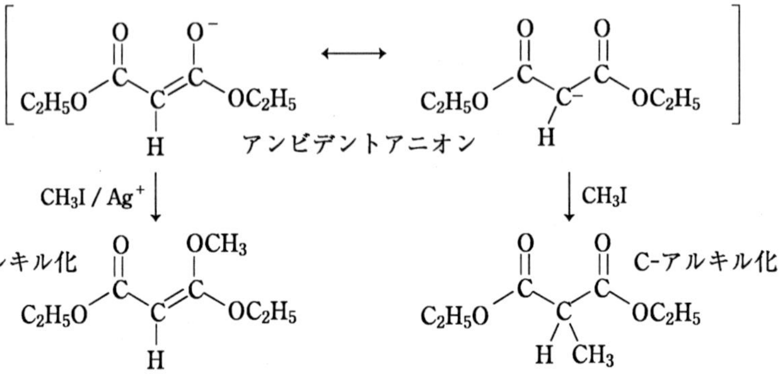

（9）隣接基関与

隣接基：反応の加速，立体配置の保持，反応の選択性などに関与

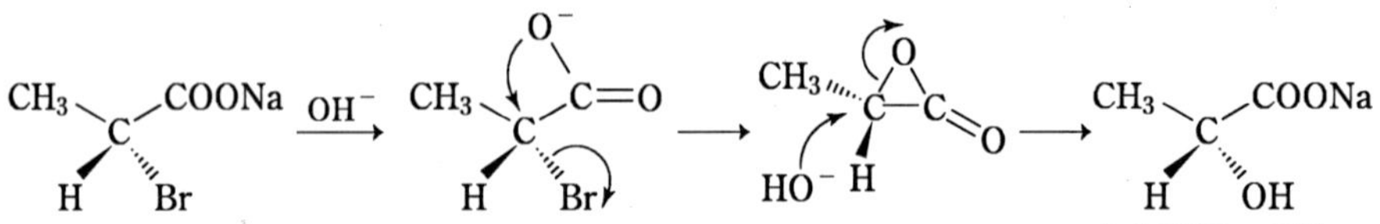

立体配置の保持

（10）E2 反応の特徴

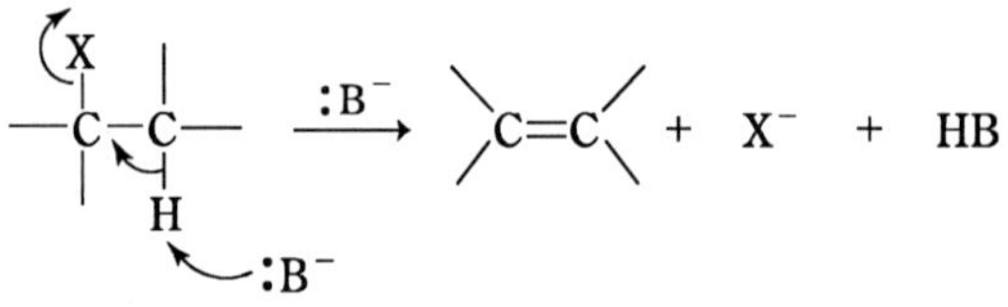

① 二次反応速度式に従う．

② 協奏的に脱離が起こる．

③ アンチ脱離が起こり，立体特異的にアルケンが生成する．

④ E2 反応の起こりやすさ：第三級＞第二級＞第一級．

強い塩基＞弱い塩基

（11）E1 反応の特徴

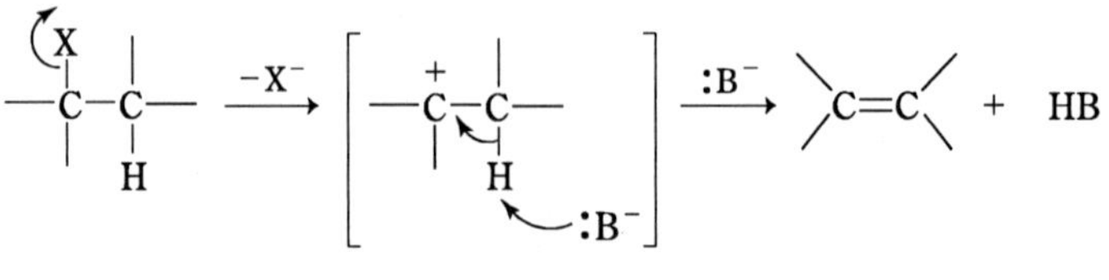

① 一次反応速度式に従う．

② カルボカチオン中間体を経由する．

③ 立体特異性はない．
④ E1反応の起こりやすさ：第三級＞第二級＞第一級．
　　カチオンを安定化する極性溶媒がよい．

(12) E1cB反応の特徴

$$-\underset{X}{\overset{|}{C}}-\underset{|}{\overset{H}{C}}-\xrightarrow{:B^-}\left[-\underset{X}{\overset{|}{C}}-\underset{|}{\overset{|}{C}}-\right]\longrightarrow \text{C}=\text{C} + X^- + HB$$

① 電子求引基やアニオンを安定化する基がある場合に見られる．
② 一次反応速度式に従い，脱離基が取れる段階が律速である．
③ カルボアニオン中間体を経由する．

(13) 脱離の方向性

　　Saytzeff則　　・通常の脱離反応に見られる多置換アルケンの生成．
　　Hofmann則　　・第四級アンモニウム基などの正電荷を有する脱離基の場合に見られる．
　　　　　　　　・置換が少ないアルケンが生成する．

(14) ハロゲン化アルキルの求核置換と脱離の起こりやすさ

ハロゲン化物	S_N1	S_N2	E1	E2
第一級	×	◎	×	○
第二級	○	○	○	○
第三級	◎	×	◎	◎

◎：容易に起こる
○：起こる
×：起こりづらい

4章の問題

[4.1] 以下の化合物について，S_N1反応に対する反応性が高い順に並べよ．

(a) CH_3CH_2Br　(b) $H_3C-\underset{H}{\overset{CH_3}{C}}=C-Br$　(c) $CH_3\overset{Br}{\underset{|}{C}}HCH_3$

[4.2] ベンジルブロミドとエチルブロミドは，どちらも第一級ハロゲン化アルキルである．しかし，エチルブロミドはS_N1反応を起こさないのに対し，ベンジルブロミドはS_N1反応条件下でも反応が起こる．これはどのように説明できるか．

[4.3] エチルブロミドと次の化合物との反応生成物を示せ．
(a) $C_6H_5C≡CNa$，(b) NaCN，(c) NaI，(d) $(C_2H_5)_2NH$，(e) C_6H_5ONa，
(f) $[(CH_3)_2CH]NLi$

[4.4] 以下の化合物の組について，S_N2反応に対する反応性が高い順に並べよ．

(1)：(a) CH₃CHClCH₃ (b) 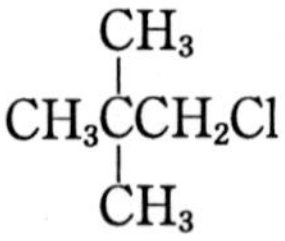 CH₃C(CH₃)₂CH₂Cl (c) CH₃CH₂Cl

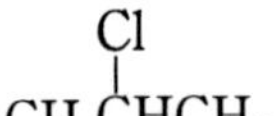

(2)：(a) CH₃CH₂Cl (b) CH₃CH₂OCOCH₃ (c) CH₃CH₂OSO₂C₆H₄CH₃

[**4.5**] 以下の化合物について，強塩基を用いた脱離反応に対する反応性が高い順に並べよ．

(1)：(a) CH₃CHBrCH₂CH₃ (b)  CH₃CHClCH₂CH₃ (c)  CH₃CHBrCH₂C₆H₅

(2)：(a) bromocyclobutane (b) 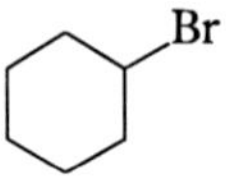 bromocyclohexane (c) 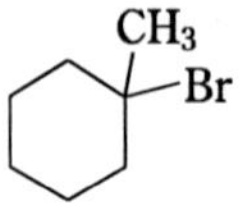 1-methyl-1-bromocyclohexane

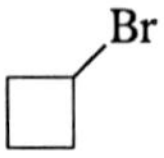

5 脂肪族不飽和化合物の反応

5章で学習する目標

求電子付加の配向性（Markovnikov則）をカルボカチオン中間体の安定性から理解する．そして求核付加であるMichael付加の反応機構をカルボアニオンの安定性から理解する．

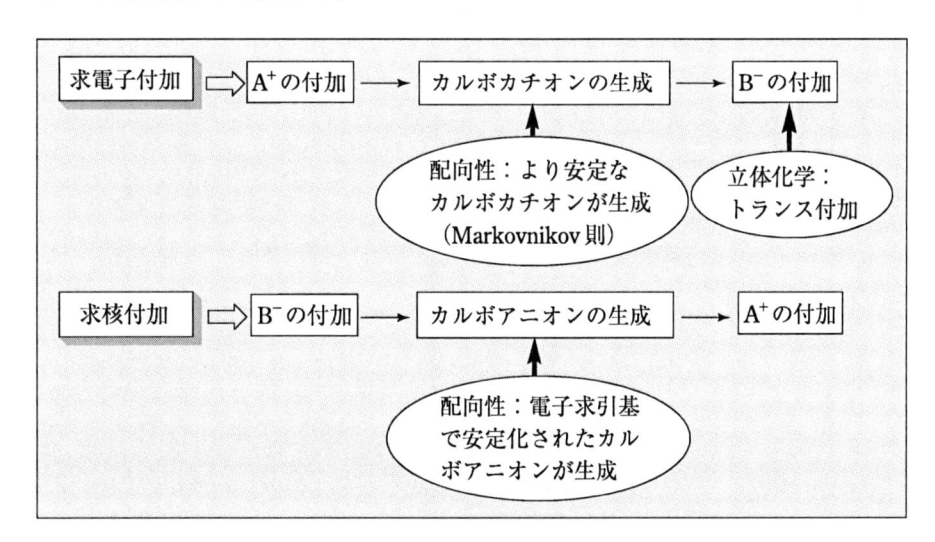

```
求電子付加 ⇒ A⁺の付加 → カルボカチオンの生成 → B⁻の付加
                        ↑                    ↑
                  配向性：より安定な       立体化学：
                  カルボカチオンが生成      トランス付加
                  （Markovnikov則）

求核付加 ⇒ B⁻の付加 → カルボアニオンの生成 → A⁺の付加
                        ↑
                  配向性：電子求引基
                  で安定化されたカル
                  ボアニオンが生成
```

5.1 付加反応

不飽和結合（二重結合，三重結合）の炭素に試薬A−BのAとBが結合して飽和化合物を与える反応を**付加反応**（addition）という．不飽和結合に試薬A−Bが付加するとき，試薬の結合A−Bがホモリシスして付加する場合（ラジカル中間体の生成）とヘテロリシスして付加する場合（イオン中間体の生成）とがある．前者についてはラジカル反応の9章で述べる．

$$\text{>C=C<} \ + \ \text{A–B} \ \longrightarrow \ \text{>C–C<} \atop \text{A B}$$

A−Bがヘテロリシスして付加するほとんどの場合において付加は段階的に起こる．求電子試薬が最初に付加してカルボカチオン中間体を生成し，それ

に対アニオン B^- が反応する**求電子付加**（electrophilic addition）と，求核試薬が最初に付加してカルボアニオン中間体を生成し，それに対カチオン A^+ が反応する**求核付加**（nucleophilic addition）とがある．

［求電子付加］

$$\mathrm{>C=C<} + A—B \longrightarrow \mathrm{>\overset{+}{C}-\underset{A}{C}<} \xrightarrow{B^-} \mathrm{>\underset{A}{\overset{B}{C}}-\underset{A}{C}<}$$

［求核付加］

$$\mathrm{>C=C<} + A—B \longrightarrow \mathrm{>\overset{-}{C}-\underset{B}{C}<} \xrightarrow{A^+} \mathrm{>\underset{B}{\overset{A}{C}}-C<}$$

また付加反応の中には一段階で不飽和結合へ付加が起こる場合がある．**水素化**（hydrogenation）や**エポキシ化**（epoxidation）などがその例である．

5.2 求電子付加反応

a. ハロゲンの付加

塩素や臭素はどちらも室温で速やかに不飽和結合に付加するため，しばしば不飽和結合の検出に用いられる．たとえば臭素水にエチレンを通じると臭素による溶液の赤色は消え，1,2-ジブロモエタンが生成する．

$$CH_2=CH_2 + Br_2 \longrightarrow \underset{\text{1,2-ジブロモエタン}}{CH_2BrCH_2Br}$$

この反応機構はカチオン中間体が生成する段階的反応である．しかし，ハロゲンの付加は**トランス付加**（trans addition）であるので，単純なカルボカチオン中間体によって説明するのは難しい．臭素の付加反応ではまず，二重結合の π 電子と臭素分子との相互作用により π 錯体を形づくり，続いて二重結合の二つの炭素と臭素が結合した三員環のブロモニウムイオンが生成する．次に臭化物イオンがブロモニウムイオンの臭素とは反対側の面から攻撃し，トランス付加した二臭化物が生成する．

ブロモニウムイオンが中間体として生成することは，他の求核試薬の存在下で付加反応を行うとこのカチオン中間体にアニオンが付加した生成物が得られることからもわかる．

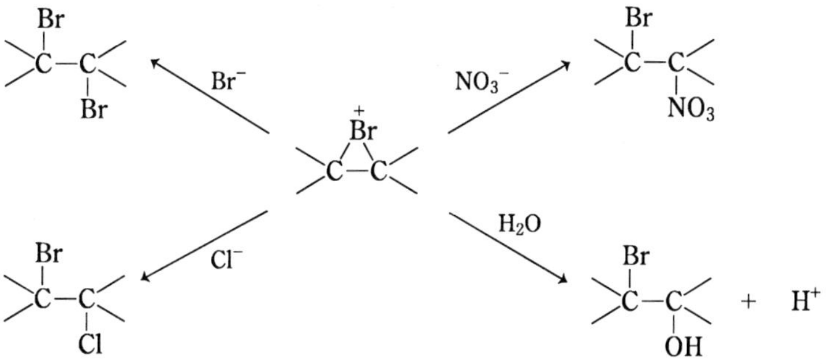

5.2 求電子付加反応

[反応スキーム: ブロモニウムイオン中間体から Br^-, Cl^-, NO_3^-, H_2O がそれぞれ反応して対応する付加生成物を与える図]

【発展】鎖状体へのハロゲンの付加

鎖状アルケンに対してもハロゲンはトランス付加する．鎖状アルケンには(E)-アルケンと(Z)-アルケンがあるので，それぞれにハロゲンがトランス付加すると異なる生成物を与える．たとえば，(E)-2-ブテンからは *meso*-2,3-ジブロモブタンが，(Z)-2-ブテンからは *d*-および *l*-2,3-ジブロモブタンが生成する．

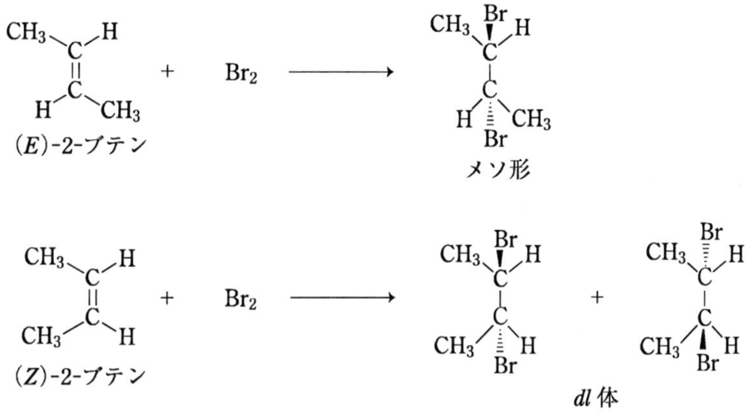

[反応式: (E)-2-ブテン + Br_2 → メソ形]

[反応式: (Z)-2-ブテン + Br_2 → *dl* 体]

b. ハロゲン化水素の付加（付加の配向性）

ハロゲン化水素の付加もハロゲンの付加と同様に2段階の過程で進む．まずプロトンが付加してカルボカチオン中間体が生成し，次にハロゲン化物イオンが反応する．プロトンの付加が反応の律速段階である．付加は HF＜HCl＜HBr＜HI の順，すなわち強酸になるにつれて速くなる．

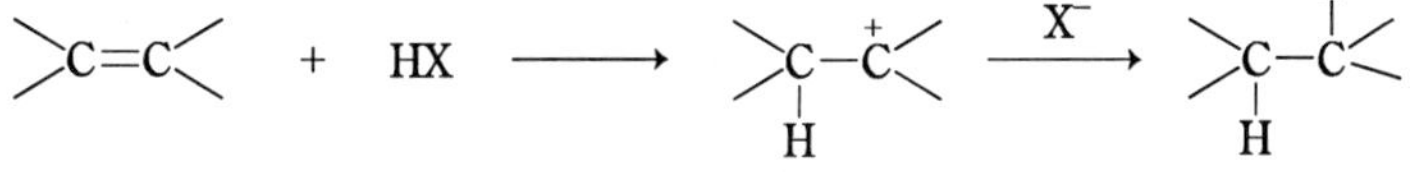

[反応式: $>C=C< + HX \longrightarrow >C-\overset{+}{C}<$（H付加）$\xrightarrow{X^-} >C-C<$（HとX付加）]

アルケンがプロペンのように非対称である場合には，臭化水素の付加によって2種の生成物を与える可能性がある．この場合はより安定なカルボカチオンが生成するようにプロトンが付加して，そのカルボカチオンにハロゲン化物イオンが反応する．プロペンの場合，プロトンの付加によって第一級カルボカチオンと第二級カルボカチオンの生成が可能である．しかし安定な第二級カルボ

カチオン中間体を経由して付加が進行する．また臭化ビニルへの臭化水素の付加も臭素の非結合電子対の共鳴効果（+R効果）によって安定化されたカルボカチオンを経由して付加が進行する．

$$CH_3-CH=CH_2 + H^+ \not\to CH_3-CH_2-\overset{+}{C}H_2 \xrightarrow{Br^-} CH_3CH_2CH_2Br$$
$$\to CH_3-\overset{+}{C}H \leftarrow CH_3 \xrightarrow{Br^-} CH_3CHCH_3 \;|\; Br$$
+I効果

$$Br-CH=CH_2 + H^+ \not\to Br-CH_2-\overset{+}{C}H_2 \xrightarrow{Br^-} BrCH_2CH_2Br$$
$$\to \overset{..}{Br}-\overset{+}{C}H-CH_3 \xleftrightarrow{+R効果} \overset{+}{Br}=CH-CH_3 \xrightarrow{Br^-} BrCHCH_3 \;|\; Br$$

この二つの反応例は"HXが非対称アルケンに付加する場合はできるだけ級の高いハロゲン化アルキルが生成する"という経験則，**Markovnikov則**と合うが，これはあくまでもプロペンのメチル基や臭化ビニルの臭素が電子供与基としてカルボカチオンの安定化に作用していることに基づいている．逆に電子求引基のついたオレフィンではMarkovnikov則に合わない付加が起こる．

ビニルトリメチルアンモニウムやアクリル酸へのハロゲン化水素の付加では第二級カルボカチオンが不安定化され，第一級のカルボカチオンを経由して付加が進行する．アンモニウム部位とカルボキシル基がそれぞれ電子求引基であるため，すなわちMarkovnikov則に反した生成物を与える．

$$(CH_3)_3\overset{+}{N}CH=CH_2 + HI \longrightarrow (CH_3)_3\overset{+}{N}-CH_2CH_2I$$

$$HOOC-CH=CH_2 + HCl \longrightarrow HOOC-CH_2CH_2Cl$$

【発展】ハロゲン化水素の付加における立体化学

ハロゲン化水素の付加ではプロトンは臭素に比べて小さいためブロモニウムイオンのような中間体ができずに，トランス付加もシス付加も起こると考えられるかもしれない．ところが，1,2-ジメチルシクロヘキセンに臭化水素を付加させても，やはりトランス付加が観察される．これはアルケンのπ電子とプロトンからπ錯体が形成されて，これに対し水素原子によって占領されていない側からハロゲン化物イオンが近づいてトランス付加が進行するためと考えられている．

5.2 求電子付加反応

【例題 5.1】 次のアルケンに塩化水素を付加させた生成物を予想せよ．
$$C_6H_5-CH=CH-CH_3$$

[解答] Markovnikov 則が適用できない．なぜならどちらの配向性を考えても第二級塩化物が生成するからである．プロトンが付加して生成するカチオンの安定性を考える．フェニル基によるカチオンの共鳴安定化はメチル基の +I 効果より強くカチオンを安定化するので，次式のように反応する．

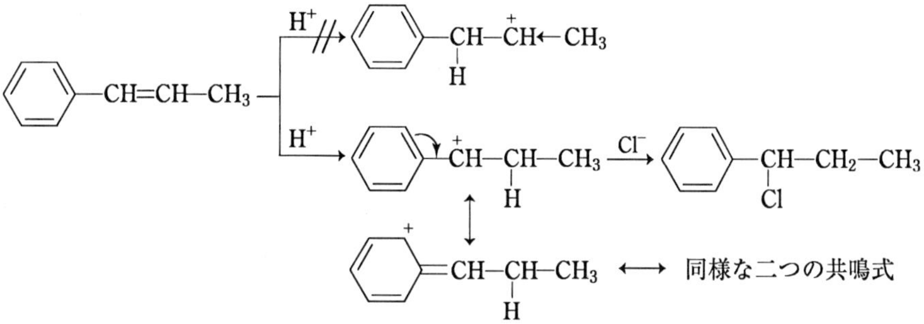

c. カルボカチオンの付加

ハロゲン化水素よりさらに強い酸，すなわち対アニオン（共役塩基）の求核性が低い酸をオレフィンに作用させると，生成したカルボカチオンに対アニオンが反応する前にこのカルボカチオンがもう 1 分子のオレフィンに求電子付加することがある．イソブテンを例にとると，プロトンが付加して生成する第三級カチオンは第 2 のイソブテンに付加して新たな第三級カルボカチオンを形成する．さらに第 3 のイソブテンにも付加する．このような連続的付加が続くと高分子が生成する．このような連続付加反応は末端に常にカルボカチオンを生成するので**カチオン重合**（cationic polymerization）とよばれる．イソブテンのカチオン重合からはポリイソブテンが生成し，イソブテンゴムとして利用されている．

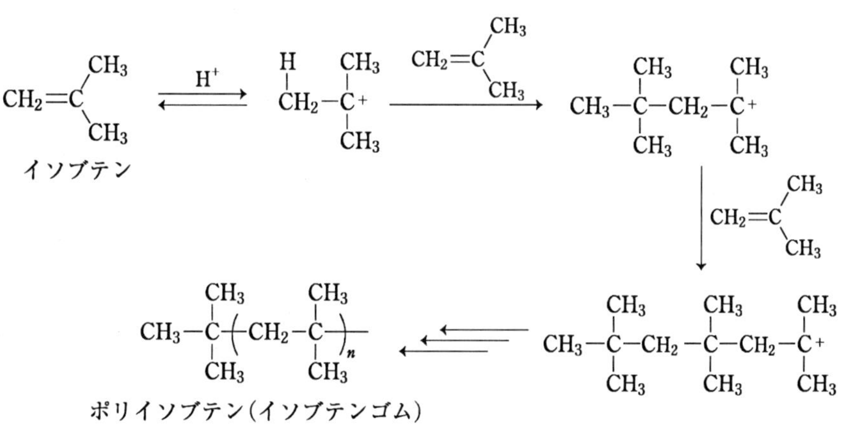

d. 共役ジエン類への求電子付加

1,3-ブタジエンにハロゲン化水素が付加するとき，プロトンは末端のメチレン基に付加して，共鳴安定化されたアリル型カルボカチオンを生成する．この共鳴安定化されたカルボカチオンは二つの共鳴構造からなるため，それぞれのカチオンがハロゲン化物イオンと結合し，1,2-付加物と1,4-付加物を与える．

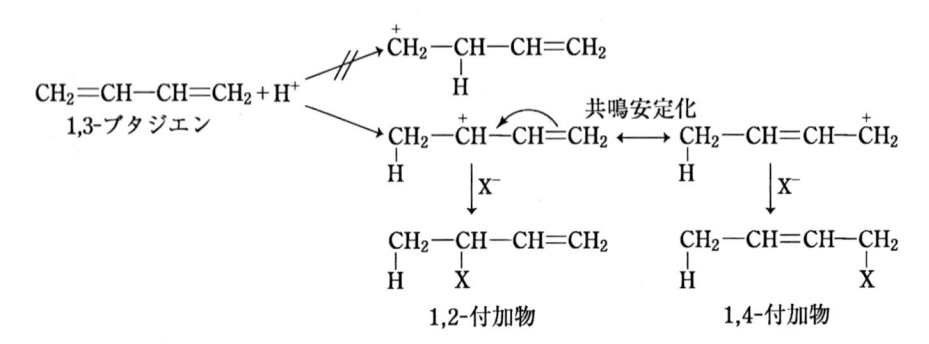

5.3 その他の付加反応

a. 水素化

オレフィンに Ni，Pt，Pd などの金属触媒の存在下水素を付加させることができる．このとき**シス付加** (cis addition) で進行する．たとえばエチレンの水素化では，金属表面に吸着したエチレンの二つの炭素へ，水素分子の二つの水素原子が同じ側から同時に付加するためシス付加が起こる．金属触媒にエチレンが吸着するのは不飽和結合の π 電子と金属との相互作用である．一方，水素化で生成したエタンはもはや π 電子をもたないので直ちに離れ去り，金属表面は反応前と同じ状況になる（図5.1）．これが触媒反応で水素化が進行する理由である．

図 5.1

b. 水 和

炭素-炭素二重結合の水和はアルコールからオレフィンが生成する酸触媒脱水反応の逆反応である．

$$\text{C=C} + \text{H}^+ \longrightarrow \overset{H}{\underset{+}{\text{C}-\text{C}}} \xrightarrow{\text{H}_2\text{O}} \overset{H}{\underset{\overset{|}{\text{OH}_2^+}}{\text{C}-\text{C}}} \xrightleftharpoons{-\text{H}^+} \overset{H}{\underset{\overset{|}{\text{OH}}}{\text{C}-\text{C}}}$$

ハロゲン化水素は水和反応に適さない．なぜなら5.2節bで述べたようにハロゲン化物イオンがカルボカチオン中間体に反応するからである．しかし硫酸は水和反応に用いることができる．この場合硫酸より生ずるHSO_4^-イオンが付加するが，HSO_4^-イオンがよい脱離基であるため付加生成物の硫酸水素アルキルはたやすく加水分解されてアルコールが得られる．付加の配向性はMarkovnikov則に従う．たとえば，末端アルケンからは第二級アルコールが生成する．

$$CH_3CH_2CH=CH_2 \xrightarrow{H^+} CH_3CH_2\overset{+}{C}H-\overset{H}{\underset{|}{C}H_2} \xrightarrow{HSO_4^-} CH_3CH_2\underset{\overset{|}{OSO_3H}}{CH}-CH_3$$

硫酸水素アルキル

$$\xrightarrow[\text{加熱}]{H_2O} CH_3CH_2\underset{\overset{|}{OH}}{CH}-CH_3 + HSO_4^-$$

Markovnikov付加生成物

c. ボランの反Markovnikov付加

末端アルケンから第一級アルコールを得るにはどうしたらよいだろうか．アルケンにボラン（BH_3）を付加させると反Markovnikov付加が進行する．ボランには三つの水素があるので一つのボランに三つのアルケンが付加してトリアルキルボランが生成する．これを**ヒドロホウ素化**（hydroboration）という．トリアルキルボランはアルカリ性過酸化水素で分解すると，ホウ素のアルキル基が酸素に転位して第一級アルコールが得られる．

$$R-CH=CH_2 + BH_3 \rightarrow R-\underset{\overset{|}{H}}{CH}-\underset{\overset{|}{BH_2}}{CH_2} \rightarrow (RCH_2CH_2)_3B \xrightarrow[\text{塩基}]{H_2O_2} (RCH_2CH_2)_2B-O-OH$$

$$\xrightarrow{-OH^-} (RCH_2CH_2)_2B-\underset{\overset{|}{RCH_2CH_2}}{O} \rightarrow (RCH_2CH_2O)_3B \rightarrow RCH_2CH_2OH + B(OH)_3$$

反Markovnikov付加

ボランがアルケンに反Markovnikov付加することは次のように考えると理解できる．これまでの酸の付加では安定なカルボカチオンが生成するように水素は常にH^+としてまず付加して反応が始まった．しかしボランの水素はH^+ではなく，H^-種であり，ホウ素はカチオン的である．したがって始めにホウ素が安定なカチオンを生成するように付加し，生成したカチオンにH^-が反応

すると考えると反 Markovnikov 付加が説明できる．

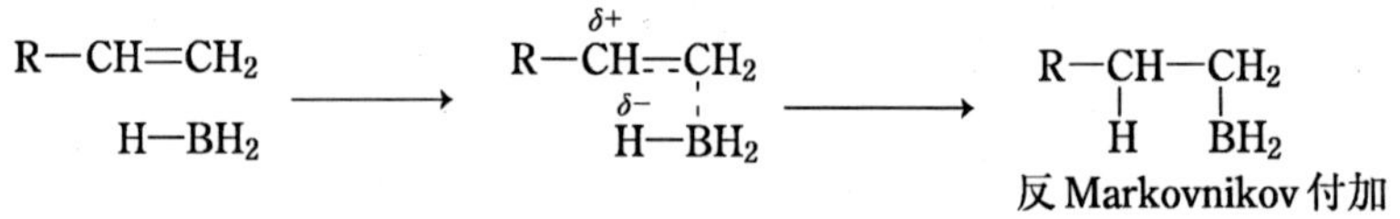

$$R-CH=CH_2 \quad + \quad H-BH_2 \longrightarrow \underset{H-BH_2}{\overset{\delta+}{R-CH}\overset{}{=}\overset{\delta-}{CH_2}} \longrightarrow \underset{H \quad BH_2}{R-CH-CH_2}$$

反 Markovnikov 付加

【例題 5.2】 次の反応の生成物を予想せよ．

$$(CH_3)_2C=CHC(CH_3)_3 + H_2O \xrightarrow[\text{加熱}]{H_2SO_4}$$

[解答] カルボカチオンの安定性は第三級＞第二級であるから第三級カルボカチオンが生成するようにプロトンが付加して反応が進行する（Markovnikov 付加）．

$$(CH_3)_2C=CHC(CH_3)_3 + H_2SO_4 \longrightarrow \underset{OSO_3H}{(CH_3)_2C}-\overset{H}{\underset{}{CHC}}(CH_3)_3 \xrightarrow[\text{加熱}]{H_2O} \underset{OH}{(CH_3)_2C}-CH_2C(CH_3)_3$$

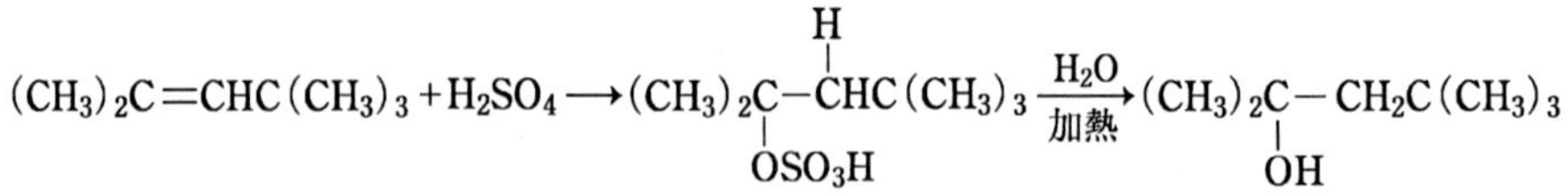

d. ヒドロキシ化

アルケンに過マンガン酸カリウムのアルカリ性希薄水溶液を低温で反応させると過マンガン酸エステルが生じ，これを加水分解すると 1,2-ジオール（グリコール）が得られる．加水分解のとき C−O 結合は切れずに Mn−O 結合が切れるので，炭素原子の立体配置は反転せず，生じる 1,2-ジオールは環状の過マンガン酸エステルと同じくシスである．同様な反応は過マンガン酸カリウムの代りに四酸化オスミウムを用いても進行し，還元後 cis-1,2-ジオールを与える．

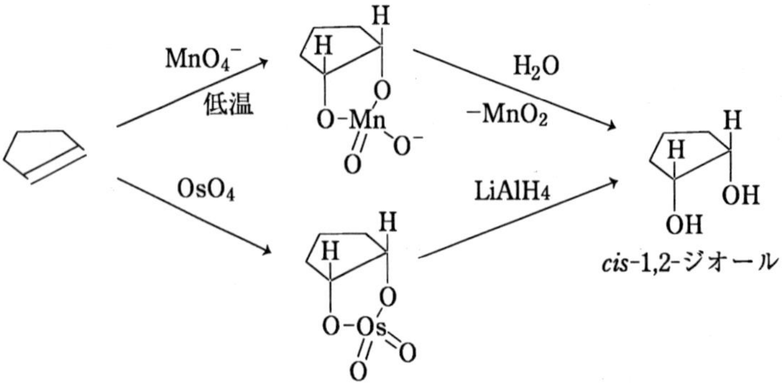

trans-1,2-ジオールは，アルケンと過カルボン酸からエポキシドを合成した後，酸または塩基触媒によって加水分解すると得られる．過カルボン酸によるエポキシ化は協奏的付加反応であるためアルケンの幾何配置は保持される．たとえば cis-オレフィンから cis-エポキシドが生成する．

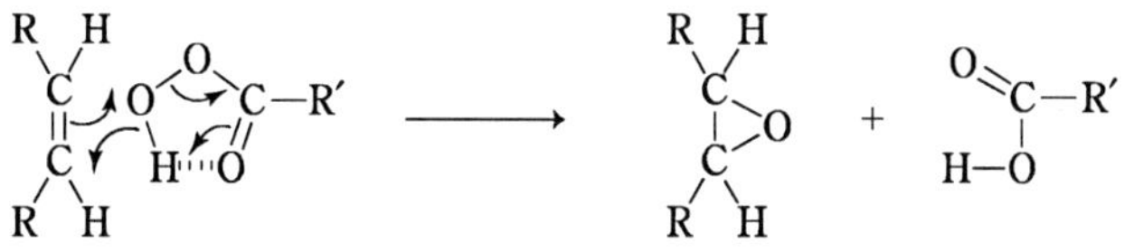

5.3 その他の付加反応

cis-オレフィン → *cis*-エポキシド

e. オゾン分解

アルケンへのオゾンの付加も求電子反応である．第一次の付加物（モルオゾニド）は容易に二つの部分に分解し，再結合して**オゾニド**（ozonide）を形成する．生成するオゾニドを Zn/H_2O または H_2/Pd で還元分解すると，二つのカルボニル化合物が生成する．

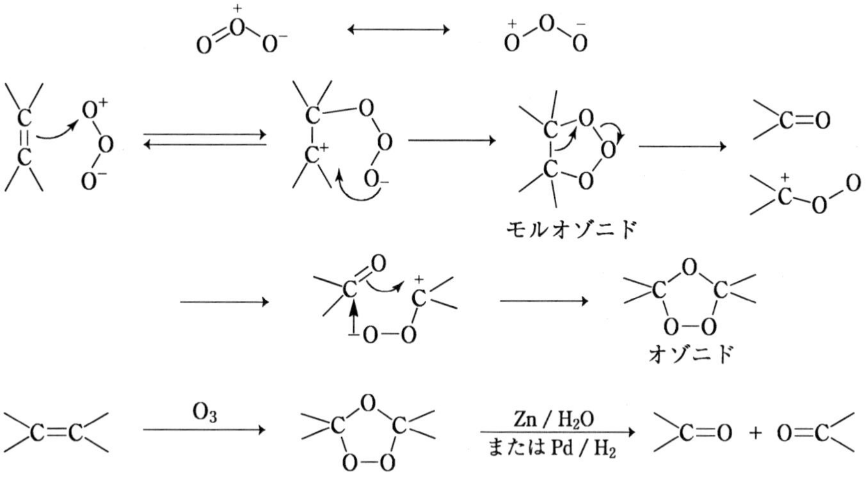

【例題5.3】 オゾン分解を行ったとき，次のようなカルボニル化合物が生じるアルケンの構造式をかけ．
(a) $CH_3CH=O + CH_3CH_2CH_2CH=O$，(b) $O=CHCH_2CH_2CH_2CH=O$ のみ

[解答] オゾン分解ではアルケンの二重結合がカルボニルに変換されることに基づき反応出発物質のアルケンの構造を考える．
(a) $CH_3CH=CHCH_2CH_2CH_3$，(b) シクロペンテン

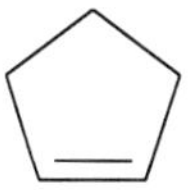

エチレンの働きぶり

求電子付加が進行する代表的なオレフィンはエチレンである．水和反応ではエタノールが，ヒドロキシ化反応ではエチレングリコールが生成する．エチレングリコールはPET（ポリエチレンテレフタレート）ボトルのEに対応する原料である．また高温・高圧下ではラジカルも付加し，付加して生成したラジカルはまた次のエチレンに付加する．これを繰り返すとポリエチレンが生

成する(**ラジカル付加重合**).コンビニやスーパーマーケットでもらう白い袋である.最近では調理に使われるラップ剤もダイオキシンが発生しないポリエチレン製のものが多くなっている.さらにエチレンはポリ塩化ビニル(水道配管などに使われている灰色のプラスチック),ポリスチレン(一つの例としては発泡スチロール)などの多くのプラスチックや,重要な工業製品の製造のための出発原料である.エチレンより大量に生産される有機薬品はほかにない.

$\mathrm{+CH_2-CH+}_n$ $\mathrm{+CH_2-CH+}_n$ $\mathrm{+OC-C_6H_4-CO-OCH_2CH_2O+}_n$
         $\mathrm{C_6H_5}$ Cl
      ポリスチレン   ポリ塩化ビニル   PET

このようにエチレンはプラスチックの原料としてのイメージが残るが,生理活性物質でもある.植物は果実の熟成,種子の発芽および花の熟成を調整するため自分自身でエチレンを生産している.果物や野菜は熟成が始まると自然にエチレンを放出する.熟した果物を紙袋の中にいれ,そこへあまり熟してない果物を入れるとその果物の熟成が早くなるのは,熟した果物から放出されたエチレンのおかげである.現在では食品加工業者は未熟な状態で収穫した果物を市場に出すためにエチレンで処理している.よく知られている例がバナナやトマトである.

またエチレンは麻酔性の気体でもあり,たとえ高濃度でも組織には無害である.麻酔効果はとても早く,患者はエチレン投与後2〜4分で外科手術が可能となる.

5.4 求核付加反応

求核試薬は普通のオレフィンには付加しにくい.なぜなら求核試薬の非結合電子対とオレフィンの π 電子が電子的に反発して求核試薬がオレフィンに近づきにくいためである(図5.2(a)).しかし電子求引性の官能基(−CN,−COOR など)が結合したオレフィンではオレフィンの π 電子密度が減少して求核試薬が付加できる(b).

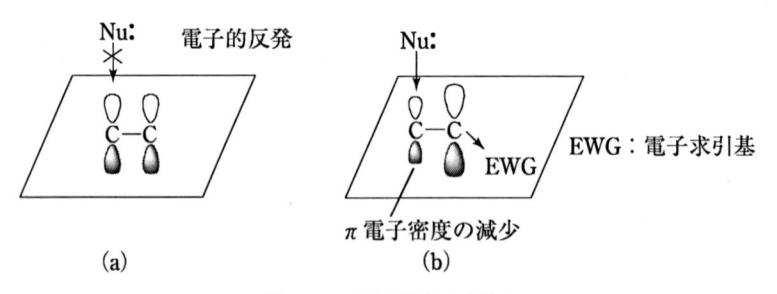

図 5.2 求核試薬の付加

a. シアノエチル化

アクリロニトリルは次のような共鳴構造式からわかるように,電子不足の β 位にアミン,フェノール,チオールなどの求核試薬が付加する.生成物はこれらの求核試薬の水素がシアノエチル基で置き換えられたような化合物であるので,これらの反応を**シアノエチル化**(cyanoethylation)という.

5.4 求核付加反応

$$CH_2=CH-C\equiv N \longleftrightarrow {}^+CH_2-CH=C=\bar{N} \xrightarrow{Nu-H} Nu-CH_2CH_2-CN$$
アクリロニトリル

$$R_2NH + CH_2=CHCN \longrightarrow R_2N-CH_2CH_2CN$$

$$C_6H_5OH + CH_2=CHCN \longrightarrow C_6H_5O-CH_2CH_2CN$$

$$RSH + CH_2=CHCN \longrightarrow RS-CH_2CH_2CN$$

アミンの付加反応を例にとると反応機構は次のようである．アミンの非結合電子対がアクリロニトリルの β 位に攻撃してカルボアニオンが生成する．このアニオンは隣のシアノ基のI効果およびR効果によって安定化している．最後にアミンから α 位炭素にプロトンが移動して反応が完結する．

$$R-\underset{R}{\underset{|}{N}}-H + CH_2\underset{\beta}{=}\underset{\alpha}{CH}-CN \longrightarrow \left[R-\underset{R}{\underset{|}{\overset{H}{\overset{|}{N^+}}}}-CH_2-\bar{C}H-C\equiv N \longleftrightarrow R-\underset{R}{\underset{|}{\overset{H}{\overset{|}{N^+}}}}-CH_2-CH=C=\bar{N}\right]$$
$$\longrightarrow R_2N-CH_2-CH_2-C\equiv N$$

b. Michael 付加反応

α,β-不飽和カルボニル化合物（アルデヒド，ケトン，エステルなど）の β 位炭素へのカルボアニオンの求核付加を **Michael 付加**（Michael addition）とよぶ．この反応でもっともよく用いられるのは，マロン酸ジエチル，アセト酢酸エチル，シアノ酢酸エチル，ニトロメタンのような化合物から発生したカルボアニオンである．たとえばケイ皮酸エチルとマロン酸ジエチルはエタノール中触媒量のナトリウムエトキシドの存在下，次式に示すように反応し，マロン酸エステルがケイ皮酸エステルの不飽和結合に付加した形の生成物を与える．

$$\underset{\text{ケイ皮酸エチル}}{C_6H_5-CH=CH-CO_2C_2H_5} + \underset{\text{マロン酸ジエチル}}{CH_2(CO_2C_2H_5)_2} \xrightarrow[C_2H_5OH]{C_2H_5ONa} \underset{CH(CO_2C_2H_5)_2}{C_6H_5-CH-CH_2-CO_2C_2H_5}$$

反応機構は塩基触媒下のシアノエチル化と同様である．ナトリウムエトキシドが塩基としてマロン酸エステルの活性メチレンの水素を引き抜き，カルボアニオンを発生させ，これが α,β-不飽和カルボン酸エステルの β 位に付加する．新たに生成したカルボアニオンはプロトンをエタノールから奪って生成物

とエトキシドを再生する．

【例題 5.4】 次の反応の生成物を予想せよ．

(a) $CH_2=CH-\overset{O}{\underset{\|}{C}}-CH_3 + (CH_3)_2NH \longrightarrow$

(b) [2-メチル-2-シクロヘキセノン] $+ CH_2(CN)_2 \xrightarrow{C_2H_5ONa}$

[解答] いずれも電子求引基のついたアルケンへの求核付加である．

(a) $CH_2=CH-\overset{O}{\underset{\|}{C}}-CH_3 \longrightarrow CH_2^- -CH-\overset{O}{\underset{\|}{C}}-CH_3 \longrightarrow CH_2-CH_2-\overset{O}{\underset{\|}{C}}-CH_3$
    $(CH_3)_2\overset{..}{N}H \qquad\qquad (CH_3)_2\overset{+}{N}H \qquad\qquad (CH_3)_2N$

(b) $CH_2(CN)_2 \xrightarrow{C_2H_5ONa} \overset{-}{CH}(CN)_2 \longrightarrow$ [付加中間体] $\xrightarrow{C_2H_5OH}$ [生成物]

【発展】アルキル基の共役付加 (1,4-付加)

　Michael 付加において活性メチレン化合物のかわりに Grignard 試薬を用いると一般に α,β-不飽和カルボニル化合物の β 位炭素に求核付加 (共役付加または 1,4-付加) するのではなく，カルボニル炭素への求核付加 (**1,2-付加**) が優先する．しかしこの系に触媒量の Cu(I) を添加すると Michael 付加反応と同様な **1,4-付加反応**が選択的に起こる．その後さらに各種の有機銅化合物に関する検討が行われ，R_2CuLi 型の錯体が 1,4-付加反応にもっとも有効であることが明らかになり，一般的に使用されている．

　コメント：下記のようにカルボニル酸素から数えて，1 位に金属カチオン，2 位に置換基が導入される付加反応を 1,2-付加，1 位に金属カチオン，4 位に置換基が導入される付加反応を 1,4-付加という．

[反応スキーム: 2-シクロヘキセノン (位置1-4表示) と CH$_3$MgBr の反応]

上段: $\xrightarrow{CH_3MgBr}$ 1-メチル-1-(OMgBr)体 $\xrightarrow{H_2O}$ 1,2-付加体 (1-メチルシクロヘキセノール)

下段: $\xrightarrow[Cu(I)]{CH_3MgBr}$ (3-メチル-1-OMgBr-シクロヘキセン) $\xrightarrow{H_2O}$ 共役 (1,4-) 付加体 (3-メチルシクロヘキサノン)

5章のまとめ

（1）ハロゲンの付加

シクロヘキセン + Br_2 ⟶ ブロモニウムイオン $\xrightarrow{Br^-}$ トランス付加体

（2）ハロゲン化水素の付加

$$CH_3-CH=CH_2 + H^+ \nrightarrow CH_3-CH_2-\overset{+}{C}H_2 \xrightarrow{Br^-} CH_3CH_2CH_2Br$$
$$\rightarrow CH_3-\overset{+}{C}H-CH_3 \xrightarrow{Br^-} CH_3CHCH_3 \;|\; Br$$

$$(CH_3)_3N^+-CH=CH_2 + H^+ \rightarrow (CH_3)_3N^+-CH_2-\overset{+}{C}H_2 \xrightarrow{I^-} (CH_3)_3N^+CH_2CH_2I$$
$$\nrightarrow (CH_3)_3N^+-\overset{+}{C}H-CH_3 \xrightarrow{I^-} (CH_3)_3N^+CHCH_3 \;|\; I$$

カルボカチオンの中間体の安定性で配向性が決まる．

（3）共役ジエン類への求電子付加

$$CH_2=CH-CH=CH_2 + H^+$$
1,3-ブタジエン

$\nrightarrow \overset{+}{C}H_2-CH-CH=CH_2 \;|\; H$

$\rightarrow CH_2-\overset{+}{C}H-CH=CH_2 \;|\; H \leftrightarrow CH_2-CH=CH-\overset{+}{C}H_2 \;|\; H$ 共鳴安定化

$\downarrow X^-$ それぞれ $\downarrow X^-$

$CH_2-CH-CH=CH_2 \;|\; H \;|\; X$ （1,2-付加物）

$CH_2-CH=CH-CH_2 \;|\; H \;|\; X$ （1,4-付加物）

（4）水素化

1,2-ジメチルシクロヘキセン + $H_2 \xrightarrow{Ni, Pt, or Pd}$ シス付加体

（5）水和

$$R-CH=CH_2 \xrightarrow{H^+} R-\overset{+}{C}H-CH_3 \xrightarrow{HSO_4^-} R-CH-CH_3 \;|\; OSO_3H \xrightarrow[加熱]{H_2O} R-CH-CH_3 \;|\; OH$$

Markovnikov付加

（6）ヒドロホウ素化

$$R-CH=CH_2 + BH_3 \longrightarrow R-CH-CH_2 \;|\; H \;|\; BH_2 \longrightarrow (RCH_2CH_2)_3B \xrightarrow[塩基]{H_2O_2} RCH_2CH_2OH$$
ボラン

反Markovnikov付加

（7）ヒドロキシ化

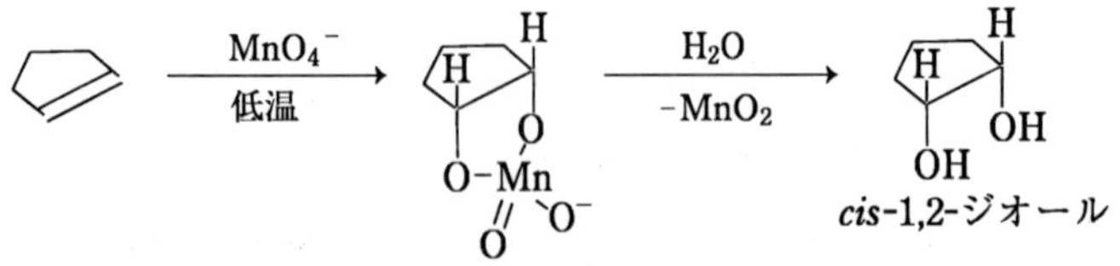

（8）オゾン分解

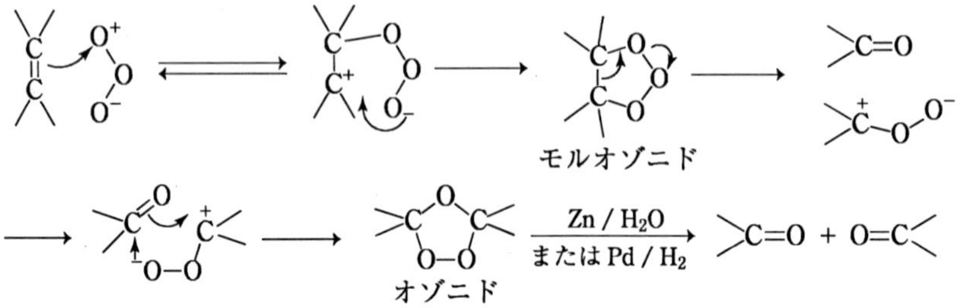

（9）シアノエチル化

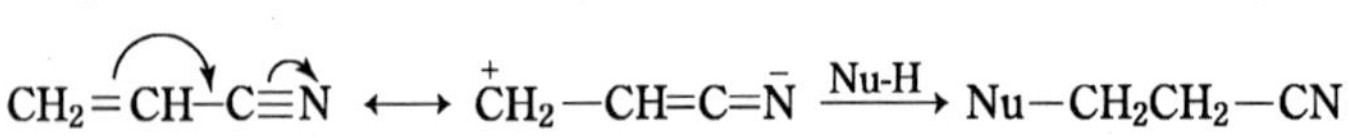

$$CH_2=CH-C\equiv N \longleftrightarrow \overset{+}{C}H_2-CH=C=\overset{-}{N} \xrightarrow{Nu-H} Nu-CH_2CH_2-CN$$

$R_2NH + CH_2=CHCN \longrightarrow R_2N-CH_2CH_2CN$

$C_6H_5OH + CH_2=CHCN \longrightarrow C_6H_5O-CH_2CH_2CN$

$RSH + CH_2=CHCN \longrightarrow RS-CH_2CH_2CN$

（10）Michael 付加反応

$$C_6H_5-CH=CH-CO_2C_2H_5 + CH_2(CO_2C_2H_5)_2 \xrightarrow[C_2H_5OH]{C_2H_5ONa} C_6H_5-\underset{CH(CO_2C_2H_5)_2}{CH}-CH_2-CO_2C_2H_5$$

● 5章の問題

[5.1] 炭素-炭素三重結合への求電子付加もオレフィンへの求電子付加と同様に進行する．また配向性も生成するカルボカチオン中間体の安定性から決まる．次の反応生成物を考えよ．

(a) $CH_3C\equiv CCH_3 + H_2 \xrightarrow{被毒 Pd 触媒}$

(b) $CH_3\equiv CCH_3 + 2\,Br_2 \longrightarrow$

(c) $CH_3CH_2C\equiv CH + 2\,HBr \longrightarrow$

(d) $CH_3CH_2C\equiv CH + H_2O \xrightarrow{HgSO_4/H_2SO_4}$

[5.2] 次の化合物を (Z)-2-ブテンからそれぞれ合成する経路を考えよ．

(a) 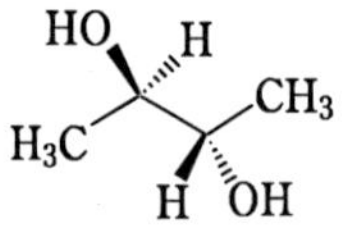 (2R,3S)もしくはmeso-2,3-ブタンジオール

(b) 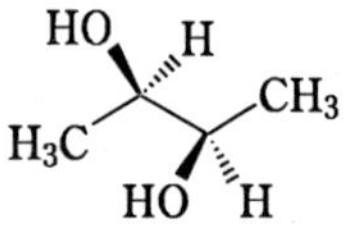 (2R,3R)-2,3-ブタンジオール

[5.3] 次の付加反応生成物を予想せよ．
(a) $CH_3CH_2OCH=CH_2 + HCl \longrightarrow$
(b) $CH_3CH=C(CH_3)_2 + HBr \longrightarrow$
(c) $C_6H_5CH=CHNO_2 + (CH_3)_2NH \longrightarrow$
(d) $CH_3CH=CHCO_2C_2H_5 + CH_3COCH_2CO_2C_2H_5 \xrightarrow{C_2H_5ONa}$

[5.4] 次の化合物をスチレンからそれぞれ合成する経路を考えよ．
(a) $C_6H_5CH_2CH_2OH$, (b) $C_6H_5\overset{\overset{\displaystyle OH}{|}}{C}HCH_3$

[5.5] 構造未知の有機化合物 A の分子式は C_6H_{12} であった．Br_2/CCl_4 とすみやかに反応して臭素の色が消失した．A を冷濃硫酸に溶解して水中に加え，その溶液を加熱すると化合物 B，$C_6H_{14}O$ が得られた．B を少量の濃硫酸と加熱すると C になった．C の分子式は A と同じであるが，A とは異なる物質であった．C をオゾン分解すると 2 分子のアセトンが生じた．A，B，C の構造式をかけ．

6 芳香族化合物の反応

● 6章で学習する目標

芳香族求電子置換反応の仕組みを理解し，置換ベンゼンへの求電子試薬の攻撃の速度と位置がベンゼン上の置換基により制御されることを学ぶ．また，電子求引基で置換されたベンゼンに対して求核試薬が攻撃しイプソ置換の起こること，そして置換ベンゼンジアゾニウム塩の分解とベンザインを中間体とする置換反応を学ぶ．

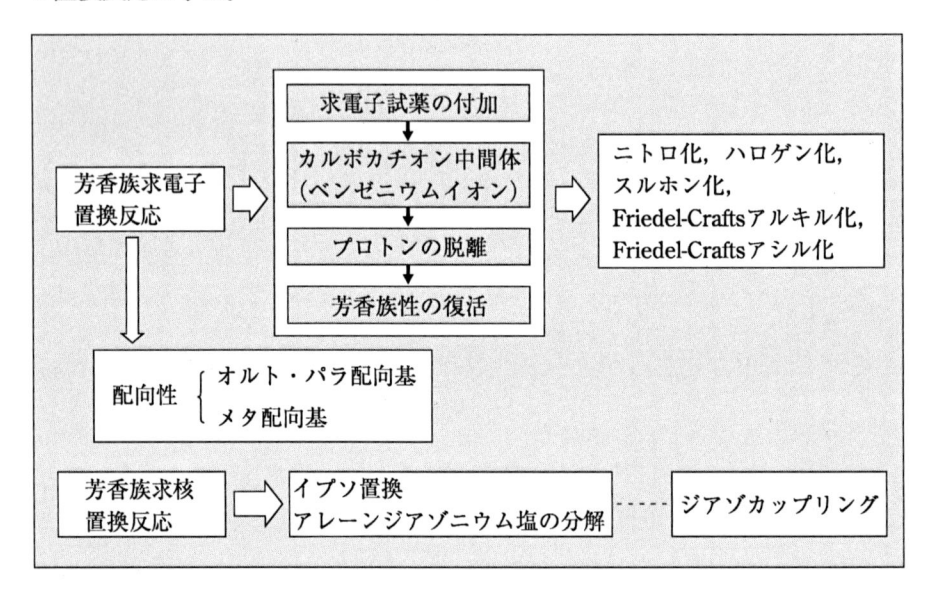

```
芳香族求電子      求電子試薬の付加
置換反応    →    カルボカチオン中間体      →    ニトロ化，ハロゲン化，
                (ベンゼニウムイオン)            スルホン化，
                プロトンの脱離                  Friedel-Craftsアルキル化，
                芳香族性の復活                  Friedel-Craftsアシル化
    ↓
配向性 { オルト・パラ配向基
         メタ配向基

芳香族求核    →   イプソ置換                 ------ ジアゾカップリング
置換反応         アレーンジアゾニウム塩の分解
```

6.1 芳香族求電子置換反応

　ベンゼンは正六角形の平面分子で，この平面の上下にドーナツ型の π 電子雲があることをすでに1章で学んだ．この π 電子雲が炭素骨格への求核試薬の攻撃を阻み，逆に求電子試薬の接近を容易にするように思われる．しかし実際は，π 電子系が共鳴安定化されているため，ベンゼンはアルケンを攻撃するような求電子試薬のほとんどに対し比較的安定で，多くの場合，触媒が必要である．また，求電子試薬との反応により生成するのは付加生成物でなく置換生

6.2 ベンゼンへの求電子試薬の攻撃

成物である．このような特徴的な反応性はベンゼンに限ったことではなく芳香族化合物に共通する．

$$\text{Ar}-\text{H} + \overset{\delta+}{\text{E}}-\overset{\delta-}{\text{Y}} \longrightarrow \text{Ar}-\text{E} + \text{H}-\text{Y}$$

代表的な芳香族求電子置換反応を図6.1に示す．これらの反応がどのような仕組みで起るのかについてベンゼンとの反応を中心に順を追って調べていこう．

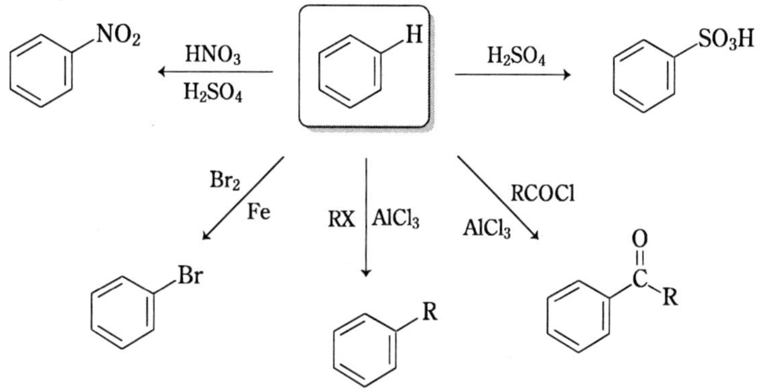

図 6.1 芳香族求電子置換反応

6.2 ベンゼンへの求電子試薬の攻撃

5章で学んだアルケンへの求電子試薬の付加の機構を思い出そう．まず，アルケンの π 電子が求電子試薬に移動してカルボカチオン中間体が生成する．このものが溶媒中にある求核試薬に捕捉されて反応が完結する（図6.2）．

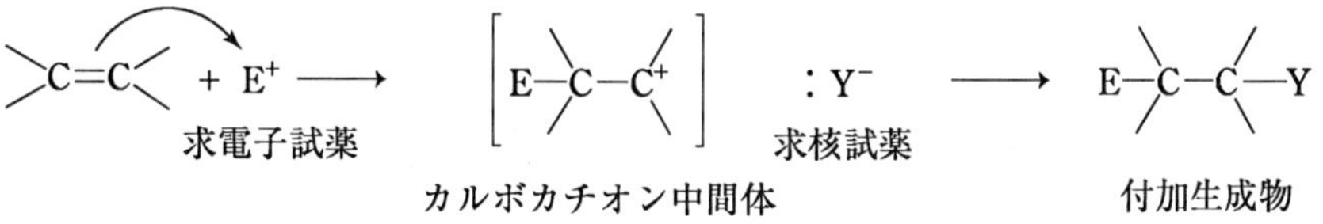

図 6.2 求電子試薬の付加機構

ベンゼンと求電子試薬の反応も第1段階は同様である．ベンゼンの π 電子系から求電子試薬への電子対の移動によりカルボカチオンが生成する．このカチオンは**ベンゼニウムイオン**（benzenium ion, benzenonium ion, アリル型のシクロヘキサジエニルカチオン）とよばれるもので共鳴安定化されているが，もはやベンゼンの共鳴エネルギーの大部分を失なっている．このカチオンがプロトンを放出すると，芳香族性の復活した置換生成物ができる．

求核試薬がプロトンを受け取らないで，もしベンゼニウムイオンに付加すれば，芳香族ではないシクロヘキサジエン誘導体を与える．この付加生成物は置換生成物に比べ共鳴安定化していないのでエネルギー的に極めて不利であり，実際は置換反応だけが起こる．

図 6.3 にベンゼンの求電子置換反応のエネルギー模式図を示す．反応の第 1 段階においては π 電子系の共鳴構造を壊しながら求電子試薬に電子対を移すため大きな活性化エネルギーを必要とする．そのため第 1 段階は遅い反応であるし，またアルケンに容易に付加する求電子試薬もベンゼンとは簡単には反応しない．一方，反応の第 2 段階はプロトンの放出による芳香族性の復活であり速い．

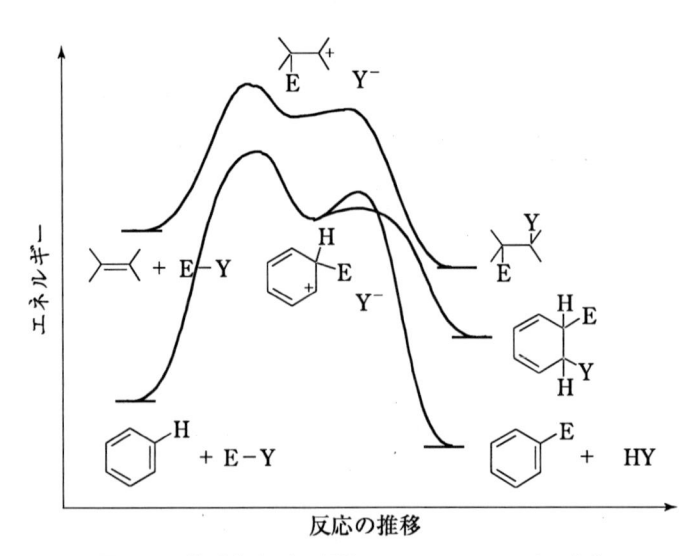

図 6.3 芳香族求電子置換におけるエネルギー変化

6.2 ベンゼンへの求電子試薬の攻撃

【例題 6.1】 次に示したベンゼンの π 電子系を表す模式図にならって，求電子試薬 E^+ がベンゼンに付加してできるベンゼニウムイオンの π 電子系を表す模式図をかけ．

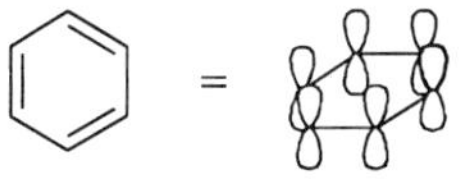

[解答] 図のようになる．E の結合している炭素の C-H 結合からプロトンが脱離すると，芳香族性が復活する．

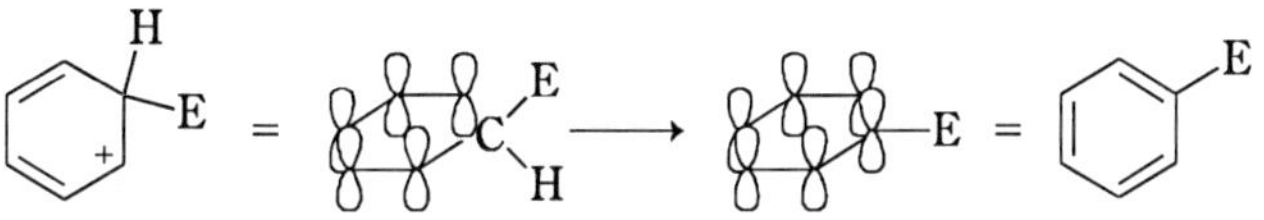

a. ベンゼンのニトロ化

ベンゼンを硝酸と硫酸の混合物である混酸とあたためるとニトロベンゼンが得られる．このような反応をニトロ化という．

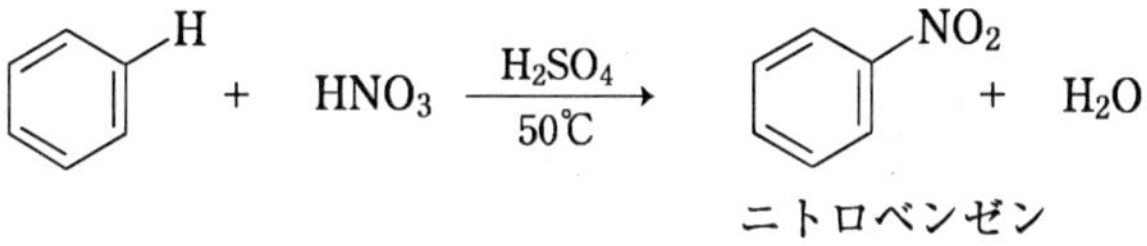

硝酸に硫酸を加えると次の反応式のようにニトロニウムイオン（NO_2^+）が生成する．

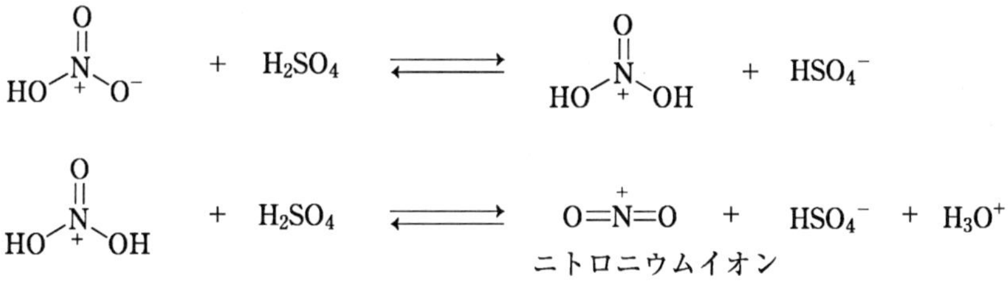

このニトロニウムイオンがベンゼンを攻撃する求電子試薬である．反応は次に示したように進行する．

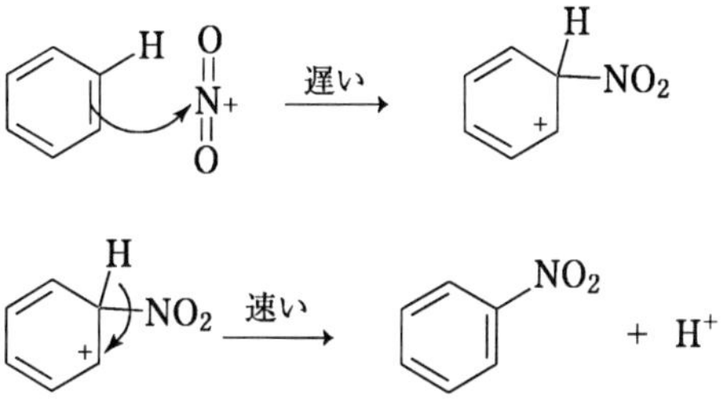

b. ベンゼンのハロゲン化

アルケンは臭素と容易に反応し 1,2-ジブロモアルカンを与える．しかしベンゼンは臭素だけとはほとんど反応しない．ここに鉄粉（くぎでもよい）があると簡単にブロモベンゼンが生成する．

$$\text{C}_6\text{H}_5\text{H} + \text{Br}_2 \xrightarrow{\text{Br}_2, \text{鉄}} \text{C}_6\text{H}_5\text{Br} + \text{HBr}$$

ブロモベンゼン

触媒の働きをしているのは鉄粉そのものではなく，鉄と臭素の反応でできる臭化鉄（III）である．臭化鉄（III）は Lewis 酸であり，臭素の非結合電子対を受け入れることにより臭素を分極させ，臭素そのものより求電子性を高める働きをしている．ベンゼニウムイオン中間体からブロモベンゼンが生成する段階で放出されるプロトンにより，触媒は再生される．

$$2\,\text{Fe} + 3\,\text{Br}_2 \longrightarrow 2\,\text{FeBr}_3$$
鉄　　　臭素　　　　　　臭化鉄（III）

$$\text{Br}_2 + \text{FeBr}_3 \rightleftharpoons \overset{\delta+}{\text{Br}}\cdots\overset{\delta-}{\text{Br}-\text{FeBr}_3}$$

Lewis 酸 -Lewis 塩基錯体

$$\text{C}_6\text{H}_6 + \overset{\delta+}{\text{Br}}\cdots\overset{\delta-}{\text{Br}-\text{FeBr}_3} \longrightarrow [\text{C}_6\text{H}_6\text{Br}]^+ + \text{FeBr}_4^-$$

$$[\text{C}_6\text{H}_6\text{Br}]^+ \longrightarrow \text{C}_6\text{H}_5\text{Br} + \text{H}^+$$

$$\text{H}^+ + \text{FeBr}_4^- \longrightarrow \text{FeBr}_3 + \text{HBr}$$

芳香族求電子置換反応による塩素化は臭素化と同様である．フッ素分子を用いたフッ素化は反応の制御が困難であり，一方，ヨウ素分子によるヨウ素化は非常に遅い．このような理由で，フルオロベンゼンやヨードベンゼンの合成にはここで学んだハロゲン化の方法は使われない．

$$\text{C}_6\text{H}_5\text{H} + \text{Cl}_2 \xrightarrow{\text{FeCl}_3} \text{C}_6\text{H}_5\text{Cl} + \text{HCl}$$

クロロベンゼン

【例題 6.2】 *p*-キシレンの塩素化による生成物と反応の機構を考えよ．
[解答] 臭素のかわりに塩素を，そして臭化鉄（III）の代わりに塩化鉄（III）を触媒として用いる．ベンゼンの臭素化と同じように考える．反応は次のよ

うに進み2-クロロ-1,4-ジメチルベンゼンを生成する.

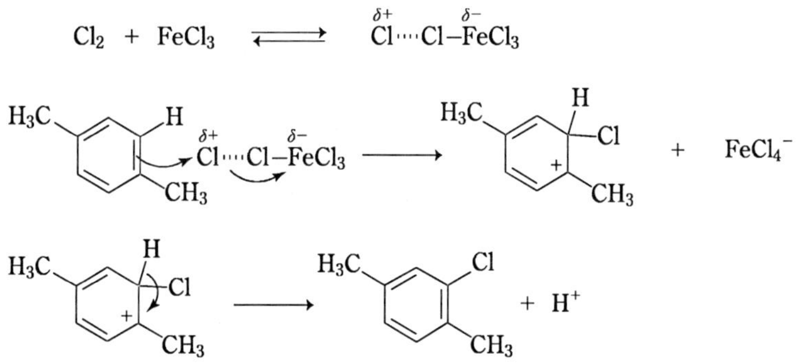

$$Cl_2 + FeCl_3 \rightleftharpoons \overset{\delta+}{Cl}\cdots\overset{\delta-}{Cl-FeCl_3}$$

2-クロロ-1,4-ジメチルベンゼン

c. ベンゼンのスルホン化

ベンゼンを発煙硫酸や濃硫酸と反応させるとベンゼンスルホン酸が得られる. この反応をスルホン化という.

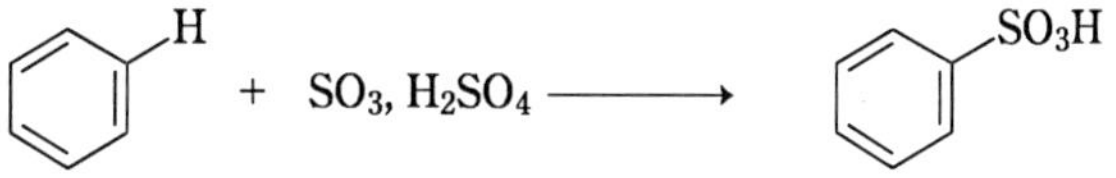

ベンゼンスルホン酸

発煙硫酸は硫酸に8％ほどの三酸化硫黄（SO_3）を溶かしたものである. 濃硫酸も次の式のように低濃度の SO_3 と平衡にある. SO_3 の3個の酸素原子が強く電子を引きつけるので, 硫黄原子は正電荷を帯びている.

$$2\,H_2SO_4 \rightleftharpoons SO_3 + H_3O^+ + HSO_4^-$$

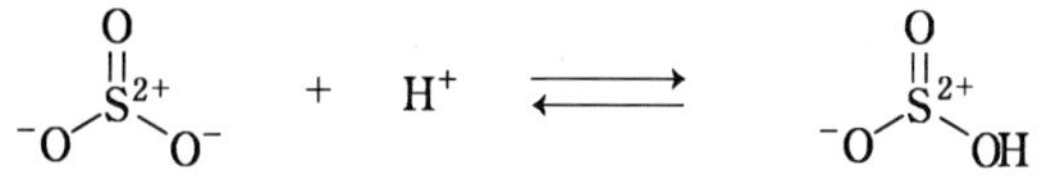

すなわち SO_3 は求電子試薬として働き, 反応は下の式のように進む. 芳香族化合物のスルホン化では SO_3 のほか SO_3 のプロトン化された HSO_3^+ も反応条件により求電子試薬として働くと考えられている. スルホン化は, ニトロ化そして塩素化や臭素化と異なり**可逆的な反応**である. たとえば, ベンゼンスルホン酸を酸性水溶液中で加熱するとベンゼンが得られる.

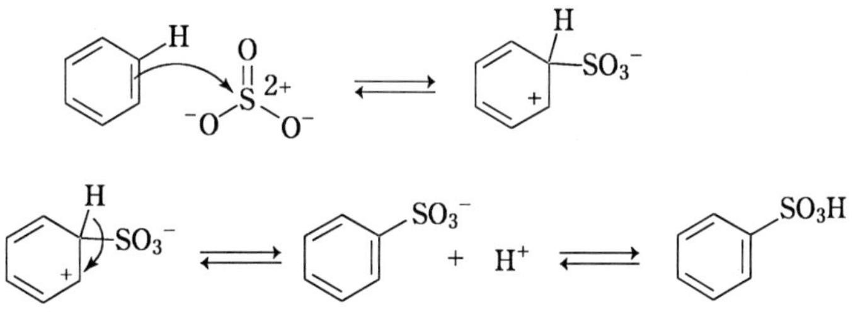

d. ベンゼンの Friedel-Crafts アルキル化

　カルボカチオンや電子の不足した炭素原子もベンゼンに対し求電子試薬として働く．ハロゲン化アルキルの炭素原子は4章で学んだように求電子性をもっているがベンゼンと置換反応を起こすほど強くはない．しかし，塩化アルミニウムが存在するとハロゲン化アルキルはアルキルベンゼンを与える．この反応は Friedel-Crafts 反応とよばれている．

　塩化 tert-ブチルのような第三級ハロゲン化アルキルは塩化アルミニウムと反応してカルボカチオンを生成する．

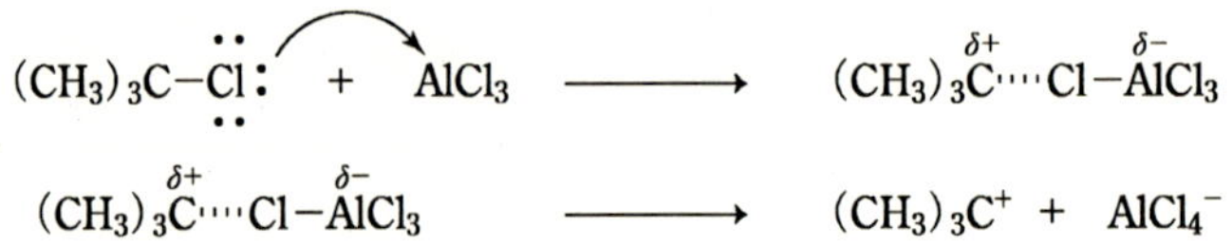

$$(CH_3)_3C-Cl: + AlCl_3 \longrightarrow (CH_3)_3\overset{\delta+}{C}\cdots\overset{\delta-}{Cl-AlCl_3}$$

$$(CH_3)_3\overset{\delta+}{C}\cdots\overset{\delta-}{Cl-AlCl_3} \longrightarrow (CH_3)_3C^+ + AlCl_4^-$$

　これが求電子試薬として働きベンゼンのアルキル化を引き起こす．塩化アルミニウムは再生されて再び触媒として働く．

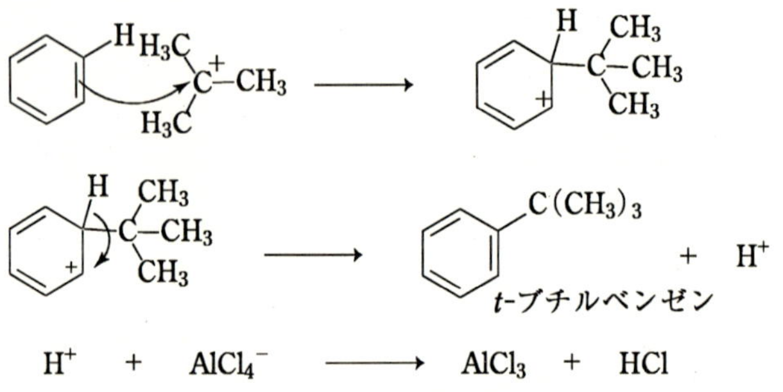

$$H^+ + AlCl_4^- \longrightarrow AlCl_3 + HCl$$

　ハロゲン化メチルやハロゲン化エチルの場合は塩化アルミニウムの存在下でカルボカチオンを生成しない．しかしこれらは非常に分極した塩化アルミニウム錯体を形成しベンゼンへの求電子的アルキル化を起こす．

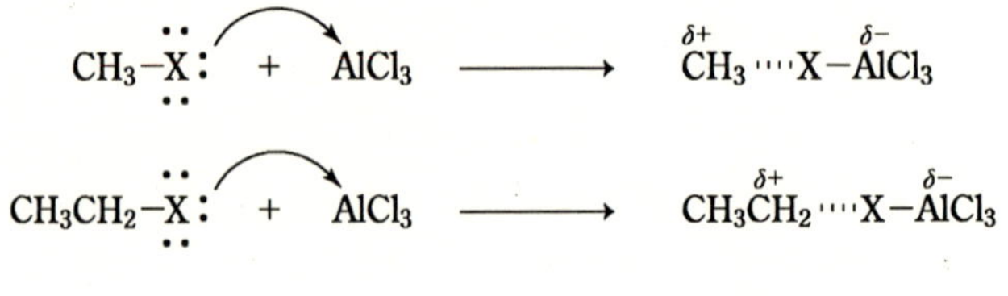

$$CH_3-X: + AlCl_3 \longrightarrow \overset{\delta+}{CH_3}\cdots\overset{\delta-}{X-AlCl_3}$$

$$CH_3CH_2-X: + AlCl_3 \longrightarrow \overset{\delta+}{CH_3CH_2}\cdots\overset{\delta-}{X-AlCl_3}$$

　塩化イソブチルでは，塩化アルミニウムとの錯体が安定な第三級カルボカチオンに転位する．これが求電子攻撃を起こすため，ベンゼンとの反応により得られる生成物はイソブチルベンゼンではなく tert-ブチルベンゼンである．このように Friedel-Crafts アルキル化においては常に転位の起こることを考えておかなければならない．

6.2 ベンゼンへの求電子試薬の攻撃

$$\text{C}_6\text{H}_5\text{H} + (\text{CH}_3)_2\text{CHCH}_2\text{-Cl} \xrightarrow{\text{AlCl}_3} \text{C}_6\text{H}_5\text{-C(CH}_3)_3 + \text{HCl}$$

塩化イソブチル　　　　　　　　　　*tert*-ブチルベンゼン

$$(\text{CH}_3)_2\text{CHCH}_2\text{-Cl} + \text{AlCl}_3 \longrightarrow \text{H}_3\text{C-C(H)(CH}_3)\text{-CH}_2^{\delta+} \cdots \text{Cl}^{\delta-}\text{-AlCl}_3$$

$$\text{H}_3\text{C-C(H)(CH}_3)\text{-CH}_2^{\delta+} \cdots \text{Cl}^{\delta-}\text{-AlCl}_3 \longrightarrow \text{H}_3\text{C-C}^+(\text{CH}_3)\text{-CH}_3 + \text{AlCl}_4^-$$

【例題 6.3】 1-クロロプロパンを用いたベンゼンの Friedel-Crafts アルキル化により生成する化合物を予想せよ．

[解答]

$$(\text{CH}_3)_2\text{CHCH}_2\text{-Cl} + \text{AlCl}_3 \longrightarrow \text{H}_3\text{C-CH}_2\text{-CH}_2^{\delta+} \cdots \text{Cl}^{\delta-}\text{-AlCl}_3$$

$$\text{H}_3\text{C-CH}_2\text{-CH}_2^{\delta+} \cdots \text{Cl}^{\delta-}\text{-AlCl}_3 \longrightarrow \text{H}_3\text{C-C}^+(\text{H})\text{-CH}_3 + \text{AlCl}_4^-$$

$$\text{C}_6\text{H}_5\text{H} + \text{H}_3\text{C-C}^+(\text{H})\text{-CH}_3 \longrightarrow \text{C}_6\text{H}_5\text{-CH(CH}_3)_2 + \text{H}^+$$

【発展】 Friedel-Crafts アルキル化

Friedel-Crafts アルキル化においては，カルボカチオンあるいはそれに近い分極した炭素活性種が求電子試薬として働くことをしっかりと理解しておこう．これさえわかっていれば，次のような考えの成り立つことも容易に理解できる．

① 塩化アルミニウム以外の Lewis 酸，塩化鉄（III）や三フッ化ホウ素（BF_3）も触

$$\text{C}_6\text{H}_5\text{H} + (\text{CH}_3)_3\text{C-OH} \xrightarrow{\text{H}_2\text{SO}_4} \text{C}_6\text{H}_5\text{-C(CH}_3)_3 + \text{H}_2\text{O}$$

tert-ブチルベンゼン

$$\text{C}_6\text{H}_5\text{H} + (\text{CH}_3)_2\text{CH-OH} \xrightarrow{\text{BF}_3} \text{C}_6\text{H}_5\text{-CH(CH}_3)_2 + \text{H}_2\text{O}$$

イソプロピルベンゼン

$$\text{C}_6\text{H}_5\text{H} + \text{CH}_3\text{CH=CH}_2 \xrightarrow{\text{H}_3\text{PO}_4} \text{C}_6\text{H}_5\text{-CH(CH}_3)_2$$

イソプロピルベンゼン

媒として用いられる．

② アルコールやアルケンにリン酸（H_3PO_4），硫酸（H_2SO_4），フッ化水素酸（HF）を作用させてもカルボカチオンが生成するので，これらの組合せもFriedel-Craftsアルキル化に用いることができる．

③ 求電子試薬の発生の容易さは生じるカルボカチオンの安定性を反映する．したがって，反応性は第三級＞第二級＞第一級の順になる．

e．ベンゼンのFriedel-Craftsアシル化

塩化アセチルのようなハロゲン化アシルも塩化アルミニウム触媒があるとベンゼンと求電子置換反応を起こし，アセトフェノンのようなアシルベンゼンを与える．

塩化アセチル　　アセトフェノン

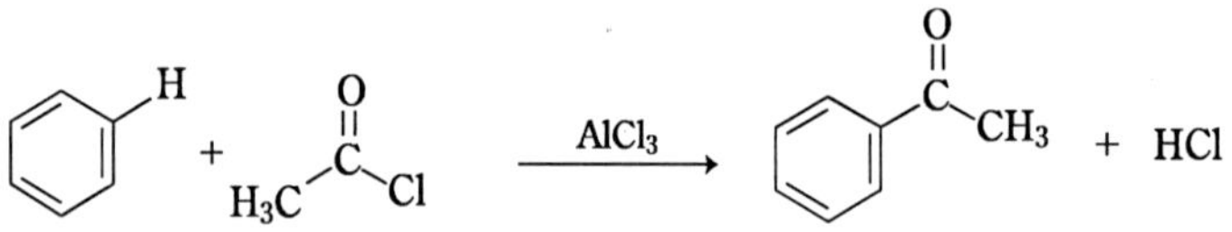

ハロゲン化アシルは塩化アルミニウムとの反応により遊離のアシルカチオン（アシリウムイオン）を形成する．この反応ではLewis塩基性の強いカルボニル酸素がまず塩化アルミニウムに配位し，塩素に塩化アルミニウムが移るという過程を経てアシルカチオンが生成する．

アシルカチオン

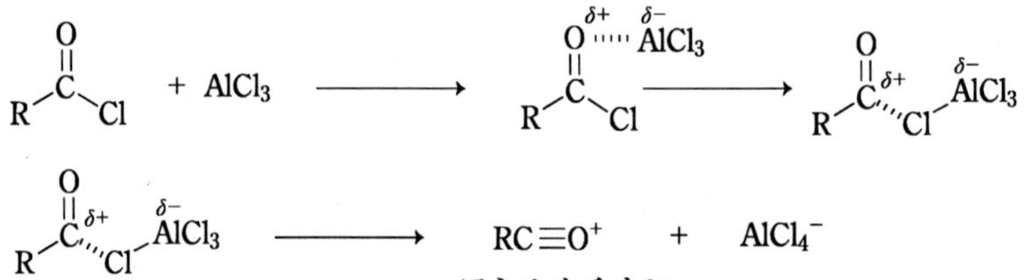

アシルカチオンはベンゼンに付加しベンゼニウムイオンを生成し，これからプロトンが脱離してアシルベンゼンを与える．

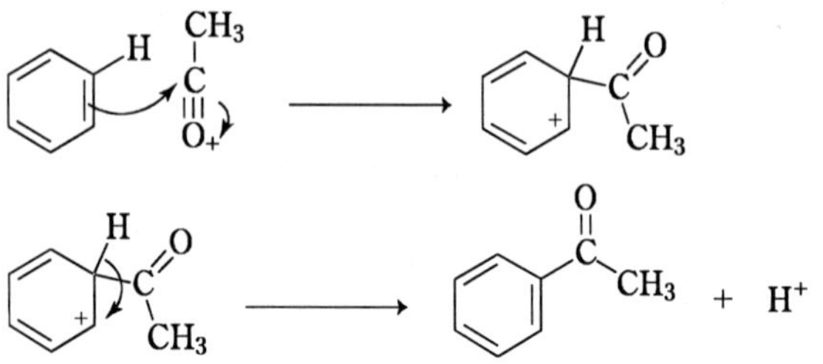

ここで塩化アルミニウムは生成したアシルベンゼンと強固な錯体を形成するため，もはやLewis酸触媒として機能しない．したがって，Friedel-Craftsアシル化には1当量以上の塩化アルミニウムを必要とする．

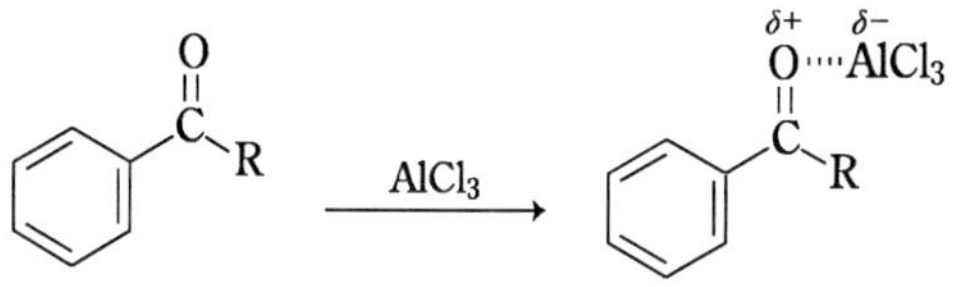

6.2 ベンゼンへの求電子試薬の攻撃

Friedel-Craftsアシル化においてアシルカチオンは転位することなく芳香環に導入される．α位炭素に正電荷のあるアルデヒドやケトンはアシルカチオンより不安定であることから，このことは理解できる．

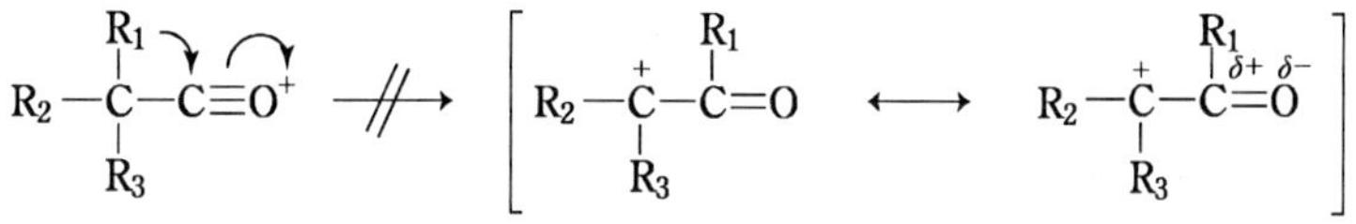

アシルカチオンより不安定

これがFriedel-Craftsアルキル化と異なる重要な点であり，Friedel-Craftsアシル化を合成化学的な適用範囲の広いものにしている．なお，酸無水物もハロゲン化アシルと同様にアシル化剤として用いることができる．

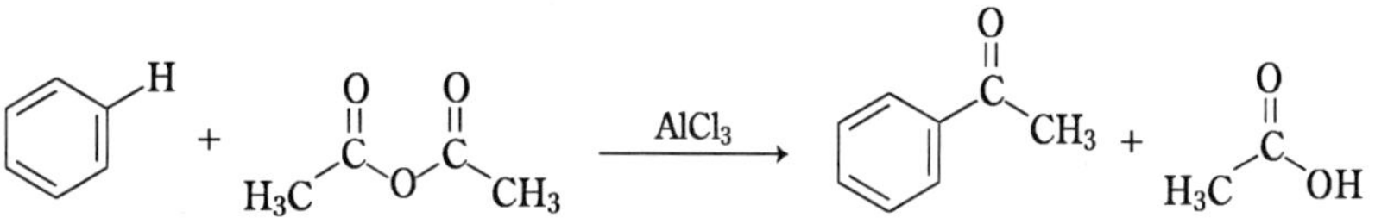

【例題6.4】 次の酸クロリドを塩化アルミニウムと処理するとどのような生成物が得られるか予測せよ．

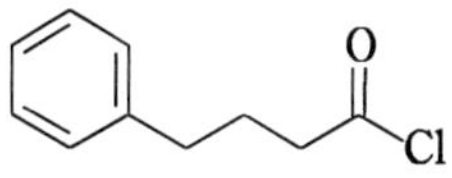

[解答] 分子内でのFriedel-Craftsアシル化が起こる．ただ，メタ位やパラ位への閉環は立体的に無理である．

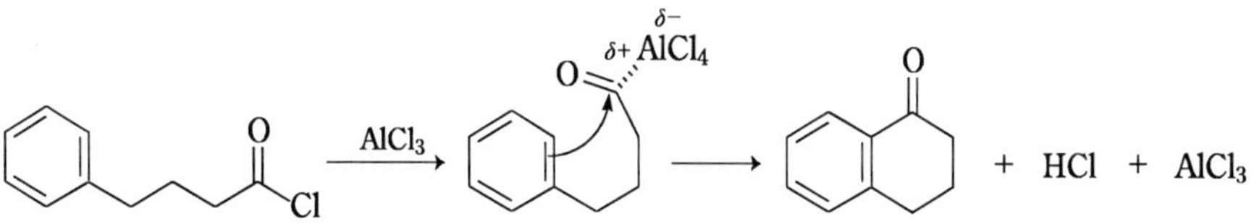

α-テトラロン

【発展】 Friedel-Crafts アシル化

Friedel-Craftsアルキル化においては，芳香環のアルキル化が進行すると，いっそう電子豊富な芳香環が形成されるため，立体的な障害がない限りさらにFriedel-Craftsアルキル化が進みポリアルキルベンゼンが生成しがちである．

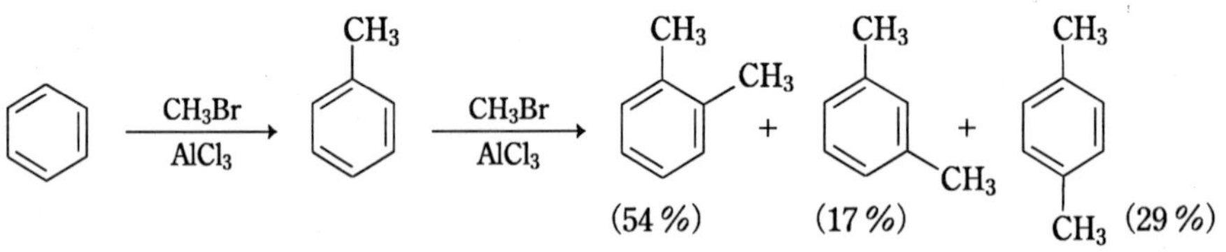

一方 Friedel-Crafts アシル化では，生成物であるアシルベンゼンはもとの芳香環より電子の不足した芳香環となるため，2個目のアシル基は導入されがたくなっている．このことと，転位を伴わずに炭素鎖の導入ができることから Friedel-Crafts アシル化は間接的なアルキル基の導入法として重要である．

6.3 一置換ベンゼンの求電子置換反応

一置換ベンゼンがさらに求電子置換反応を受ける場合，置換基は芳香環の反応性に影響するだけでなく，求電子置換の**配向性**（orientation）を決定づける．たとえば，フェノールはベンゼンより約1000倍速くニトロ化され，o-ニトロフェノール（50%）とp-異性体（50%）を与える．このときm-異性体はほとんど得られない．

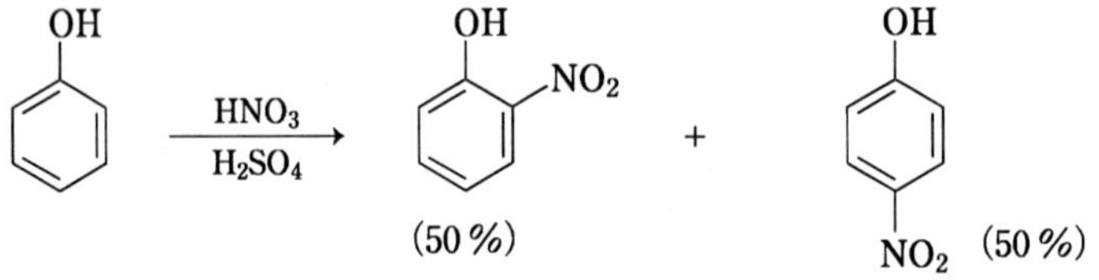

トリフルオロメチルベンゼンのニトロ化では反応の速さはベンゼンの約1/40000になり，生成物分布も大きく変化して，m-ニトロ置換体が91%で生成するのに対し，o-異性体（6%）とp-異性体（3%）はわずかしか得られない．

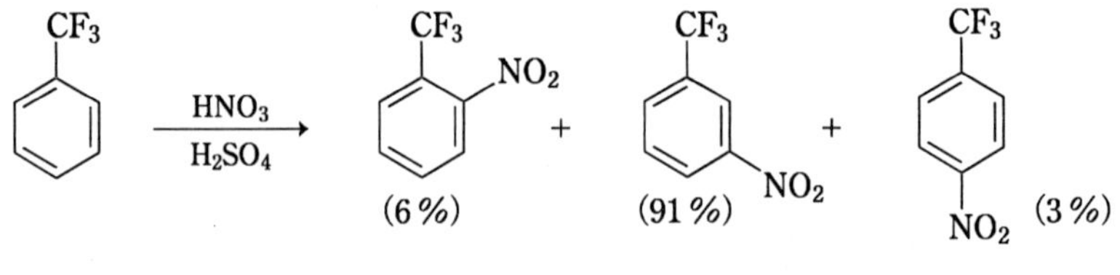

上に示したようにフェノールはベンゼンより反応性が高いため，ヒドロキシ基は芳香族求電子置換に対して芳香環を**活性化**しているという．そしてフェノールでの求電子置換は主としてオルト位とパラ位で起るから，ヒドロキシ基は**オルト・パラ配向基**という（図6.4(a)）．一方，トリフルオロメチルベンゼンは反応性が低く，メタ位での求電子置換を主として起こすので，トリフルオロメチル基は**メタ配向基**であって，求電子置換に対して環を**不活性化**しているという(b)．

6.3 一置換ベンゼンの求電子置換反応

求電子試薬はオルト・パラ位を攻撃
(a) X：オルト・パラ配向基

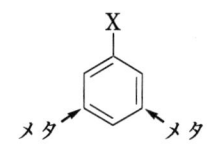

求電子試薬はメタ位を攻撃
(b) X：メタ配向基

図 6.4

それでは，置換基が芳香族求電子置換においてどのように作用するかを考えよう．ここで，"より安定なカチオンはより速く生成する"ことを念頭におこう．まず，オルト・パラ配向基をもつフェノールのニトロ化を例にする．フェノールに対するニトロニウムイオン（NO_2^+）の攻撃はオルト，メタ，パラのどこにでも起こることが可能で，その結果，図6.5のような3種類のベンゼニウムイオン中間体が生成する．これらのうち，オルトおよびパラ中間体は正電荷がヒドロキシ基により共鳴安定化されるため，メタ中間体より安定である．すなわち，オルトおよびパラ中間体はメタ体よりも安定なため速く生成し，その後脱プロトン化によりオルトとパラ置換体をおもに与えることになる．

図 6.5

メタ配向基の働きについてもオルト・パラ配向基について用いたのと同じ考えで説明できる．たとえば，トリフルオロメチルベンゼンへのニトロニウムイオン（NO_2^+）の攻撃がオルト位，メタ位，パラ位に起こると，3種類のベンゼニウムイオン中間体が生成する．このうち，オルトとパラ中間体には，エネルギー的に不利な，トリフルオロメチル基の結合炭素に正電荷をもつ共鳴構造が

ある．このためオルトとパラ中間体はメタ中間体に比べ不安定になり，メタ中間体がより速く生成する．

図 6.6

6.4 芳香族求電子置換における置換基の効果

6.3節においてフェノールとトリフルオロメチルベンゼンのニトロ化に焦点をあて，求電子試薬に対する反応性と置換の位置選択性について解析した．ヒドロキシ基はオルト・パラ配向で，活性化基である．トリフルオロメチル基はメタ配向で不活性化基である．これら以外の置換基は求電子置換の速度と位置選択性にどのような効果を及ぼすであろうか．

図6.7にさまざまな置換基について反応性に及ぼす効果と配向性をまとめ

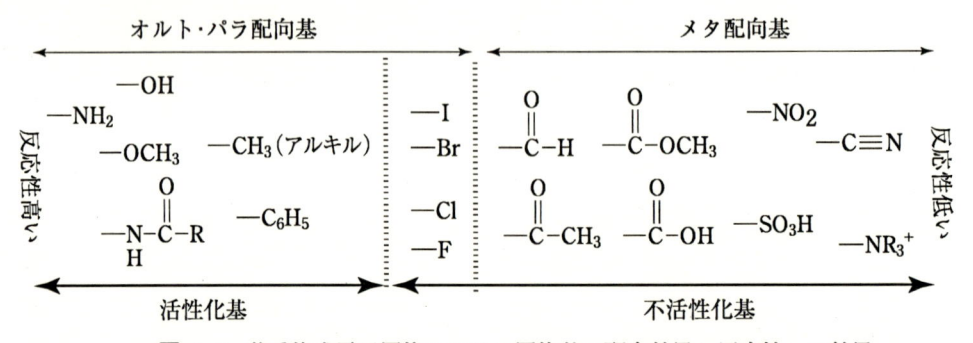

図 6.7 芳香族求電子置換における置換基の配向効果と反応性への効果

て示す．図の左にいくほど活性化基で，オルト・パラ配向である．逆に右にいくほど不活性化基で，メタ配向である．中ほどには不活性化基なのにオルト・パラ配向のものがある．図に示した置換基のおもな特徴は次のようになる．

① 活性化基はすべてオルト・パラ配向．
② ハロゲンは不活性化基だが，オルト・パラ配向．
③ ハロゲンより強い不活性化基はすべてメタ配向．
④ 非結合電子対をもつ置換基はオルト・パラ配向．
⑤ カルボニルやシアノのようにヘテロ原子を含む不飽和結合性の置換基はメタ配向．

【コメント】 ハロゲンは不活性化基であるが，オルト・パラ配向である

これは何となくわかりにくい．ハロゲンは電気陰性度が大きいので σ 電子系を通してベンゼン環から電子を求引する．このためベンゼン環への求電子試薬の攻撃は起こりにくくなる．一方，求電子試薬がやっと付加したベンゼニウムイオンでは，塩素の非結合電子対により共鳴安定化されるもの（オルト，パラに付加したもの）とそうでないもの（メタに付加したもの）に分かれる．このようなわけで，反応は進みにくいが，反応するときにはオルト・パラ配向になる．

アスピリン

合成の医薬品にはなんと芳香環を含んでいるものが多いことか．芳香環があるから薬効が現れるというものではないが．その一つ，アスピリンは歴史も古く，今も盛んに使われさらに新たな薬効が見つかっているものである．アスピリンはサリチル酸を無水酢酸でエステル化してえられる．ところで植物をもとにした薬物といえば，"4000 年の歴史"の漢方薬がまず頭に浮かぶ．西洋にも歴史に培われた薬があり，たとえば柳の樹皮は解熱用の民間薬として用いられていた．樹皮には o-ヒドロキシメチルフェノール（サリゲニン）やサリチル酸が含まれている．最初サリチル酸が解熱作用をもつことがわかったが，副作用があまりにも強く使いものにならなかった．その後，1899 年に構造類似体の中から探し出されたのがアスピリンである．アスピリンは自然から学び改良された医薬のよい例である．

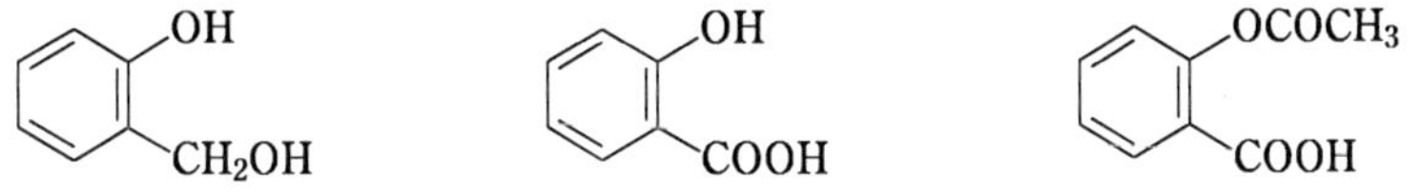

サリゲニン　　サリチル酸　　アスピリン

6.5　芳香族求核置換反応

芳香環への求電子試薬の攻撃によりニトロ基，ハロゲン，アルキル基，そしてアシル基などさまざまな置換芳香族化合物の合成できることを学んだ．ところで医薬品，農薬，樹脂などの原料として重要な地位を占めているフェノールは芳香環への置換反応により合成できるのであろうか．芳香族求電子置換によ

るなら，HO^+ のような求電子試薬を考えなければならないがそのようなものを発生させる反応剤はほとんど知られていない．そのかわりにヒドロキシドイオンによるハロベンゼンなどの求核置換反応が用いられる．

単純なハロベンゼンの求核置換反応は触媒や過酷な反応条件を必要とするが，1-クロロ-2,4-ジニトロベンゼンの場合には100℃でヒドロキシドイオンにより2,4-ジニトロフェノールが生成する．すなわち芳香環の塩素がヒドロキシ基に置換される．このように芳香環上の水素以外の置換基が他の置換基に置き換わる反応を**イプソ置換反応**（ipso substitution）という．

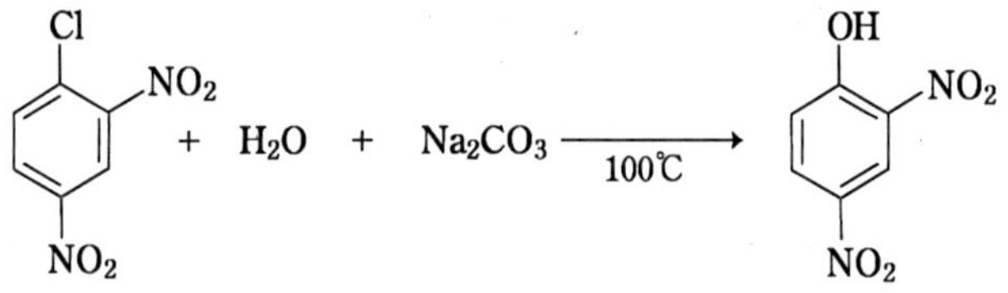

反応はハロアルカンへのヒドロキシドイオンの求核攻撃による置換反応と形の上では似ている．しかし芳香族求核置換反応は求核試薬の付加と脱離の2段階からなる反応である．

1-クロロ-2,4-ジニトロベンゼンのヒドロキシドイオンによる求核置換反応を例にする．まず，ヒドロキシドイオンが塩素の結合した炭素に付加して，アリル型のアニオンであるシクロヘキサジエニルアニオンを生成する．シクロヘキサジエニルアニオンは二つのニトロ基により共鳴安定化されている．反応の第2段階はシクロヘキサジエニルアニオンからの塩化物イオンの脱離による芳香環の復活である．

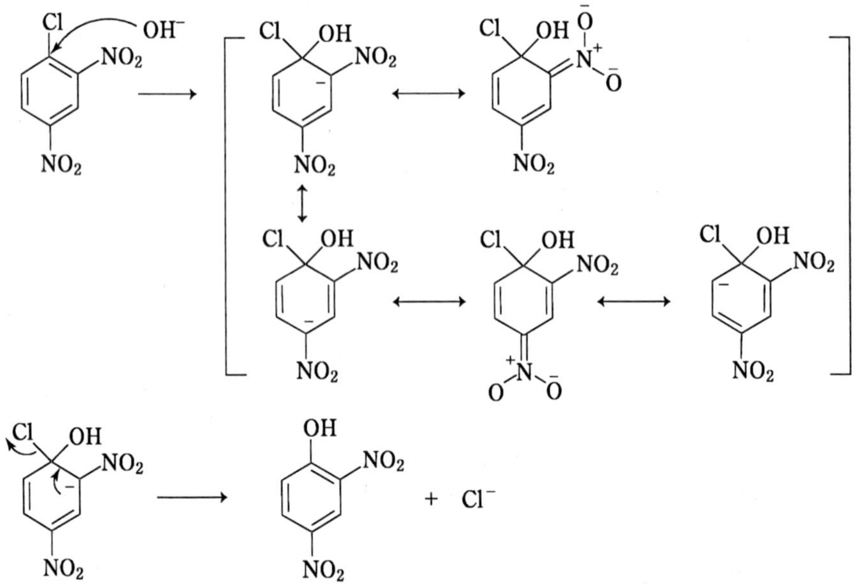

6.5 芳香族求核置換反応

アンモニアも求核試薬として働き，1-クロロ-2,4-ジニトロベンゼンは2,4-ジニトロアニリンに変換される．

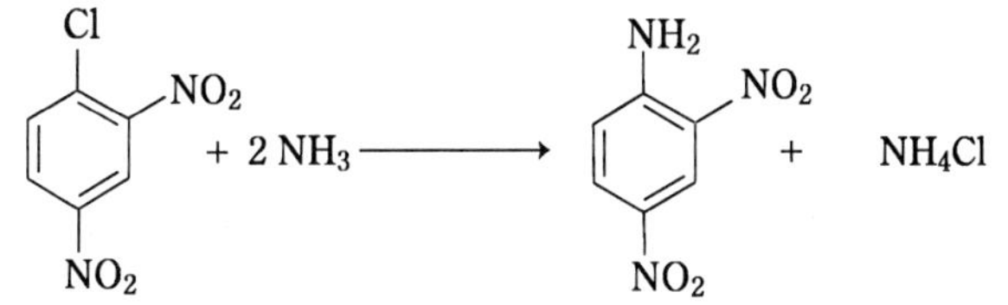

[構造式: 1-クロロ-2,4-ジニトロベンゼン + 2 NH$_3$ → 2,4-ジニトロアニリン + NH$_4$Cl]

一方，1-クロロ-3,5-ジニトロベンゼンの場合，ヒドロキシドイオンの付加により生成するシクロヘキサジエニルアニオンはニトロ基により共鳴安定化されない．そのため，1-クロロ-2,4-ジニトロベンゼンから2,4-ジニトロフェノールの生成したような条件下では反応しない．

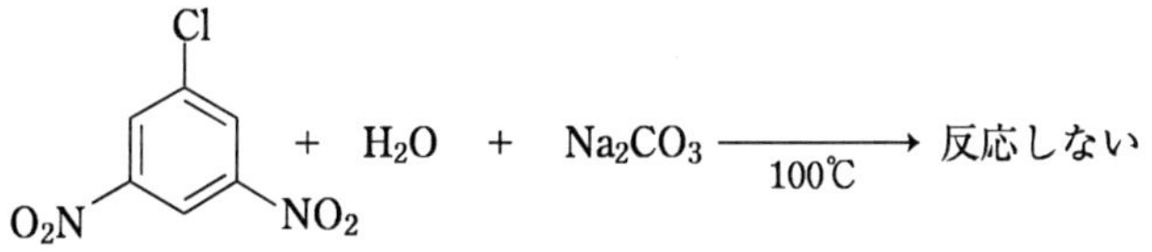

[構造式: 1-クロロ-3,5-ジニトロベンゼン + H$_2$O + Na$_2$CO$_3$ →(100℃) 反応しない]

ハロゲン置換芳香族への求核置換反応では，ハロゲンの置換位置から見てパラ位やオルト位に電子求引基があるとき，そしてその数が多いほど芳香環の反応性が高い．また，芳香環上にあるフッ素がよい脱離基となるのがハロアルカンの求核置換反応と異なる特徴の一つである．

【例題 6.5】 4-フルオロベンゾフェノンをメタノール中でナトリウムメチラート NaOCH$_3$ と反応させたときの生成物を予想せよ．また反応機構も記せ．

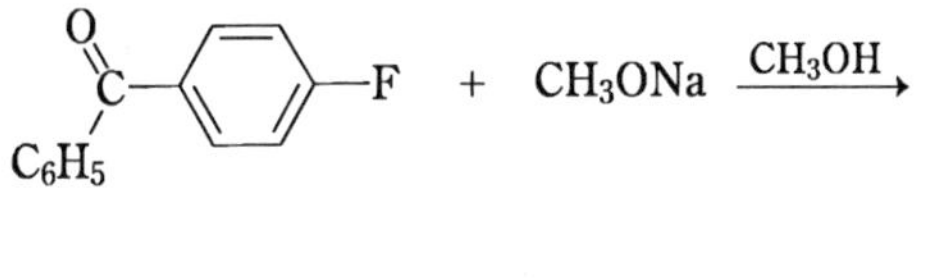

[構造式: 4-フルオロベンゾフェノン + CH$_3$ONa →(CH$_3$OH)]

[解答]

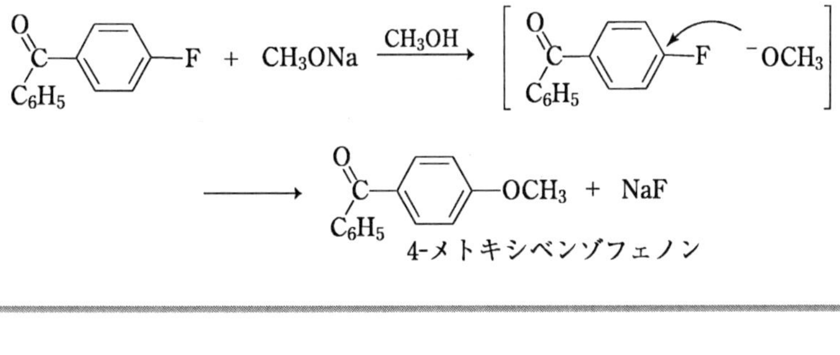

[反応機構図: 4-フルオロベンゾフェノン + CH$_3$ONa →(CH$_3$OH) [中間体アニオン] → 4-メトキシベンゾフェノン + NaF]

4-メトキシベンゾフェノン

6.6 芳香族ジアゾニウム塩の反応

芳香環に置換基を導入する重要な反応の一つに芳香族ジアゾニウム塩を用いる反応がある．芳香族ジアゾニウムイオンは，芳香族第一級アミンを亜硝酸と0℃で反応させることによりえられる．芳香族ジアゾニウムイオンは比較的安定であって0℃で数時間保存できる．

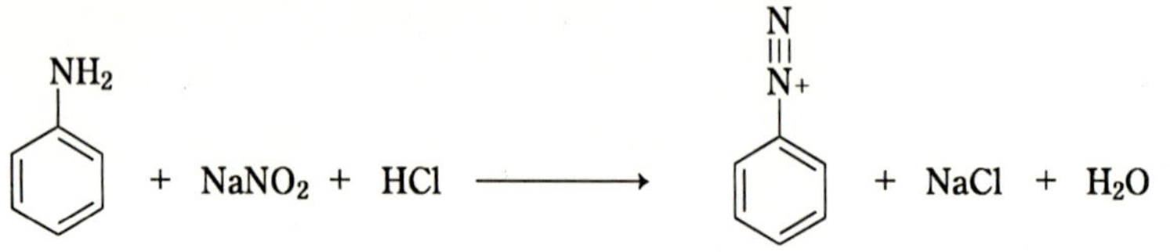

$$C_6H_5NH_2 + NaNO_2 + HCl \longrightarrow C_6H_5N_2^+ + NaCl + H_2O$$

（ベンゼンジアゾニウムイオン）

アニリンを例にするとジアゾニウムイオン生成の仕組みは次のようである．亜硝酸にプロトンが付加し，水が脱離するとニトロソニウムイオン（ニトロシルカチオン，NO^+）が生成する．

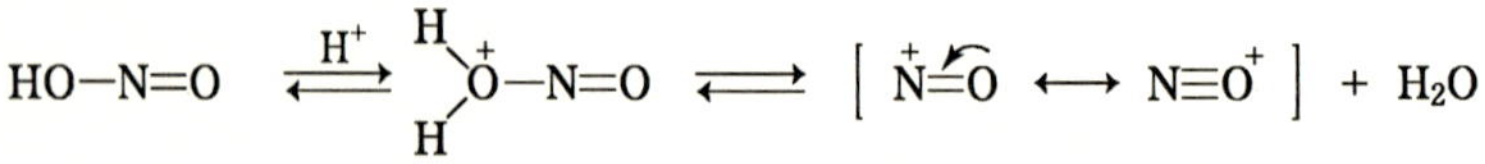

$$HO-N=O \rightleftharpoons \overset{H}{\underset{H}{O^+}}-N=O \rightleftharpoons [\overset{+}{N}=O \longleftrightarrow N\equiv O^+] + H_2O$$

アニリンがニトロソニウムイオンを攻撃してプロトンがはずれ，N-ニトロソアニリンが生成する．次いで下式のように酸による脱水が起こりベンゼンジアゾニウムイオンが得られる．

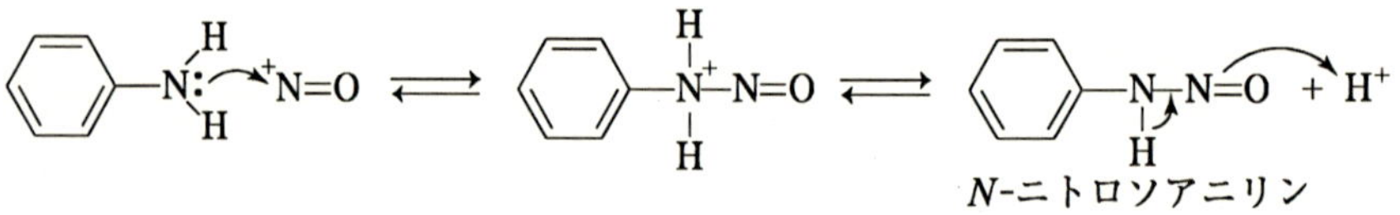

（N-ニトロソアニリン）

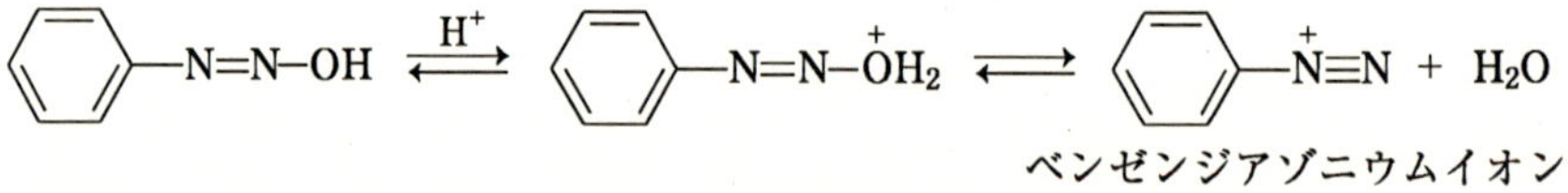

（ベンゼンジアゾニウムイオン）

芳香族ジアゾニウムイオンには様々な求核試薬の攻撃が起こる．次いで芳香環が再生されるがこのとき脱離するのは窒素分子である．

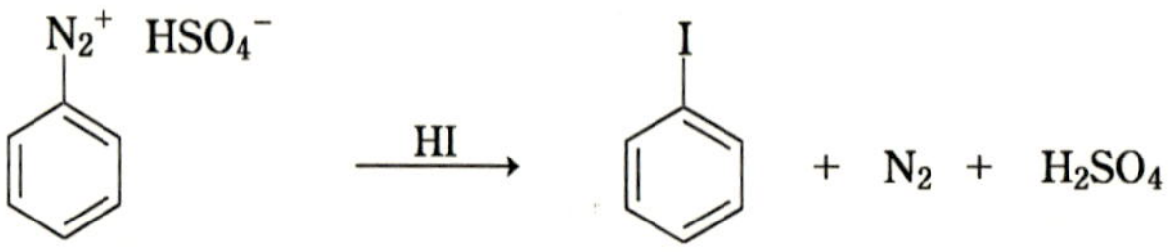

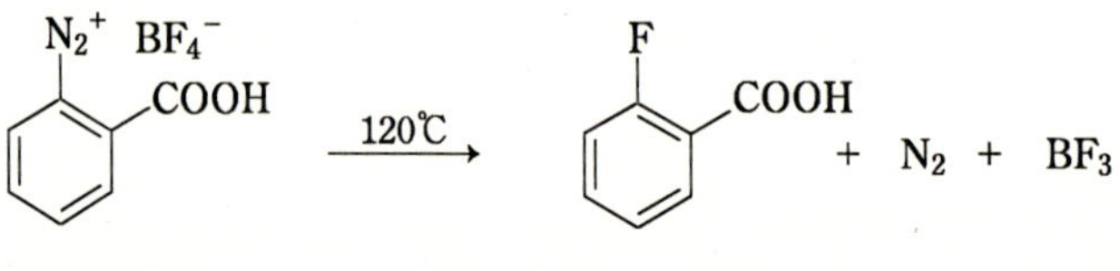

$$C_6H_5N_2^+HSO_4^- \xrightarrow{HI} C_6H_5I + N_2 + H_2SO_4$$

$$o\text{-}HOOC\text{-}C_6H_4\text{-}N_2^+BF_4^- \xrightarrow{120℃} o\text{-}HOOC\text{-}C_6H_4\text{-}F + N_2 + BF_3$$

6.6 芳香族ジアゾニウム塩の反応

この反応により，ハロゲン分子による求電子置換反応では合成のできなかったヨードベンゼンやフルオロベンゼンが合成できる．このような，テトラフルオロホウ素酸塩の熱分解によるフッ素置換芳香族化合物の合成は **Schiemann 反応**といわれる．

このような方法で塩素や臭素で置換された芳香族化合物を合成しようとしても，しばしば副反応によりよい結果は得られない．この問題を解決するためには，**Sandmeyer 反応**といわれる銅(I)塩触媒を用いる方法がある．この反応はラジカル中間体を経る複雑な機構で進む．

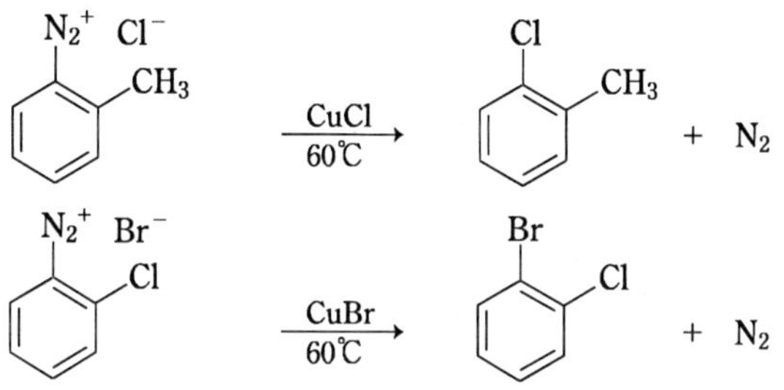

Sandmeyer 反応は芳香環へのシアノ基の導入にも用いられる．シアン化銅（I）（CuCN）の存在下，過剰のシアン化カリウムと芳香族ジアゾニウム塩を反応させる．

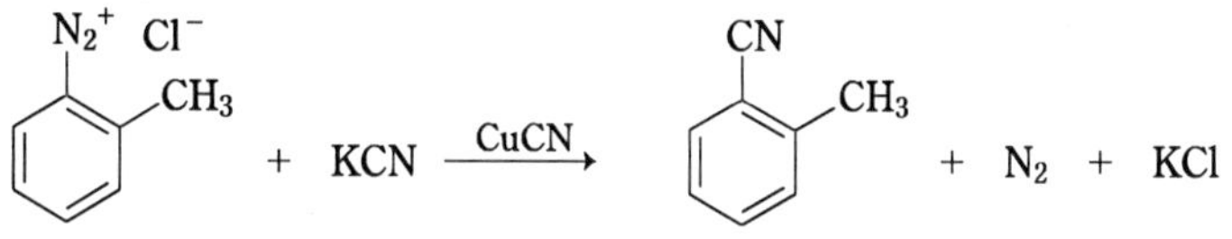

芳香族ジアゾニウムイオンはさほど反応性に富むわけではないが，それ自身が求電子試薬となってアニリンのように活性化された芳香族化合物を攻撃する．ジアゾニウムイオンはかさ高いためパラ位で置換反応を起こす．このような反応をジアゾカップリングといい，生成物はアゾ染料といわれる濃い色をもつ化合物である．

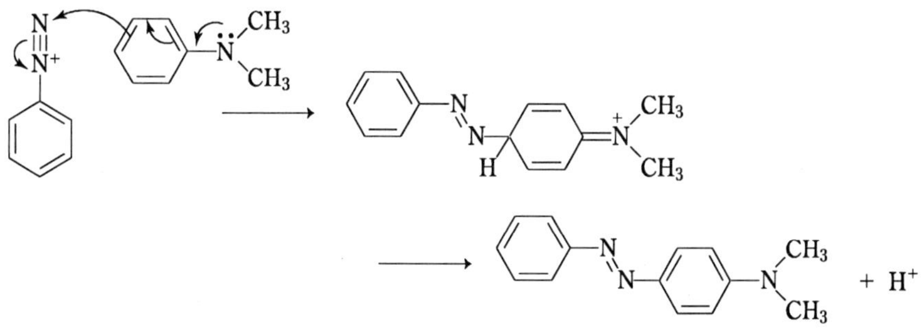

p-ジメチルアミノアゾベンゼン
（バターイエロー）

【例題6.6】 ベンゼンから m-ブロモクロロベンゼンを合成する方法を考案せよ．ただし，ニトロ基は酸性条件下，鉄粉により還元されアミノ基になる．

[解答] 1,3-ジ置換ベンゼンであるからベンゼンに最初に導入する置換基はニトロ基である．合成経路は次のようになる．塩素と臭素を導入する順は逆でもよい．

$$\text{ベンゼン} \xrightarrow[\text{H}_2\text{SO}_4]{\text{HNO}_3} \text{PhNO}_2 \xrightarrow[\text{Fe}]{\text{Cl}_2} \text{m-NO}_2\text{-C}_6\text{H}_4\text{-Cl} \xrightarrow[\text{H}_3\text{O}^+]{\text{Fe}} \text{m-NH}_2\text{-C}_6\text{H}_4\text{-Cl}$$

$$\text{m-NH}_2\text{-C}_6\text{H}_4\text{-Cl} \xrightarrow[\text{H}_2\text{SO}_4]{\text{HNO}_2} \text{m-N}_2^+\text{HSO}_4^-\text{-C}_6\text{H}_4\text{-Cl} \xrightarrow[\text{CuBr}]{\text{HBr}} \text{m-Br-C}_6\text{H}_4\text{-Cl}$$

● 6章のまとめ

(1) 芳香族求電子置換反応

$$\text{ArH} + \text{E}^+ \xrightarrow{\text{遅い}} \text{[ベンゼニウムイオン]}$$

$$\text{ベンゼニウムイオン} + :\text{Y}^- \xrightarrow{\text{速い}} \text{Ar-E} + \text{HY}$$

芳香族求電子置換による生成物

(2) ニトロ化

$$\text{PhH} \xrightarrow[\text{H}_2\text{SO}_4]{\text{HNO}_3} \text{PhNO}_2$$

求電子試薬：$O=\overset{+}{N}=O$

(3) ハロゲン化

$$\text{PhH} \xrightarrow[\text{Fe}]{\text{X}_2} \text{PhX}$$

求電子試薬：$\overset{\delta+}{X}\cdots\overset{\delta-}{FeX_3}$
X = BrまたはCl

(4) スルホン化

$$\text{PhH} \underset{\text{H}_2\text{SO}_4}{\overset{\text{SO}_3}{\rightleftharpoons}} \text{PhSO}_3\text{H}$$

求電子試薬：$^-O-\overset{O}{\underset{O^-}{\overset{||}{S^{2+}}}}$ = SO_3

6章のまとめ

（5）Friedel-Crafts アルキル化

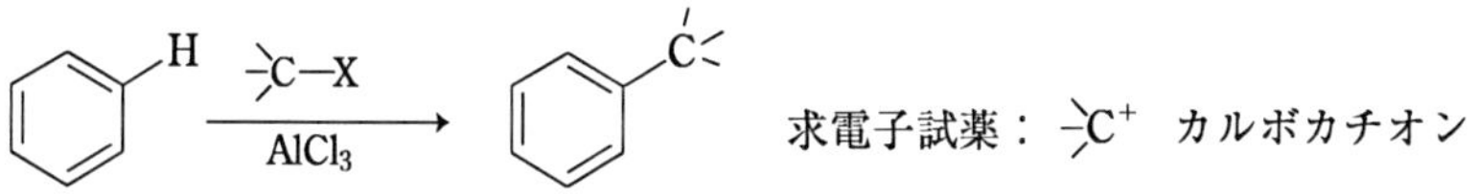

C6H5-H + >C-X →(AlCl3)→ C6H5-C<   求電子試薬：>C+ カルボカチオン

（6）Friedel-Crafts アシル化

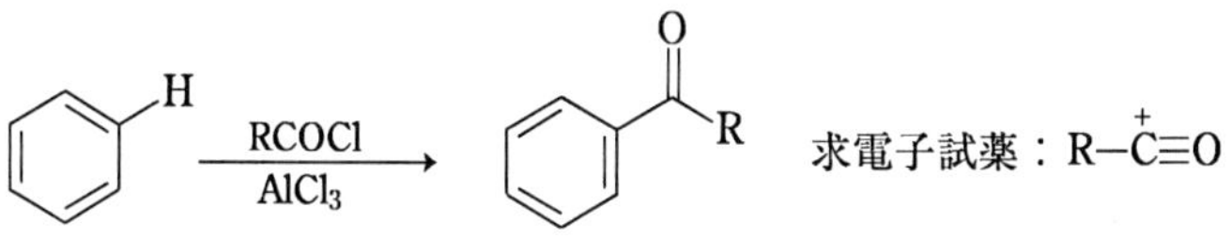

C6H5-H + RCOCl →(AlCl3)→ C6H5-C(=O)R   求電子試薬：R-C≡O+

（7）芳香族求核置換反応（イプソ置換反応）

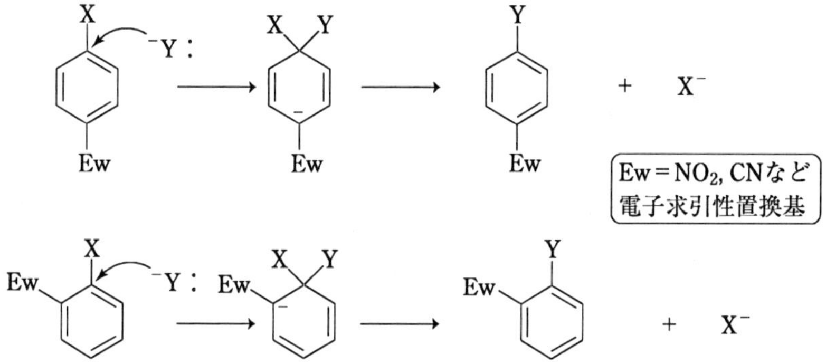

para置換体：X-C6H4-Ew + −Y: → [X,Y付加中間体] → Y-C6H4-Ew + X−

Ew = NO2, CN など 電子求引性置換基

ortho置換体：Ew-C6H4-X + −Y: → [中間体] → Ew-C6H4-Y + X−

（8）アレーンジアゾニウム塩の反応

C6H5-NH2 →(NaNO2, H+)→ C6H5-N2+ （ベンゼンジアゾニウムイオン） →(HI)→ C6H5-I + H+ + N2

ベンゼンジアゾニウムイオンから：
- Cl− / CuCl → C6H5-Cl （Sandmeyer 反応）
- Br− / CuBr → C6H5-Br （Sandmeyer 反応）
- KCN / CuCN → C6H5-CN
- BF4− → C6H5-F （Schiemann 反応）

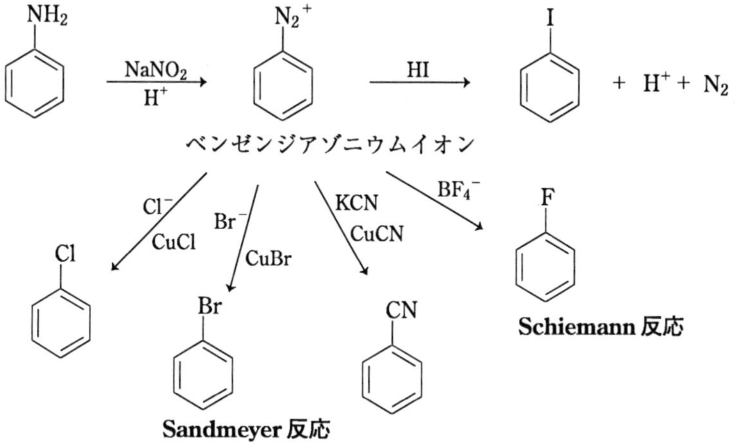

（9）ジアゾカップリング

C6H5-N+=N + C6H5-N(CH3)2 → C6H5-N=N-C6H4-N(CH3)2

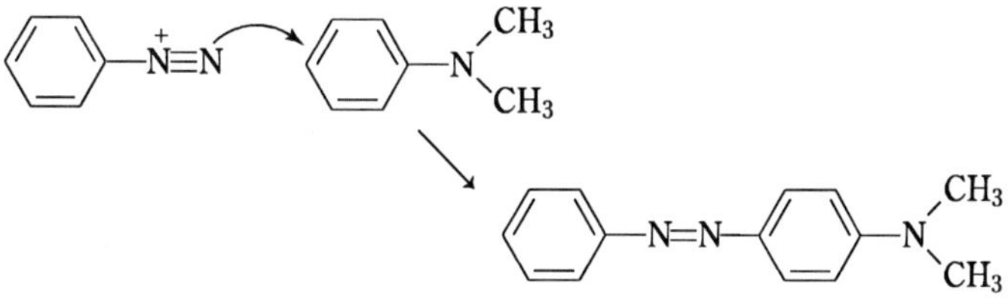

6章の問題

[6.1] 次の化合物をニトロ化したときのおもな生成物を予想せよ．また，どの化合物がベンゼンより速くニトロ化され，どの化合物がベンゼンより遅くニトロ化されるか．
(a) 安息香酸，(b) メトキシベンゼン，(c) ブロモベンゼン，(d) ニトロベンゼン，(e) N,N-ジメチルアミノベンゼン，(f) ベンゾニトリル

[6.2] アミノ基（$-NH_2$）はオルト・パラ配向基である．しかしアニリンを強酸性条件で求電子置換するとメタ位に置換基が導入される．その理由を考えよ．

[6.3] 次の化合物の組合せを塩化アルミニウム触媒で反応させる．生成する化合物を予想せよ．
(a) ベンゼンとブロモエタン，(b) フェノールと2クロロ-2-メチルプロパン，(c) ベンゼンとプロパン酸クロリド，(d) クロロベンゼンと無水酢酸

[6.4] 次の式中の **A**～**E** にあてはまる化合物の構造を記せ．

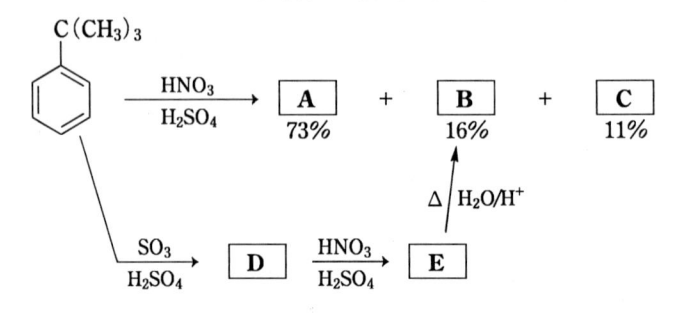

7 カルボニル化合物の反応

● 7章で学習する目標

　カルボニル基の反応は大きく分けて，カルボニル炭素が求核攻撃を受けることによって引き起こされる反応，そして逆にカルボニル基の α 位が求核攻撃することによって引き起こされる反応の二つがあることを学ぶ．さらにそれぞ

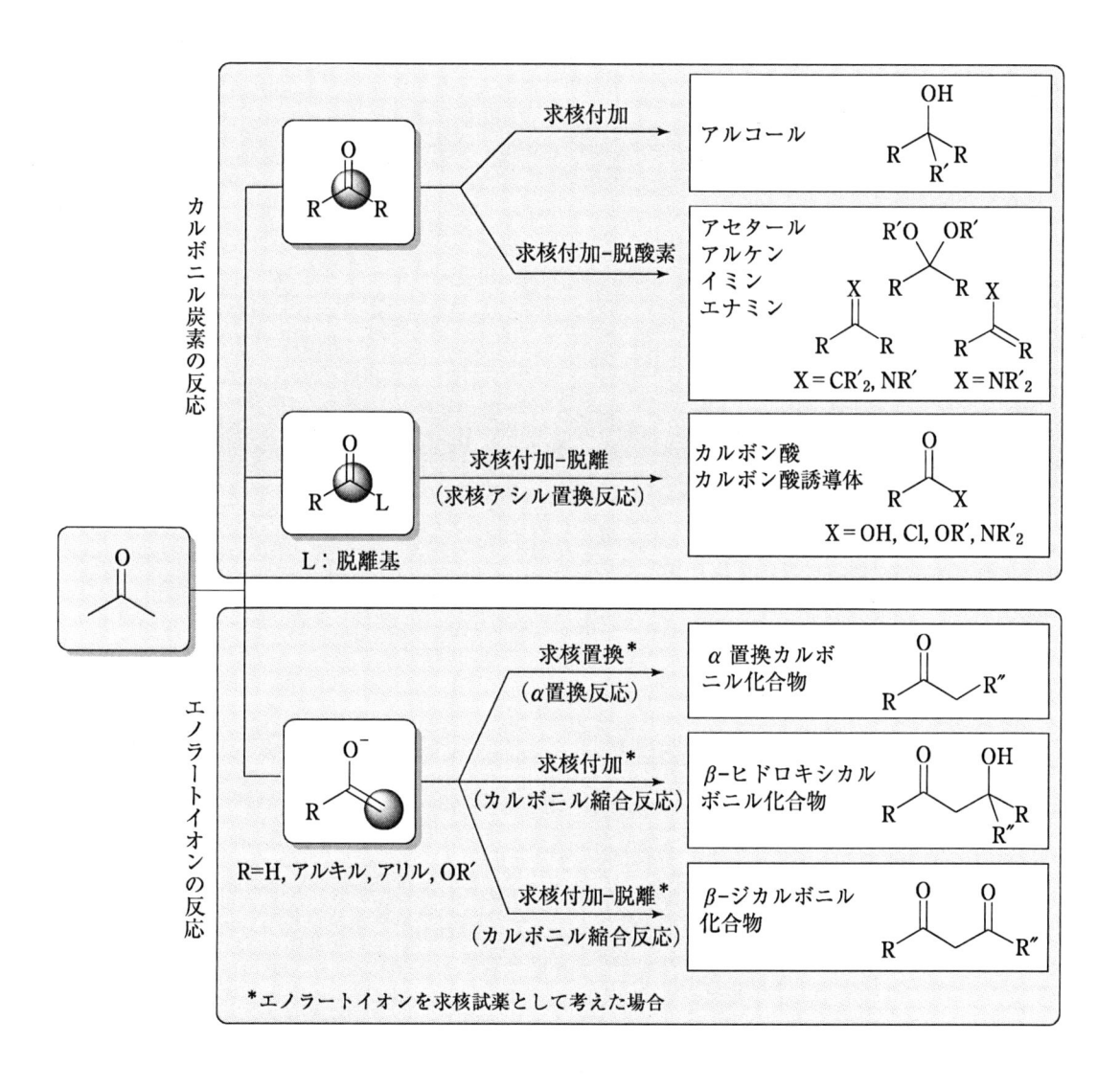

カルボニル炭素の反応

- 求核付加 → アルコール
- 求核付加–脱酸素 → アセタール，アルケン，イミン，エナミン
  - $X = CR'_2, NR'$ ； $X = NR'_2$
- 求核付加–脱離（求核アシル置換反応） → カルボン酸，カルボン酸誘導体
  - $X = OH, Cl, OR', NR'_2$
- L：脱離基

エノラートイオンの反応

- 求核置換* （α置換反応） → α 置換カルボニル化合物
- 求核付加* （カルボニル縮合反応） → β-ヒドロキシカルボニル化合物
- 求核付加–脱離* （カルボニル縮合反応） → β-ジカルボニル化合物

R = H, アルキル, アリル, OR'

*エノラートイオンを求核試薬として考えた場合

れの反応は，求核試薬や求電子試薬の種類によっていくつかのタイプの反応に分けられ，さまざまな生成物を与えることを理解する．

7.1 カルボニル基の構造と反応

a．カルボニル基の分極構造と求核反応

カルボニル基 (carbonyl group) はアルデヒド，ケトン，カルボン酸誘導体を構成するもっともポピュラーな官能基の一つである．カルボニル基の炭素および酸素原子はアルケンと同様に sp^2 混成軌道を使った二重結合を形成し，平面構造をとっている（図7.1）．酸素原子の残りの二つの sp^2 混成軌道には2組の非結合電子対が入っている．

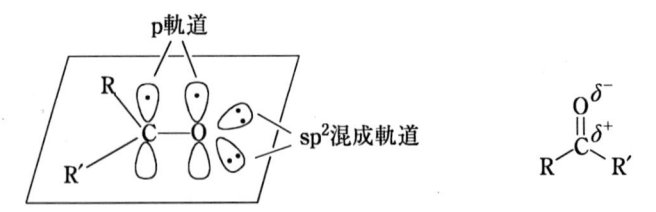

図 7.1 カルボニル基の平面構造と分極構造

カルボニル基の炭素-酸素二重結合は，アルケンの炭素-炭素二重結合とは異なり，炭素原子より電気陰性度の大きい酸素原子が電子を引き付けているため分極している．このことがカルボニル基の反応性を決定づけており，求核試薬のカルボニル炭素への攻撃を引き起こす原因となっている．

カルボニル炭素の反応は，**求核付加反応** (nucleophilic addition) と**求核アシル置換反応** (nucleophilic acyl substitution reaction) に大別される．ケトンやアルデヒドへの求核試薬の付加反応では，求核試薬はカルボニル平面の上下方向から攻撃し，カルボニル炭素は sp^2 から sp^3 に変わり四面体中間体を与える．

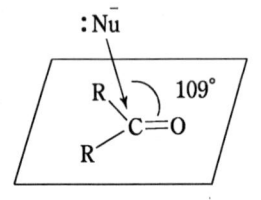

図 7.2 カルボニル基への求核試薬(Nu)の付加の方向

炭素求核試薬の付加により生成した四面体中間体がプロトンを受け取るとアルコールが生成する．一方，求核試薬としてアミンやアルコールを用いると，カルボニル酸素がなくなった生成物が得られる．このような反応を**付加-脱酸素反応**とよぶ．

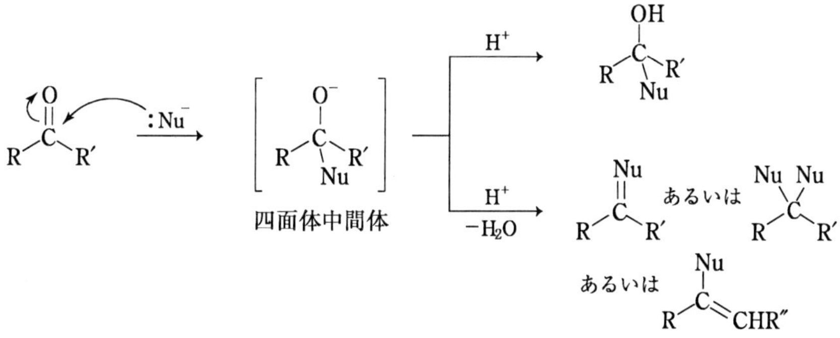

7.1 カルボニル基の構造と反応

カルボン酸誘導体への攻撃では，アルデヒドやケトンと同様にまず付加体を生成するが，そののち脱離基（L）が離れると同時にカルボニル基が再生するので置換反応が起こることになる．

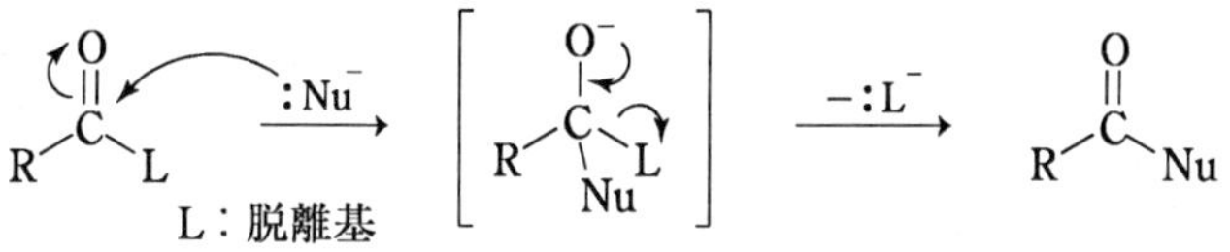

カルボニル基の炭素原子は酸触媒を加えることで，より反応性を高めることができる．下式に示すように，カルボニル酸素にプロトンが付加することにより，カルボニル炭素がより正電荷を帯びるようになるためである．

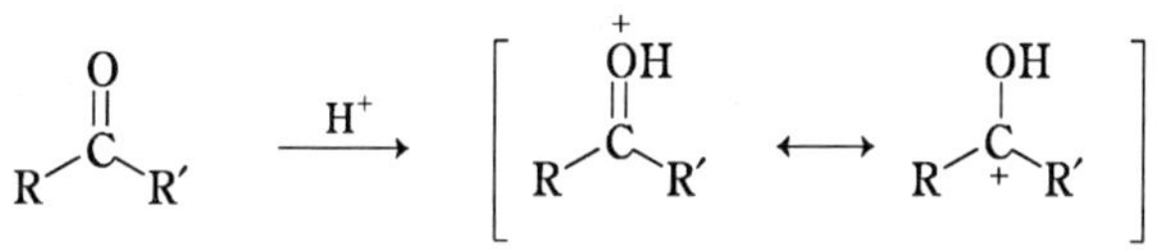

カルボニル炭素の反応性は置換基の影響も受ける．アルキル置換基は，電子を供与するのでカルボニル基の反応性を低下させることになり，ケトンやアルデヒドの反応性は以下の順になる．

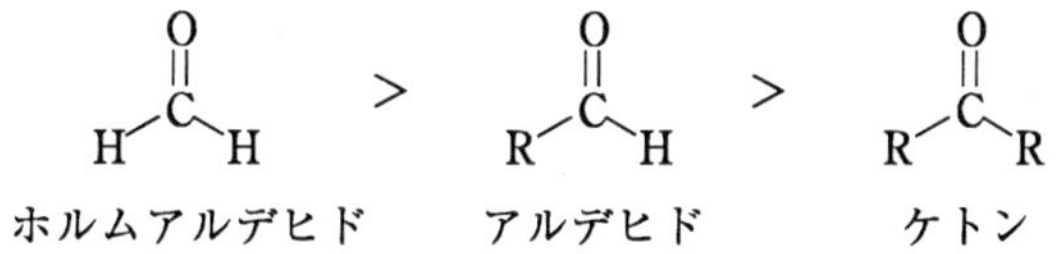

ホルムアルデヒド ＞ アルデヒド ＞ ケトン

一方，カルボン酸誘導体の反応性は，脱離基の種類によって大きく異なる（後で詳しく述べる）．

b. ケト-エノール互変異性とエノラートイオン

カルボニル化合物は**ケト形**（keto form）と**エノール形**（enol form）の間の平衡状態にあり，これらは**互変異性体**（tautomer）とよばれる．二つの形の比率はカルボニル化合物の構造により異なる．単純なケトンは通常ケト形で存在する．一方，エノールを安定化するような要因がある場合はエノール形の比率が増してくる．たとえば，アセチルアセトンは分子内水素結合と共鳴による安定化のため78％がエノール形である（K_Tはケト形とエノール形との間の平衡定数を表す）．

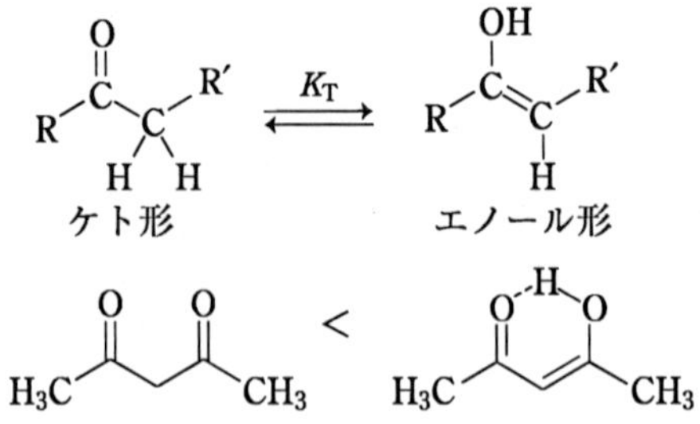

ケト形のカルボニル基は求電子反応を起こすが,エノール形はもとのカルボニル基の α 位において求核反応を起こす.

エノールの生成は酸や塩基により促進される.塩基を用いた場合は,プロトンが引き抜かれた**エノラートイオン** (enolate ion) が中間体として生成する.エノラートイオンは負の電荷をもっているためエノールより高い求核性をもつ.

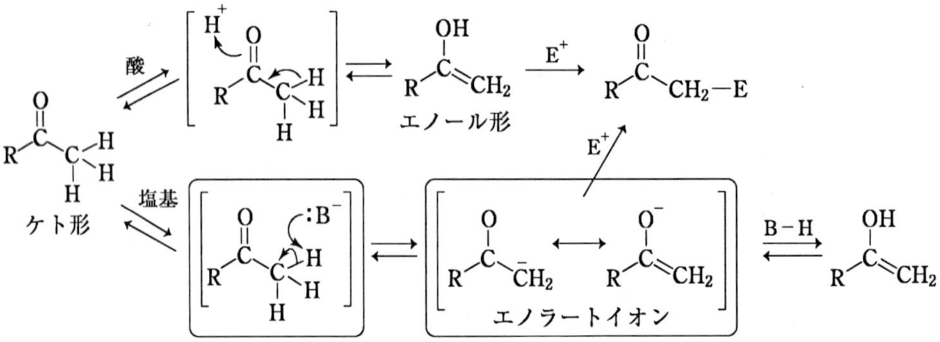

エノールやエノラートイオンの代表的な反応として,**α 置換反応**(α-substitution reaction)および**カルボニル縮合反応**(carbonyl condensation reaction)があげられる.α 置換反応は,カルボニル基の α 位炭素において求核置換が起こる反応である.カルボニル縮合反応は,α 位炭素においてカルボニル化合物への求核付加や求核アシル置換が起こる反応である.

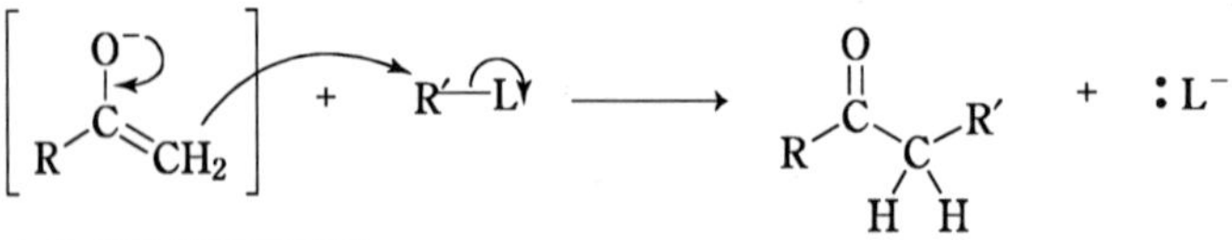

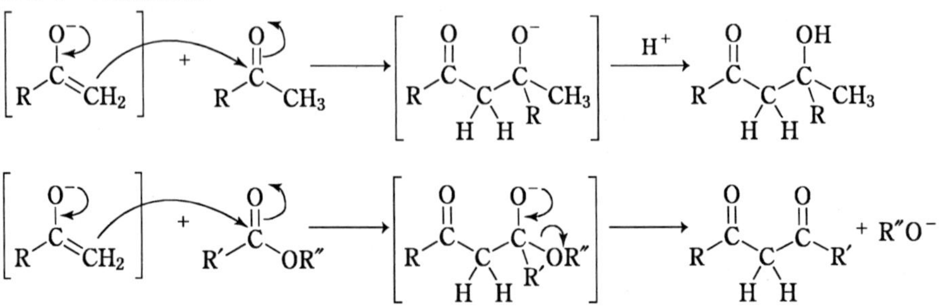

7.2 求核付加反応

a. 有機金属化合物の付加

Grignard試薬（RMgX）や**有機リチウム化合物**（RLi）などの**有機金属化合物**は，金属が正電荷をおび，アルキル基が負電荷をおびている．負電荷をおびたアルキル基はアルデヒドやケトンを求核攻撃して付加体を与える．アルデヒドからは第二級アルコールが，ケトンからは第三級アルコールが生成する．

$$C_6H_5-CHO + C_2H_5-MgX \longrightarrow \left[\begin{array}{c} OMgX \\ C_6H_5-\underset{H}{C}-C_2H_5 \end{array} \right] \xrightarrow{H_3O^+} C_6H_5-\underset{H}{\overset{OH}{C}}-C_2H_5$$

$$H_3C-CO-CH_3 + CH_3-Li \longrightarrow \left[\begin{array}{c} OLi \\ H_3C-\underset{CH_3}{C}-CH_3 \end{array} \right] \xrightarrow{H_3O^+} H_3C-\underset{CH_3}{\overset{OH}{C}}-CH_3$$

Grignard試薬や有機リチウム試薬は一般に，ハロゲン化アルキルや芳香族ハロゲン化物とマグネシウムあるいはリチウムとの反応により合成される．

$$R{-}X \; + \; Mg \; \longrightarrow \; RMgX$$

$$R{-}X \; + \; 2Li \; \longrightarrow \; RLi \; + \; LiX$$

Grignard試薬は，アルデヒドやケトンだけでなくエステルとも反応するので，α-ハロエステルからGrignard試薬をつくることができない．しかし，亜鉛を用いるとこのようなことが可能になる．この有機亜鉛試薬はエステルと反応しないが，アルデヒドやケトンと反応し付加体を生成するため利用価値が高い．この反応は**Reformatsky反応**とよばれる．

$$BrCH_2CO_2Et \; + \; Zn \; \longrightarrow \; BrZnCH_2CO_2Et$$

$$H_3C-CO-CH_3 + BrZnCH_2CO_2Et \longrightarrow \left[\begin{array}{c} OZnBr \\ H_3C-\underset{CH_2CO_2Et}{C}-CH_3 \end{array} \right] \xrightarrow{H_3O^+} H_3C-\underset{CH_2CO_2Et}{\overset{OH}{C}}-CH_3$$

b. シアン化水素の付加

ケトンやアルデヒドにシアン化水素が付加すると，**シアノヒドリン**（cyanohydrin）が生成する．弱酸であるシアン化水素そのものだけでは反応が遅いが，微量の塩基を加えることでシアン化物イオンの濃度が増し反応が促進される．シアノヒドリンは還元するとアミノアルコールに，加水分解するとヒドロキシ酸に変わるなど，様々な合成原料に変換される．

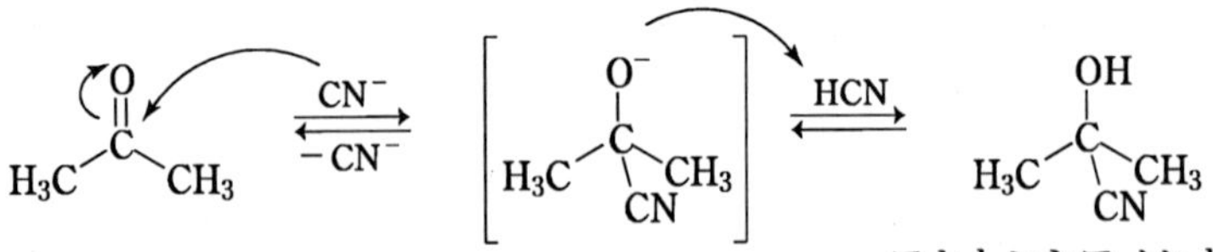

c. ヒドリドイオンの付加反応

水素化ホウ素ナトリウムおよび水素化アルミニウムリチウムはカルボニル化合物の還元剤として用いられる．これらの還元剤は反応系中で**ヒドリドイオン** (hydride ion) H^- を発生し，これがカルボニル炭素を求核攻撃する．理論上，1分子中に存在する四つのヒドリドイオンが利用できる．アルデヒドから第一級アルコールが，ケトンからは第二級アルコールが生成する．

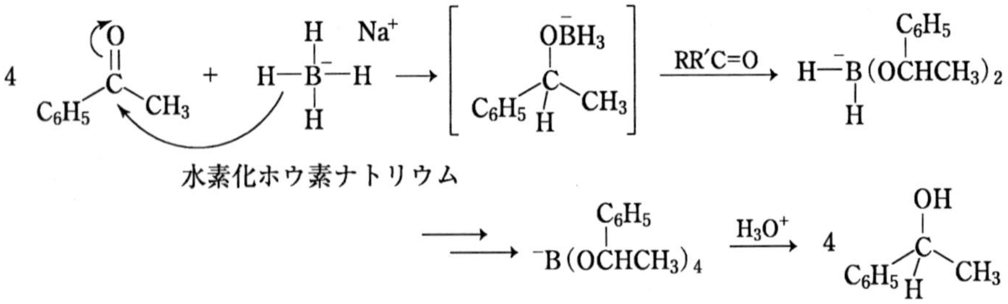

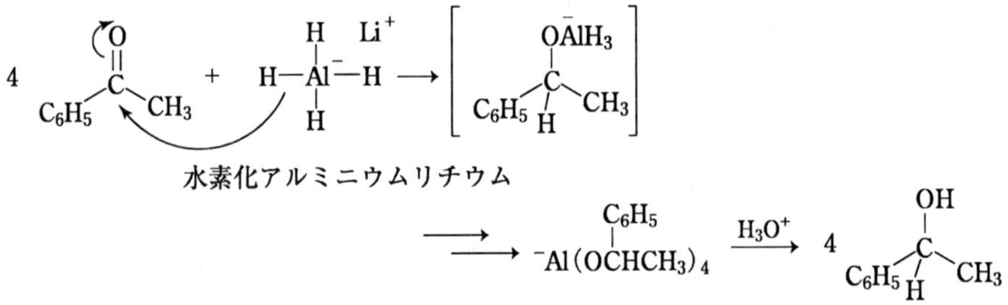

【例題7.1】 次の化合物 (a)～(d) を求核試薬に対する反応性の高い順に並べよ．

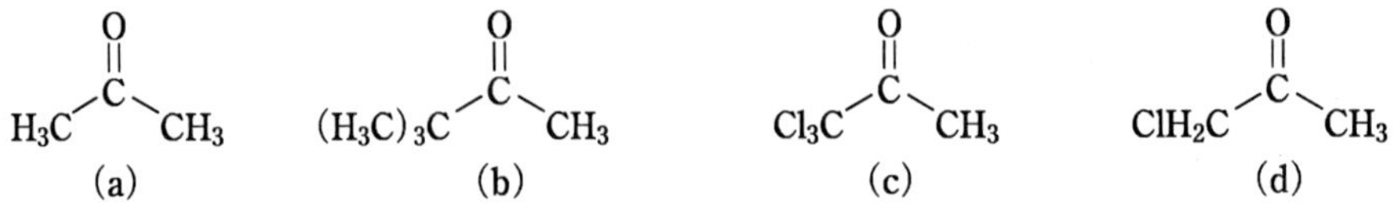

(a) $H_3C-CO-CH_3$　(b) $(H_3C)_3C-CO-CH_3$　(c) $Cl_3C-CO-CH_3$　(d) $ClH_2C-CO-CH_3$

[解答] 電子求引基がつくと反応性は高まり，かさ高い置換基がつくと反応性が低下するので (c)＞(d)＞(a)＞(b) の順になる．

7.3 付加-脱酸素反応

a. 窒素化合物の付加反応

　　アミン類は非結合電子対をもっているため，求核試薬として作用し，カルボニル基への付加が起こる．しかし，付加体は不安定であるため，さらに脱酸素反応が起こり安定な化合物を与える．第一級アミンでは**イミン**（imine）が，第二級アミンでは**エナミン**（enamine）が生成し，第三級アミンは反応しない．イミンは **Schiff 塩基**（Schiff base）ともよばれる．これらの反応は酸触媒により促進される．

　　第一級アミンとの反応は以下のように進む．まずアミノ基が，酸触媒により活性化さたカルボニル炭素を攻撃して付加体を生成する．次いで，ヒドロキシ基へのプロトン付加を経て脱水が起こり，同時に炭素-窒素二重結合を生成する．一方，第二級アミンを用いた場合には，脱水によって生成するイミニウムにおいて隣接する炭素上からの脱プロトンを経て，炭素-炭素二重結合が生成する点が第一級アミンの場合と異なる．これらの反応は可逆的であるため，生成する H_2O を取り除くことで反応が完結する．

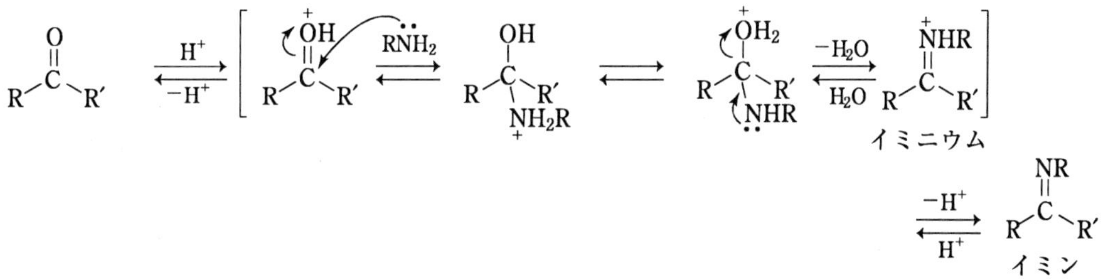

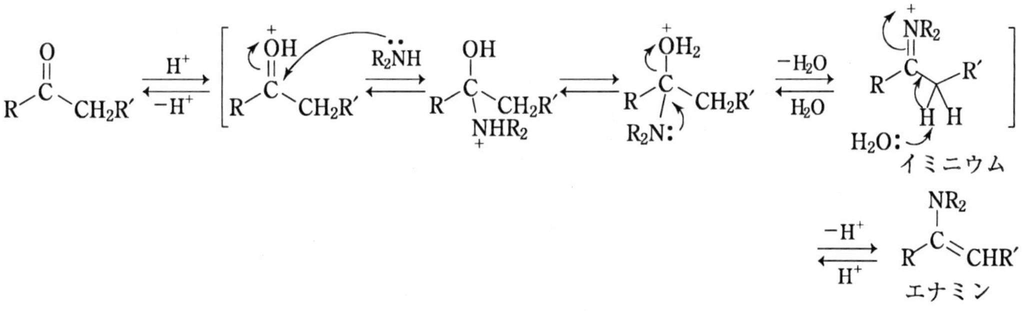

　　このようなアミンの級数による生成物の違いは，窒素原子上にプロトンとして脱離する水素原子をいくつもっているかによる．第一級アミンから生成するイミニウムは，脱離しうる水素原子を一つもっているため炭素-窒素二重結合を形成できる．

一方，第二級アミンから生成するイミニウムの窒素原子は水素原子をもたないため，脱水ののち隣接炭素からプロトンがはずれ，エナミンを生成する．例として，プロピオフェノンとメチルアミンおよびジメチルアミンとの反応を示す．

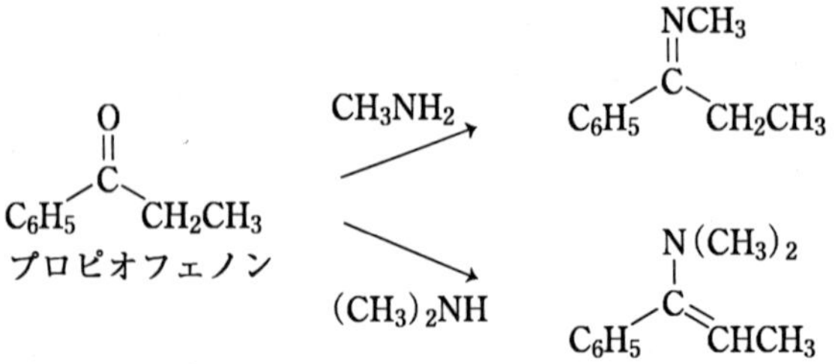

$$C_6H_5\text{-CO-}CH_2CH_3 \text{ (プロピオフェノン)} \xrightarrow{CH_3NH_2} C_6H_5\text{-C(=NCH}_3\text{)-}CH_2CH_3$$

$$\xrightarrow{(CH_3)_2NH} C_6H_5\text{-C(N(CH}_3)_2\text{)=CHCH}_3$$

この反応における酸触媒の役割は，① カルボニル炭素の求電子性の増大と，② 付加中間体からの脱水の促進である．しかし，強酸性条件下では，アミンがプロトン付加を受けて求核試薬として働かなくなるので，適度な酸性条件下（pH 4～5 付近）で反応を行う必要がある．

ヒドロキシアミンやヒドラジンもアミンの一種である．ヒドロキシアミンからはアルデヒドやケトンの**オキシム**（oxyme）が生成する．

$$C_2H_5CHO + NH_2OH \longrightarrow C_2H_5CH=N-OH$$
ヒドロキシアミン　　　　　　　　　オキシム

2,4-ジニトロフェニルヒドラジンやセミカルバジドからはヒドラゾン，セミカルバゾンが生成する．

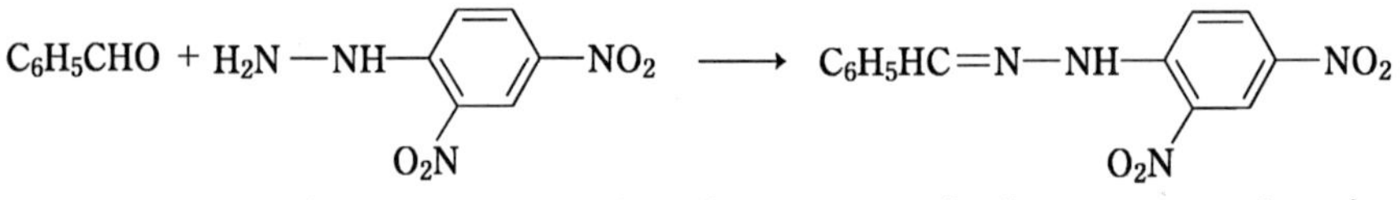

$$C_6H_5CHO + H_2N-NH-C_6H_3(NO_2)_2 \longrightarrow C_6H_5HC=N-NH-C_6H_3(NO_2)_2$$
2,4-ジニトロフェニルヒドラジン　　　　　2,4-ジニトロフェニルヒドラゾン

$$(CH_3)_2C=O + NH_2-NHCONH_2 \longrightarrow (H_3C)_2C=N-NHCONH_2$$
セミカルバジド　　　　　　セミカルバゾン

b．アルコールの付加反応

アルコールは酸触媒の存在下アルデヒドやケトンに付加し，まず**ヘミアセタール**（hemiacetal）が生成する．これは通常不安定であるため，酸の存在下では脱水が起こり，**オキソニウムイオン**（oxonium ion）中間体が生成する．これに，もう一分子のアルコールが付加し**アセタール**（acetal）を生成する．アセタール化反応は可逆的であり，反応を完結させるためには生成する H_2O を取り除く必要がある．

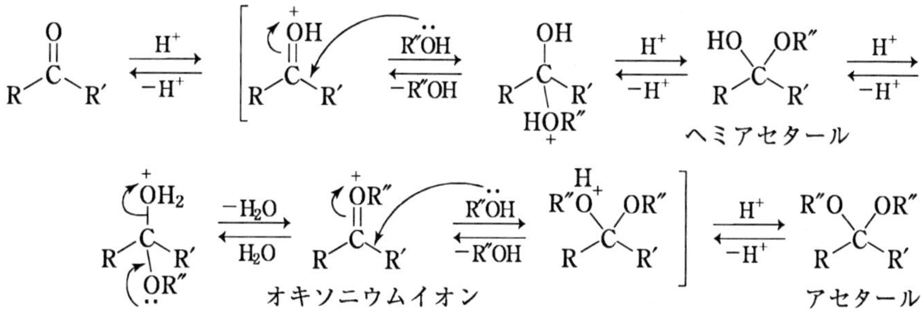

7.3 付加-脱酸素反応

[反応機構図：カルボニル化合物のアセタール化機構]
ヘミアセタール
オキソニウムイオン
アセタール

たとえば，アセトアルデヒドとメタノールからはジメチルアセタールが得られ，アセトフェノンとエチレングリコールからは環状アセタールが得られる．

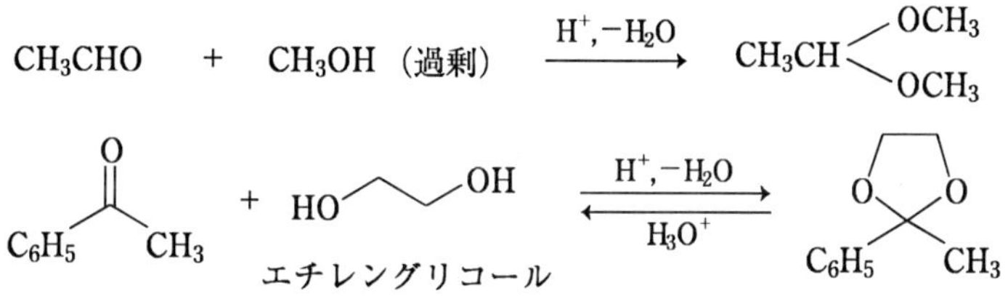

$$CH_3CHO + CH_3OH（過剰） \xrightarrow{H^+, -H_2O} CH_3CH\begin{array}{c}OCH_3\\OCH_3\end{array}$$

[アセトフェノン + エチレングリコール → 環状アセタール の反応式]

【発展】 保 護 基

複数の官能基をもつ化合物を合成反応に用いる場合，望む官能基以外の基も反応してしまうことがある．そのような場合，反応させたくない官能基を反応しない構造に変えておくことを，**保護**（protection）するといい，保護に用いる基を**保護基**（protective group, protecting group）という．また，保護基をはずしてもとの基に戻すことを**脱保護**（deprotection）という．上の例にあげたエチレングリコールは，ケトンの保護基としてしばしば合成に用いられる．

c. イリドの付加-Wittig 反応

カルボアニオンに隣接して正電荷を有する基が存在する場合，疑似的な二重結合が生成し，カルボアニオンを安定化する．このような化合物を**イリド**（ylide）という．リン原子が隣接する場合は**リンイリド**（phosphorus ylide）とよばれる．

$$Ph_3\overset{+}{P}-\overset{-}{C}HR \longleftrightarrow Ph_3P=CHR$$
イリド

リンイリドはカルボニル炭素を攻撃し，付加中間体を生成したのち，四員環構造をもつ**オキサホスフェタン**を生成すると考えられている．この中間体から結合の組換えが起こり炭素-炭素二重結合を生成する．この反応は **Wittig 反応**とよばれ，カルボニル基を炭素-炭素二重結合に変換できるため，合成化学的に極めて重要な反応である．

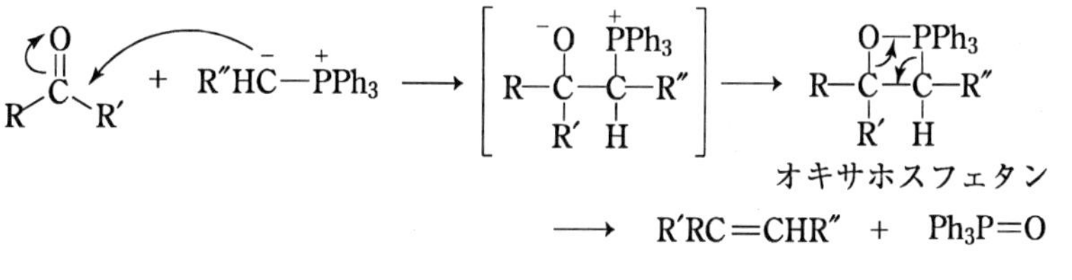

[Wittig 反応機構図]
オキサホスフェタン

$$\longrightarrow R'RC=CHR'' + Ph_3P=O$$

【例題 7.2】 Wittig 反応を用いて次の化合物を合成する方法を示せ.

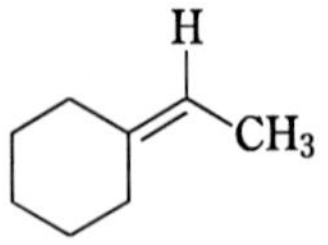

[解答] 二重結合の部分で切断すると、シクロヘキシリデンとエチリデン骨格に分けることができる．片側をケトン，もう片側を Wittig 試薬として考えると，下式の組合せが考えられる．逆の組合せも考えられるが，かさ高い求核試薬は攻撃しにくいので適当ではない．

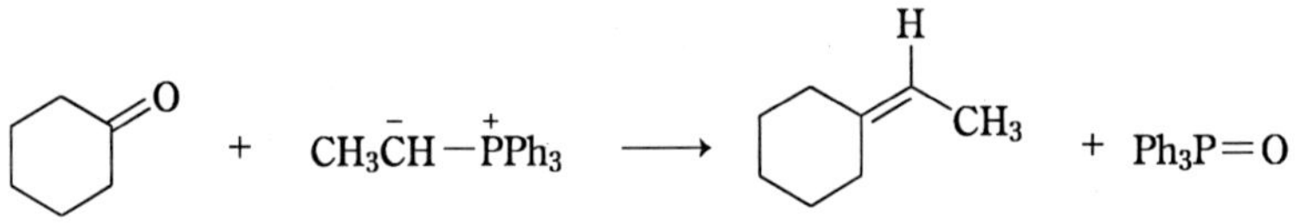

シクロヘキサノン + CH$_3$CH$^-$−$^+$PPh$_3$ ⟶ 生成物 + Ph$_3$P=O

7.4 求核アシル置換反応

カルボン酸誘導体には，酸塩化物，酸無水物，エステル，アミドなど様々なものが知られている．これらはすべてカルボニル基をもつため，アルデヒドやケトンと同様に求核試薬による付加反応が起こる．しかし，カルボン酸誘導体では四面体中間体が生成したのち，脱離基が脱離すると同時にカルボニル基が再生する．したがって，カルボニル炭素上で置換反応が起こったことになる．このような反応を求核アシル置換反応という．

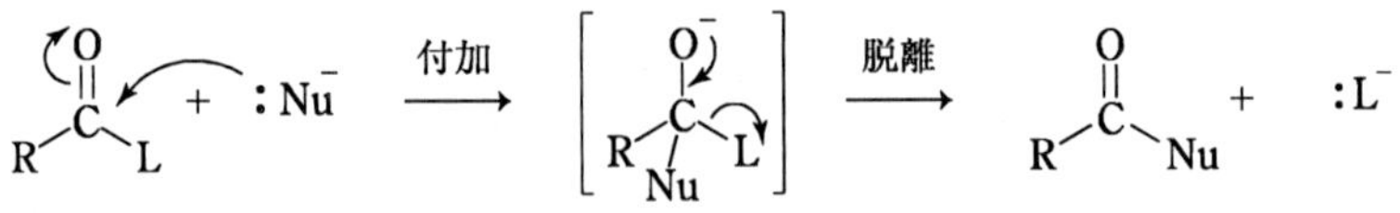

R−C(=O)−L + :Nu$^-$ —付加→ [R−C(O$^-$)(L)(Nu)] 四面体中間体 —脱離→ R−C(=O)−Nu + :L$^-$

同じ2分子求核置換反応である S$_N$2 反応は協奏的に進行するが，求核アシル置換反応は付加-脱離の2段階から成り立ち，中間体が存在する点に注意しよう．

図 7.3 に示すように付加の段階の活性化エネルギー $\Delta G_1^\ddagger$ と，中間体からの脱離基の脱離する段階の活性化エネルギー $\Delta G_2^\ddagger$ が反応速度に関係する．

a．カルボン酸誘導体の反応性の比較

カルボン酸誘導体の反応性は，脱離基やアシル置換基の違いにより大きく異なる．図 7.3 を用いて説明すると，アシル置換基のかさ高さは，おもに付加の段階における活性化エネルギー $\Delta G_1^\ddagger$ に影響を与える．また，脱離基の電子求引性もカルボニル炭素の反応性に影響を及ぼし，強い電子求引性基は $\Delta G_1^\ddagger$ を下げることになる．脱離基の脱離のしやすさはおもに第2番目の脱離の過程の活性

7.4 求核アシル置換反応

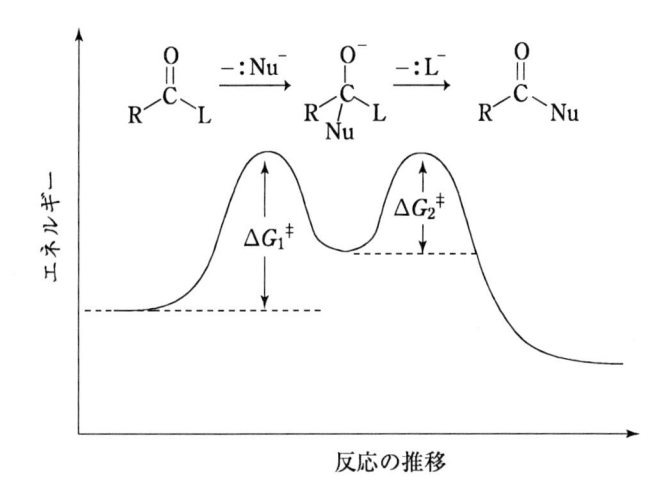

図7.3 カルボン酸誘導体への求核アシル置換反応のエネルギー模式図

化エネルギー $\Delta G_2^\ddagger$ に影響を与え，脱離能の大きいほど $\Delta G_2^\ddagger$ を下げることになる．アシル置換基と脱離基の種類の違いによる反応性の傾向を以下に示す．

アシル基：ケトンやアルデヒドと同様に，アシル基がかさ高くなるにつれ求核試薬は攻撃しにくくなり反応性は低下する．

CH_3-CO-L > RCH_2-CO-L > $R_2CH-CO-L$ > $R_3C-CO-L$

L：脱離基

脱離基：脱離基の電子求引性は $-Cl > -OCOR' > -OR' > -NR'_2$ の順である．また，強酸の共役塩基であるほど脱離能が高くなるため，酸塩化物を頂点にして反応性は以下のような順に低くなる．

$R-CO-Cl$ > $R-CO-O-CO-R'$ > $R-CO-OR'$ > $R-CO-NR'_2$

このようなカルボン酸誘導体の反応性の大きな違いを利用すると，反応性の上位のものから，下位のものに変換できる．すなわち，もっとも反応性の高い酸塩化物は，酸無水物，エステル，アミドに変換できる．さらに，酸無水物はエステルやアミドに，エステルはアミドに変換できる．

b. 酸塩化物の反応

酸塩化物は高い反応性をもつため，弱い求核試薬である水，アルコール，カルボン酸と容易に反応し，対応するカルボン酸，エステル，酸無水物がそれぞれ生成する（図7.4）．また，アンモニアやアミンとも反応してアミドを与える．

酸塩化物はケトンやアルデヒドと同様に，水素化アルミニウムリチウムのような還元剤により還元される．ヒドリドイオンの求核アシル置換反応によりア

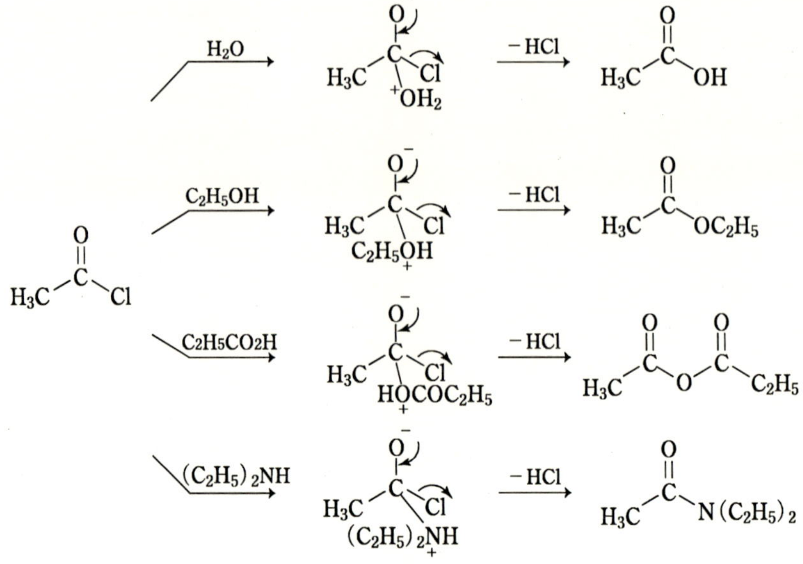

図 7.4 酸塩化物の反応

ルデヒドがまず生成し，さらに第2段目の還元を受けることで第一級アルコールが生成する．しかし，立体的にかさ高い還元剤である LiAlH[OC(CH$_3$)$_3$]$_3$ を用いると，第2段目の還元が遅いのでアルデヒドを得ることができる．

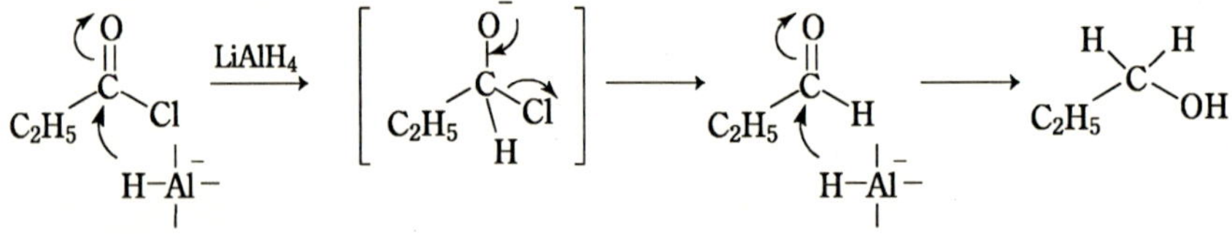

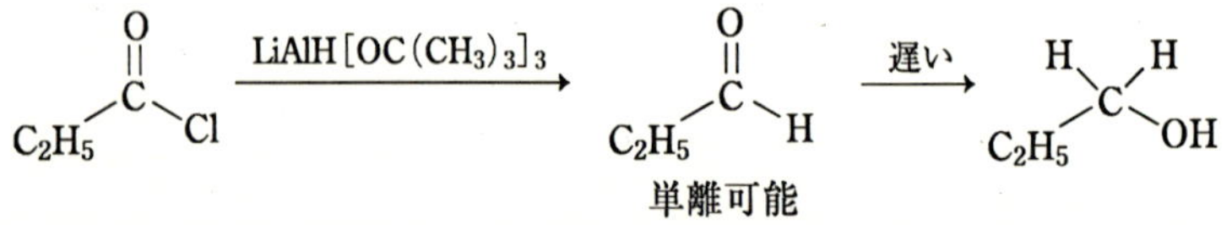

単離可能

【発展】 Gilman 試薬によるケトン合成

Gilman 試薬とよばれる有機銅化合物 R$_2$CuLi は酸塩化物と反応し，ケトンを生成する．Grignard 試薬や有機リチウム試薬を用いた場合は，中間に生成したケトンがさらに反応して第三級アルコールが生成してしまうため，Gilman 試薬によるケトン合成は優れた方法の一つである．この反応は，求核アシル置換反応とは異なる機構で進むが，酸塩化物の重要な反応の一つである．Gilman 試薬は 2 当量の有機リチウム試薬とハロゲン化銅から合成される．

2 C$_4$H$_9$Li + CuI ⟶ (C$_4$H$_9$)$_2$CuLi + LiI

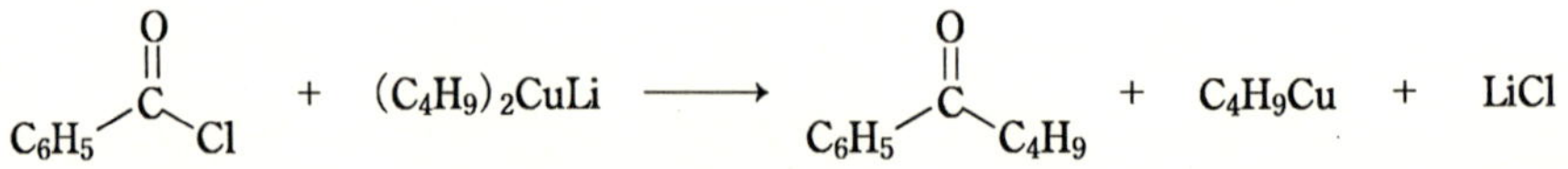

C$_6$H$_5$COCl + (C$_4$H$_9$)$_2$CuLi ⟶ C$_6$H$_5$COC$_4$H$_9$ + C$_4$H$_9$Cu + LiCl

c. 酸無水物の反応

　　　酸無水物も酸塩化物と同様に容易に加水分解を受け，2分子のカルボン酸を与える．一方，アルコールとの反応では，エステルとカルボン酸を1分子ずつ与える．アミンとの反応ではアミドとカルボン酸を生成する（図7.5）．酸無水物は利用価値は高いものの，脱離基としてカルボン酸イオンが生成するため，元々のカルボン酸の半分しか利用されない．

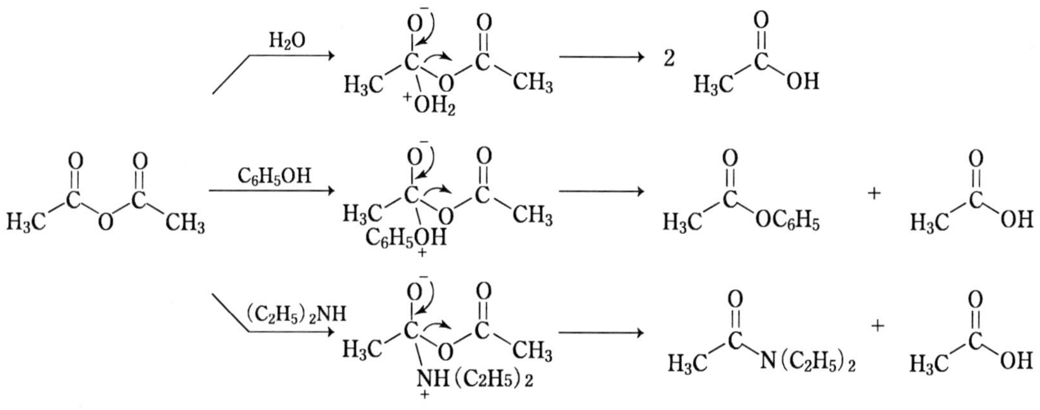

図 7.5　酸無水物の反応

d. エステルの反応

　　　エステルの代表的な反応は加水分解であり，油脂のけん化により脂肪酸とグリセリンが古くからつくられている．エステルはアルカリだけでなく，酸によっても加水分解される．また，有機金属試薬の攻撃を受け，アルデヒドを経由してアルコールを与える．酢酸エステルを例にエステルの反応を以下に示す．

（1）アルカリ加水分解　　アルカリによる加水分解では，ヒドロキシドイオンがエステルのカルボニル基を攻撃し，四面体中間体を生成後，アルコキシドイオンが脱離する．生成したカルボン酸はアルコキシドイオンと反応し，安定なカルボン酸イオンを生じる．この段階が不可逆になりエステルに戻ることはない．また，反応が完結するには等量のアルカリが必要となる．

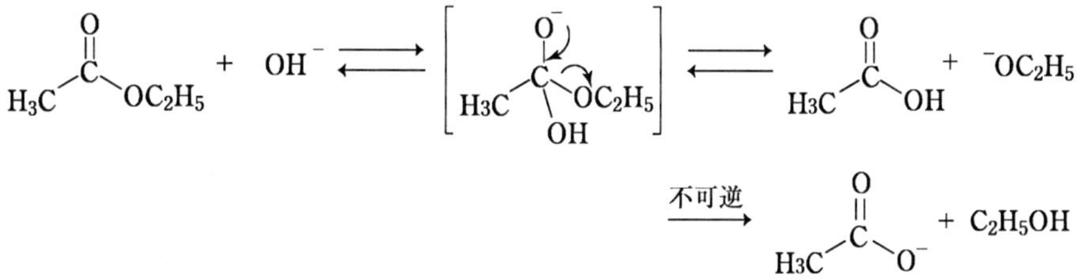

（2）酸加水分解　　酸加水分解は触媒量の酸で反応が進行する．エステルのカルボニル基にプロトン付加が起こり，カルボニル基が活性化されることで

H_2O の攻撃を受けるようになる．得られた付加中間体からエタノールが脱離しカルボン酸が生成する．この反応のすべての段階は可逆的であり，反応を完結させるためには大過剰の水を用いて平衡を生成物側にずらす必要がある．

$$CH_3COOC_2H_5 + H_2O \underset{-H^+}{\overset{H^+}{\rightleftarrows}} \left[\begin{array}{c} \overset{+}{O}H \\ H_3C-C-OC_2H_5 \\ \ddot{O}H_2 \end{array} \rightleftarrows \begin{array}{c} OH \\ H_3C-C-OC_2H_5 \\ \overset{+}{O}H_2 \end{array} \right.$$

$$\left. \rightleftarrows \begin{array}{c} :OH \\ H_3C-C-\overset{+}{O}C_2H_5 \\ OH \quad H \end{array} \right] \underset{H^+}{\overset{-H^+}{\rightleftarrows}} CH_3COOH + C_2H_5OH$$

(3) エステル交換反応 エステルは，酸または塩基触媒の存在下でアルコールと反応し，異なるエステルを与える．この反応を**エステル交換反応** (transesterification) という．酸による交換反応は，上に示した酸加水分解と同様なしくみで進行する．下の例では加水分解で用いる H_2O が C_4H_9OH に変わったと考えれば理解できる．これらの反応ではすべての段階が可逆的である．したがって，生成するエタノールを反応系外に除くか，大過剰のブタノールを加えることにより平衡は目的とするエステル側にかたよる．

$$CH_3COOC_2H_5 + C_4H_9OH \underset{-H^+}{\overset{H^+}{\rightleftarrows}} \left[\begin{array}{c} \overset{+}{O}H \\ H_3C-C-OC_2H_5 \\ H\ddot{O}C_4H_9 \end{array} \rightleftarrows \begin{array}{c} OH \\ H_3C-C-OC_2H_5 \\ H\overset{+}{O}C_4H_9 \end{array} \right.$$

$$\left. \rightleftarrows \begin{array}{c} :OH \\ H_3C-C-\overset{+}{O}C_2H_5 \\ OC_4H_9 \quad H \end{array} \right] \underset{H^+}{\overset{-H^+}{\rightleftarrows}} CH_3COOC_4H_9 + C_2H_5OH$$

塩基触媒によるエステル交換反応はアルカリ加水分解と同様に進行し，求核試薬がヒドロキシドイオンからアルコキシドイオンに変わったと考えればよい．エステル交換反応ではすべての段階が可逆的で，触媒量の塩基で反応が進行する．

$$CH_3COOC_2H_5 + CH_3O^- \rightleftarrows \left[\begin{array}{c} O \\ H_3C-C-OC_2H_5 \\ {}^-OCH_3 \end{array} \rightleftarrows \begin{array}{c} O^- \\ H_3C-C-OC_2H_5 \\ OCH_3 \end{array} \right]$$

$$\rightleftarrows CH_3COOCH_3 + C_2H_5O^-$$

7.4 求核アシル置換反応

(4) Grignard試薬の付加反応　Grignard試薬はエステルとも反応し，アルコールを与える．Grignard試薬の求核アシル置換反応によりまずケトンが生成するが，生成したケトンはエステルより反応性が高いため，2分子目のGrignard試薬の攻撃が起こる．その結果，第三級アルコールが生成する．

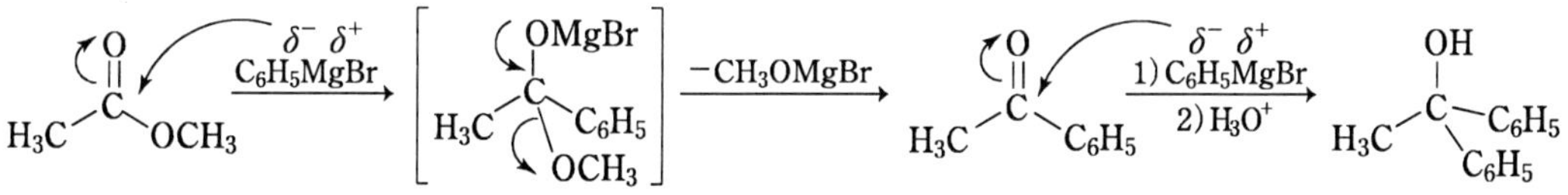

(5) 金属水素化物による還元　エステルは酸塩化物と同様な機構で，水素化アルミニウムリチウム $LiAlH_4$ と反応し第一級アルコールを与える．水素化ホウ素ナトリウム $NaBH_4$ は $LiAlH_4$ より反応性が劣るためエステルと反応しない．

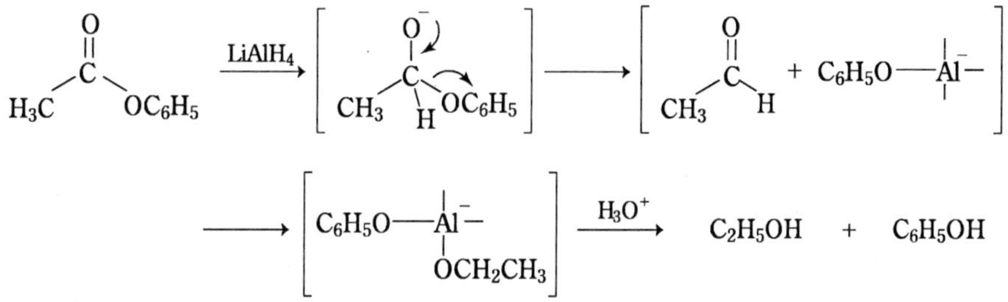

【例題7.3】　3-ホルミル安息香酸 t-ブチルとメチルマグネシウムブロミドとの反応で，CH_3MgBr を1当量用いたときと，3当量用いたときの生成物をそれぞれ記せ．

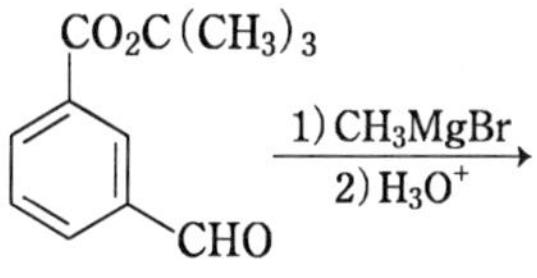

[解答]　アルデヒド基の方がエステル基より反応性が高いため，CH_3MgBr を1当量用いたときはアルデヒド基が反応し，第二級アルコールが生成する．

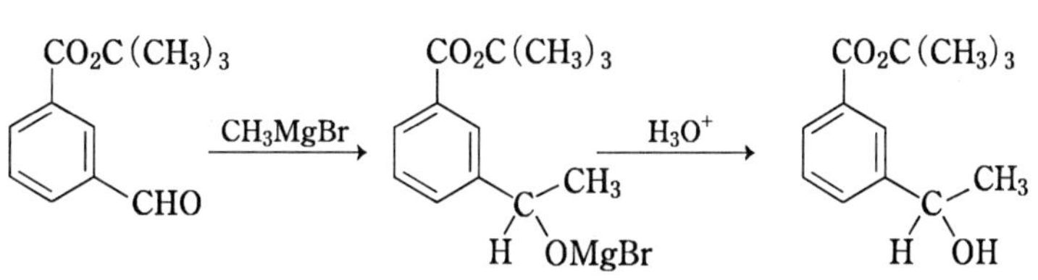

3当量の CH_3MgBr を用いた場合，アルデヒドへの求核付加が起ったのち，

エステルへの求核アシル置換反応により、いったんケトンを生成し、2段目の求核付加により第三級アルコールを生成する。その結果ジオールを与える。

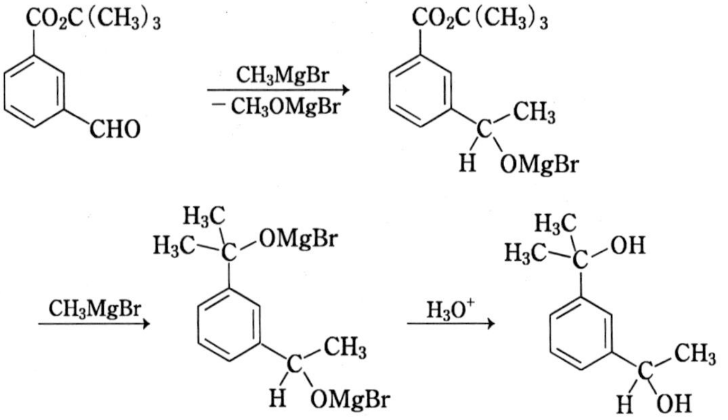

e. アミドの反応

アミドは平面構造をもち、エステルに比べ反応性が非常に劣る。これは、アミド窒素の非結合電子対が、カルボニル基と強く共鳴するためである（図7.6）。

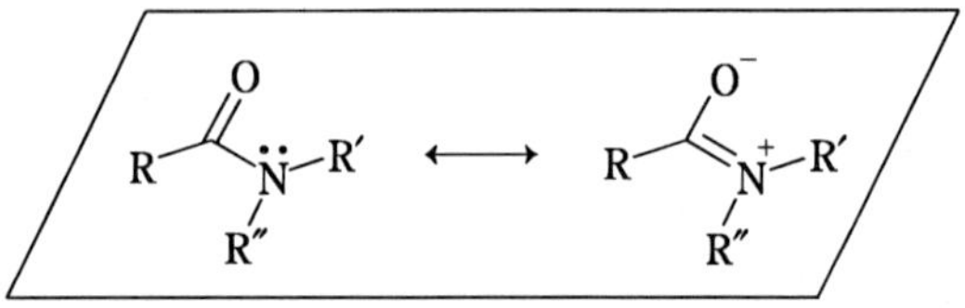

図7.6 アミドの共鳴

アミド基の共鳴の結果、カルボニル基の炭素原子の電子密度が増加するため求核試薬との反応は起こりにくい。しかし、強い酸やアルカリの存在下で加熱すると加水分解を受ける。

酸塩化物やエステルは、水素化アルミニウムリチウムとの反応により第一級アルコールを与えるが、アミドの還元ではイミニウム中間体を経てアミンを与える。カルボニル基へのヒドリドイオンの求核攻撃によって生成したイミニウム中間体は、7.3節で述べたアルデヒドと第二級アミンから得られる中間体と構造的に等しいが、これがさらに還元を受けることでアミンが得られる。この反応は、求核アシル置換反応ではなく、求核付加-脱酸素反応である。

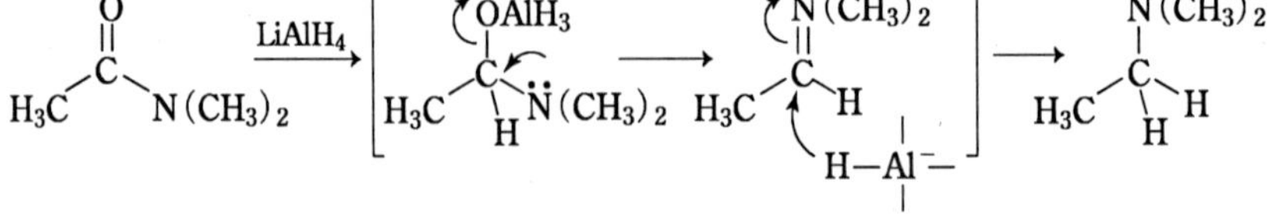

イミニウム中間体

7.4 求核アシル置換反応

アミドとアミノケトン

われわれの体を形づくるタンパク質は，アミノ酸がアミド結合（ペプチド結合）でつながれることによってできている．アミド基はアミドの共鳴のため加水分解を受けづらく，また，平面構造を取ることでタンパク質分子の運動の自由度を減少させ，特定の三次元構造を取りやすくしている．このように，アミド結合が使われていることが，タンパク質が機能を発現するための基盤になっているのである．自然はアミド基の性質を巧みに利用しているということができよう．

では，アミドからアミドの共鳴が失われると性質はどのように変わるだろうか．最近，アミド結合が大きくねじれたアミドが合成され，その性質が調べられている．トリメチルアザアダマンタン-2-オンの窒素原子の非結合電子対の軌道は，立体的束縛のためカルボニル平面と直交しており，アミドの共鳴が完全に失われている．この化合物では通常のアミドでは起こらない Wittig 反応やアセタール化が起こる．また，立体的にかさ高いアシル置換基とよい脱離能をもつチアゾリジンチオン基とのアミドもアミド結合が大きくねじれ，アルコールとの求核アシル置換反応が容易に進行する．このようなアミドはもはやアミドとしての性質は失われ，むしろ"アミノケトン"と考えることができる．

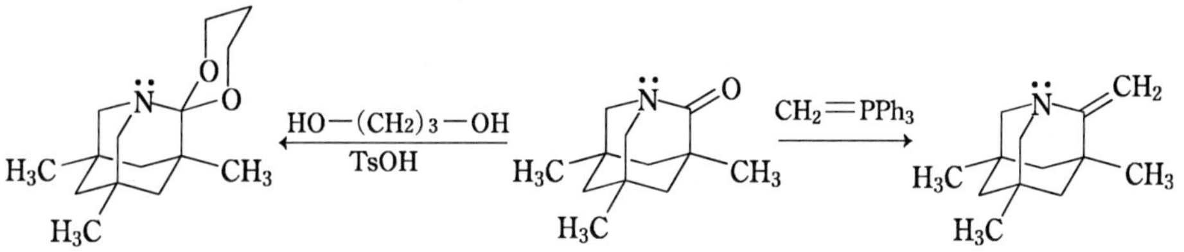

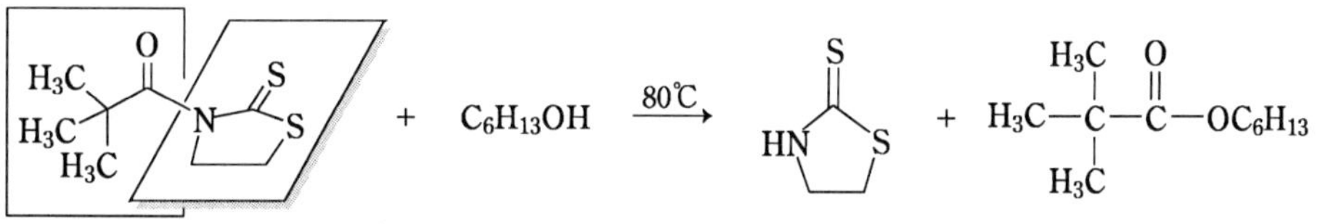

f．カルボン酸の反応

カルボン酸は塩化チオニル $SOCl_2$ や五塩化リン PCl_5 により，合成的に利用価値の高い酸塩化物に変換される．

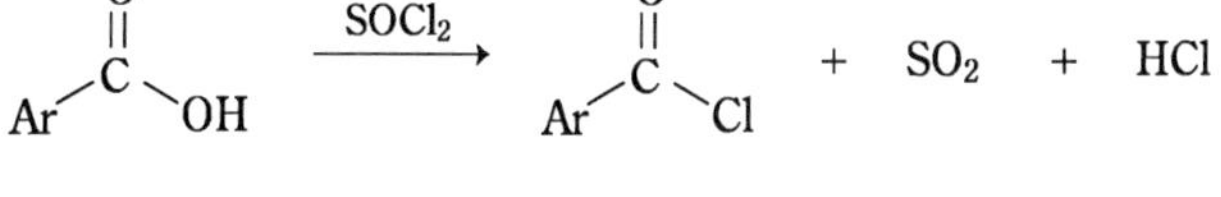

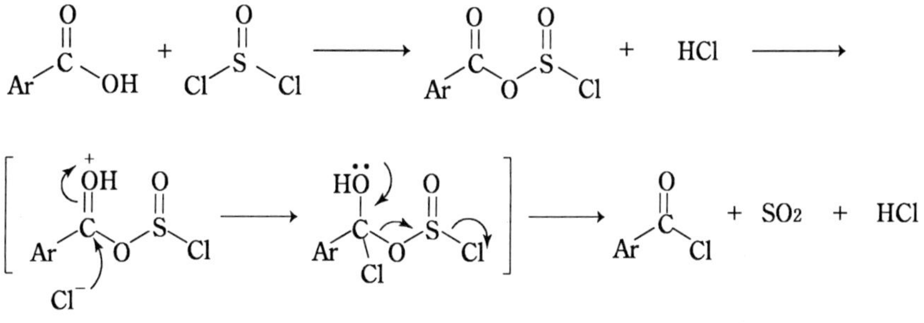

カルボン酸の代表的な反応としてエステル化反応があげられる．酸の存在下，カルボン酸とアルコールからエステルを与える反応を **Fischer のエステル化法**（Fischer esterification）という．エステル化反応はエステルの酸加水分解反応の逆反応であり可逆反応である．したがって，反応を完結させるためには，生成する水をとり除くか，アルコールを大過剰に用いる必要がある．反応機構は酸加水分解反応をそっくり逆にしたものである．すなわち，反応によって生成してくる水をとり除けばエステルが生成し，アルコールをとり除けばカルボン酸が生成する．

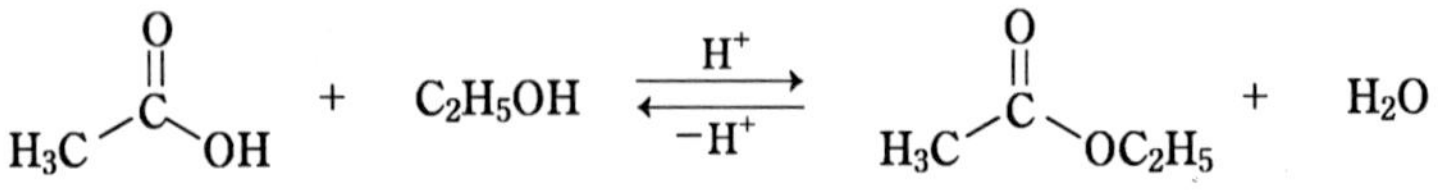

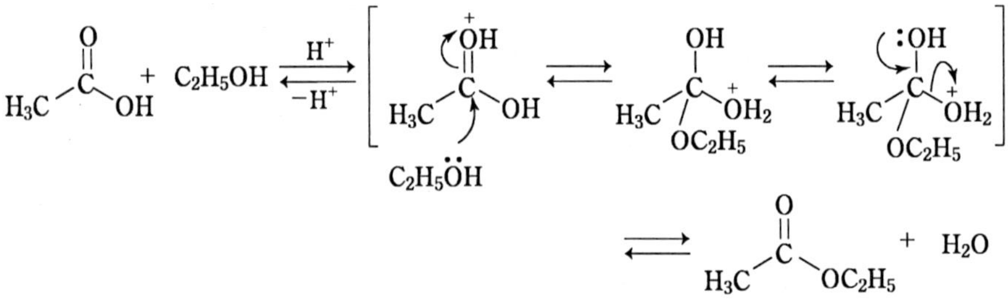

$$H_3C-COOH + C_2H_5OH \underset{-H^+}{\overset{H^+}{\rightleftarrows}} H_3C-COOC_2H_5 + H_2O$$

酸塩化物やエステルと同様に，カルボン酸も水素化アルミニウムリチウムにより還元され，アルコールを生成する．しかし，カルボン酸の還元にはボランがよく用いられる．これは，通常のカルボン酸誘導体の反応性の順と異なり，カルボン酸が特別速くボランにより還元されるためである．初めにトリアシルオキシボランが生成し，カルボニル基の反応性が高められたのち，還元が起こることでアルコールが生成する．エステルとボランの反応ではこのような中間体が生成しないのでボランによる還元は遅い．下式のようなカルボキシル基とエステル基の両方をもつアジピン酸モノエチルエステルでは，ボランを等量用いることによりカルボキシル基のみが**官能基選択的**（chemoselective）に還元される．

$$3\ RCO_2H + BH_3 \longrightarrow (RCO_2)_3B + 3H_2$$
トリアシルオキシボラン

$$(RCO_2)_3B + 2BH_3 \longrightarrow (RCH_2)_3B \xrightarrow{H_3O^+} 3\ RCH_2OH + B(OH)_3$$

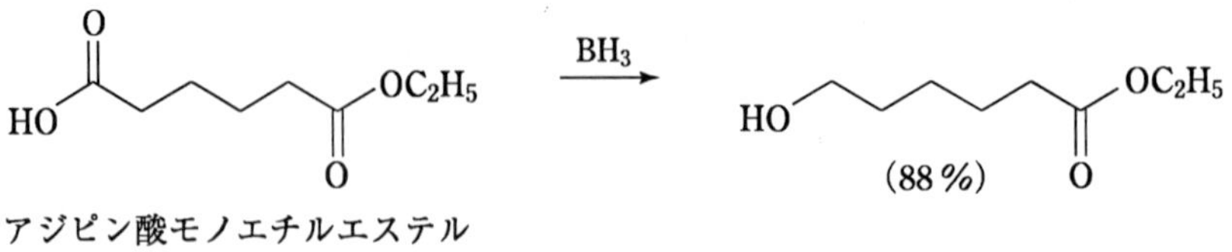

アジピン酸モノエチルエステル　→（BH₃）→　(88%)

7.5 α置換反応

a. ハロゲン化

ケトンは酸または塩基存在下，カルボニル基のα位炭素で塩素，臭素，ヨウ素と反応し，ハロゲン化物を与える．ハロゲン化の速度はハロゲンの濃度に無関係で，一次反応速度式に従うことからエノール化が律速段階であることがわかる．

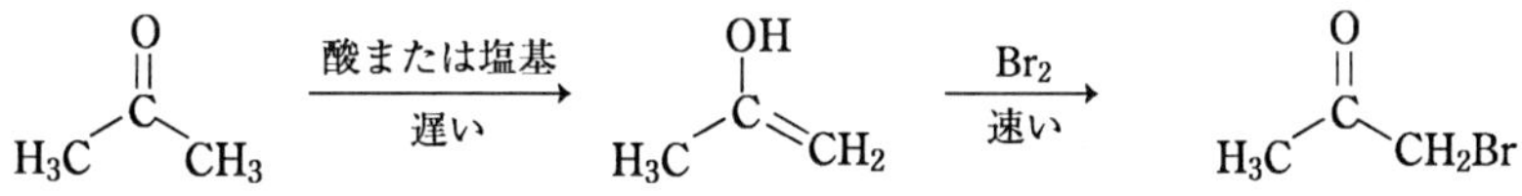

メチルケトンの定性分析方法として，アルカリ存在下にヨウ素と反応させると，黄色いヨードホルムの沈殿が析出する**ヨードホルム試験**（iodoform test）が古くから知られている．この反応は，ヨウ素に限らず，塩素，臭素でも起こり，総称して**ハロホルム反応**（haloform reaction）という．まず，カルボニル基のα位がハロゲン化され，水素原子すべてがハロゲンに置き換わる．そののち，ヒドロキシドイオンがカルボニル炭素を求核攻撃し，CX_3基が脱離する．すなわち，この反応ではα置換反応ののち，CH_3基が脱離能の高いCX_3基に置き換わったことで，求核アシル置換反応が起こるようになったわけである．

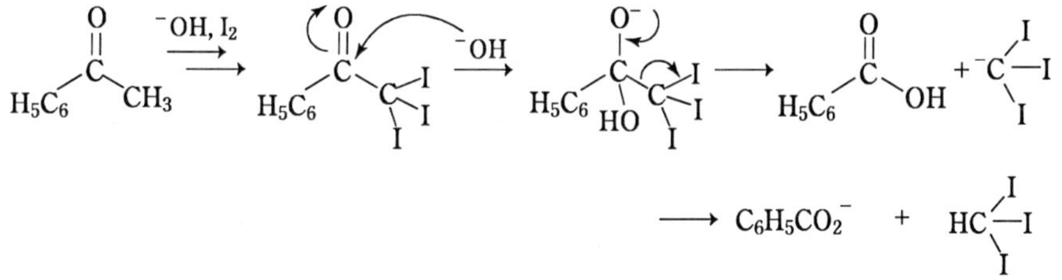

b. β-ジカルボニル化合物のアルキル化

β-ジカルボニル化合物の二つのカルボニル基にはさまれたメチレン水素は酸性度が高く，塩基により容易にエノラートイオンが生成する．このようなメチレンを**活性メチレン**（active methylene）という．生成したエノラートイオンは，二つのカルボニル基と共鳴するため安定である．

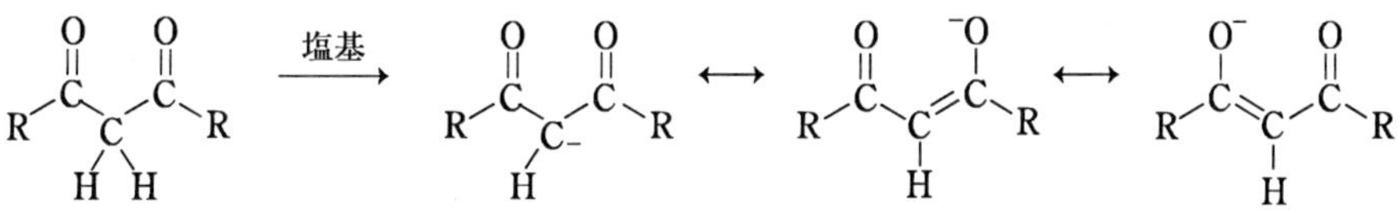

(1) マロン酸エステル合成 マロン酸ジエチルはナトリウムエトキシドによって，容易にエノラートイオンを生成し，ハロゲン化アルキルと速やかに反応して α-アルキル置換マロン酸エステルを与える．このとき，エステル基もエトキシドの求核攻撃を受けるが，見かけ上変化しないことに注意しよう（このため同じエチル基をもつエトキシドを用いている）．α-アルキル置換マロン酸エステルはもう一つの**活性水素**をもつため，さらに別のハロゲン化アルキルを作用させることで二つの異なる置換基を導入することができる．

得られた置換マロン酸エステルを酸加水分解したのち加熱すると，脱炭酸が起こり α 置換カルボン酸が得られる．脱炭酸は六員環遷移状態を経て進行すると考えられている．この方法を用いれば α 位にさまざまな置換基をもつカルボン酸を合成することができ，この方法を**マロン酸エステル合成**（malonic ester synthesis）という．

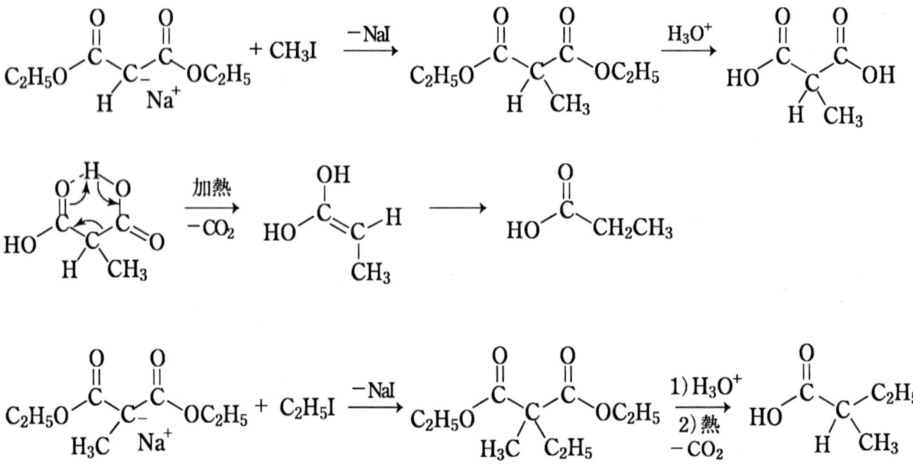

【例題7.4】 マロン酸ジエチルから2-メチル-3-フェニルプロピオン酸を合成したい．どのように合成したらよいか．

［解答］ マロン酸ジエチルをベンジル化，続いてメチル化した後，加水分解，脱炭酸することで合成できる．

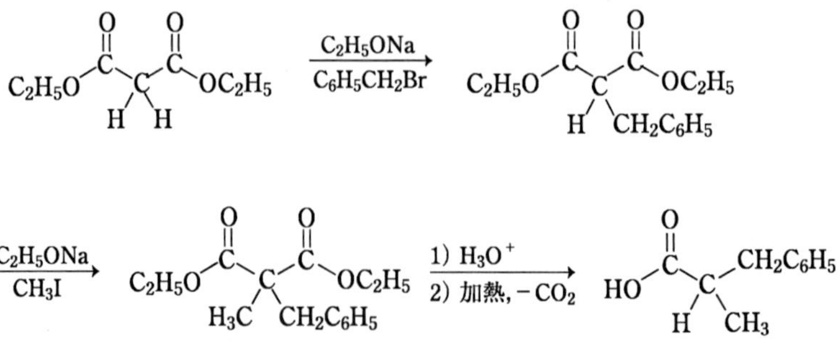

(2) アセト酢酸エステル合成 アセト酢酸エチルもマロン酸ジエチルと同様に，酸性度の高い活性メチレン水素をもつため，ナトリウムエトキシドによってエノラートイオンを生成する．様々なハロゲン化アルキルによってアルキル化を行ったのち，酸加水分解を行うと β-ケトカルボン酸が生成する．これも β-ジカルボン酸と同様に脱炭酸を起こし α-アルキル置換ケトンが生成する．この方法は**アセト酢酸エステル合成**（acetoacetic ester synthesis）とよばれ，様々な置換基をもった α-アルキル置換ケトンの合成に利用される．

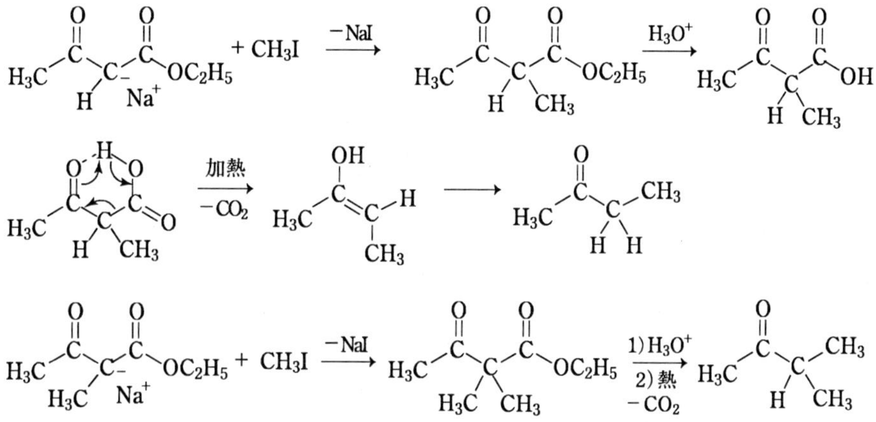

7.6 カルボニル縮合反応

a. アルドール反応

エノラートイオンが求核試薬としてアルデヒドやケトンへ付加すると，β-ヒドロキシカルボニル化合物が得られる．このような生成物をとくに**アルドール**（aldol）とよぶ．また，この反応を**アルドール反応**（aldol reaction）または**アルドール縮合反応**（aldol condensation reaction）という．アセトアルデヒドの例を以下に示す．同じ分子同士で片方が求核試薬，もう片方が求電子試薬として作用する．求核試薬の側からみると α 置換反応が起こり，求電子試薬の側からみれば求核付加が起こったことになる．

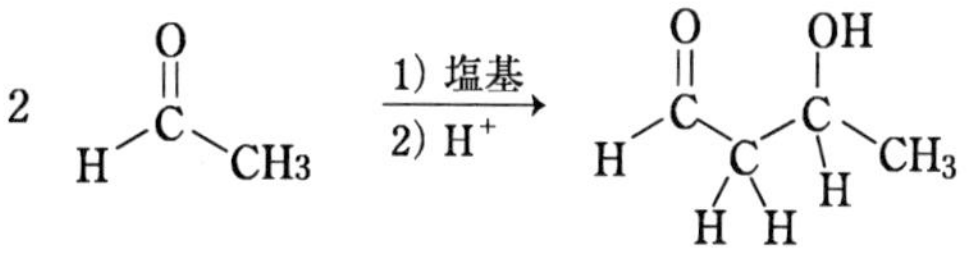

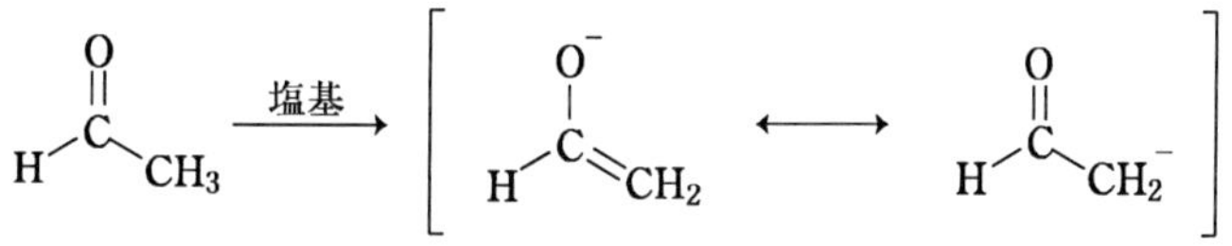

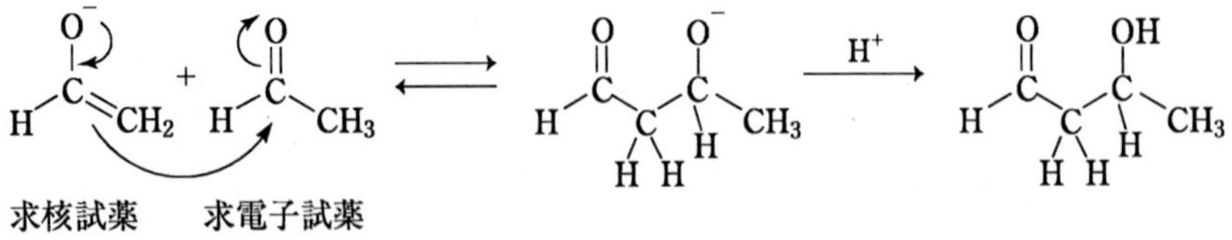

異なる基質同士の縮合は**交差アルドール反応**（crossed aldol condensation）とよばれる．この場合は以下のような4種の生成物が得られる．しかし，α水素をもたないアルデヒドを用いることで，生成物の複雑さを避けることができる．たとえば，ベンズアルデヒドにアセトアルデヒドを少しずつ加えることで，アセトアルデヒドの縮合を抑え，ケイ皮アルデヒドのみを得ることができる．この反応では，中間に生成するβ-ヒドロキシアルデヒドがさらに脱水していることに注意しよう．

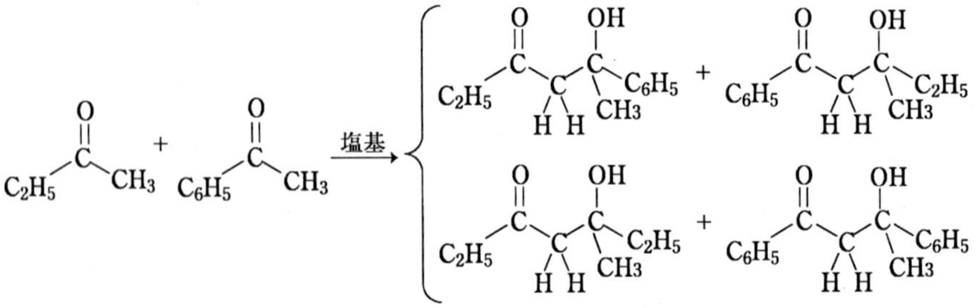

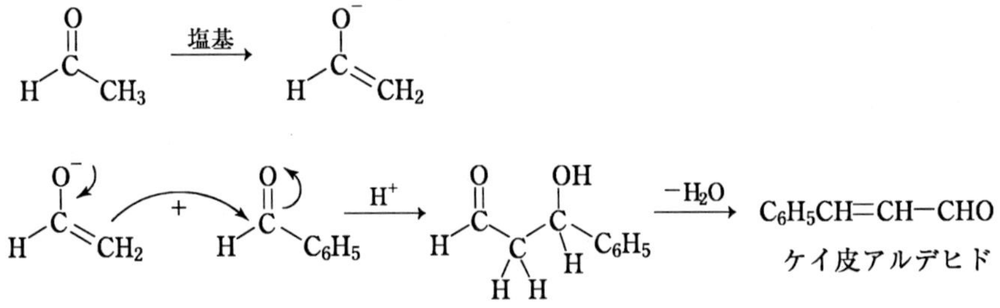

【例題7.5】 次の反応の生成物を示せ．

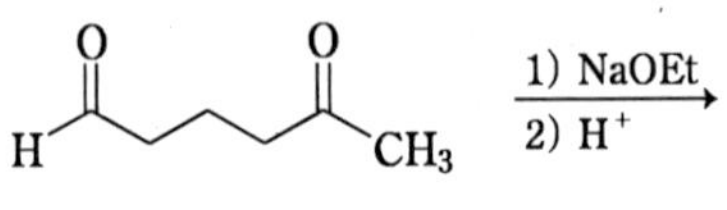

[解答] アセチル基からエノラートイオンが生成したのち，分子内でアルデヒドを攻撃し，六員環が生成する．そののち，脱水が起こることでシクロヘキセノンが生成する．ケトンやアルデヒドのメチレン側からも，エノラートイオンが生成し，カルボニル基への求核攻撃が起こる可能性があるが，エネルギー的に不利な四員環の遷移状態を通らなければならないため，六員環を

優先的に与える．

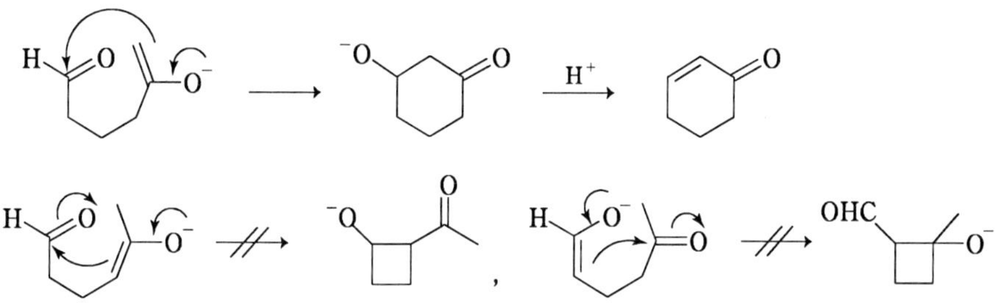

b. Knoevenagel 反応

マロン酸やマロン酸エステルは塩基存在下アルデヒドと縮合する．このような反応は **Knoevenagel 反応**（Knoevenagel reaction）とよばれる．得られた縮合物は加水分解ののち脱炭酸を起こし，共役カルボン酸を与える．ベンズアルデヒドを用いた場合はケイ皮酸を与える．

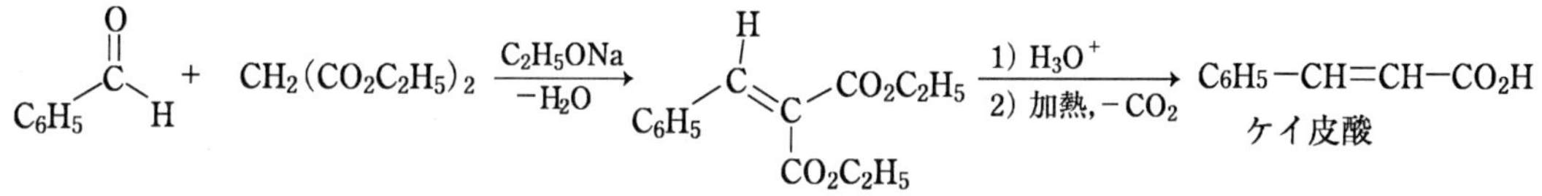

$$C_6H_5CHO + CH_2(CO_2C_2H_5)_2 \xrightarrow[-H_2O]{C_2H_5ONa} C_6H_5CH=C(CO_2C_2H_5)_2 \xrightarrow[2) 加熱, -CO_2]{1) H_3O^+} C_6H_5-CH=CH-CO_2H \text{ ケイ皮酸}$$

c. Claisen 縮合反応

エステルもケトンやアルデヒドと同様に縮合反応を起こす．しかし，この場合はアルドールではなく β-ジカルボニル化合物を与える．このような反応を **Claisen 縮合反応**（Claisen condensation reaction）とよぶ．酢酸エチルの Claisen 縮合反応ではアセト酢酸エチルが生成する．Claisen 縮合反応の機構はアルドール反応の機構に似ており，エステルから生成したエノラートイオンがもう一分子を求核攻撃する．アルドール縮合反応では求核付加によりアルドールが生成するが，Claisen 縮合反応では求核アシル置換反応が起こり β-ジカルボニル化合物を与える．エノラートから見れば α 置換反応であり，エステル側から見れば求核アシル置換反応が起こっている．反応は可逆的であるが，生成物の β-ジカルボニル化合物からプロトンが取れ安定なアニオンが生成するため，全体としては生成物側に平衡がずれる．

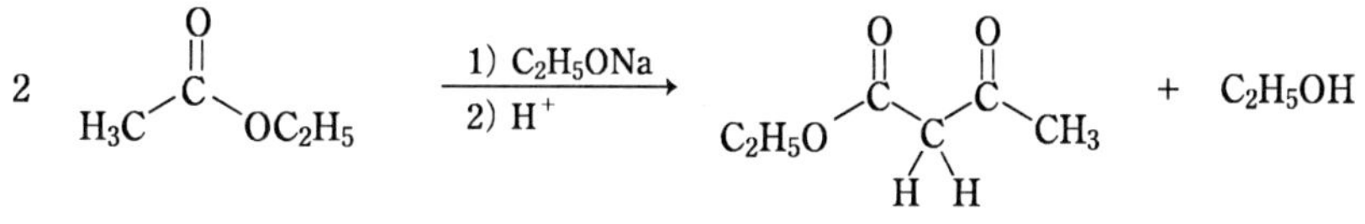

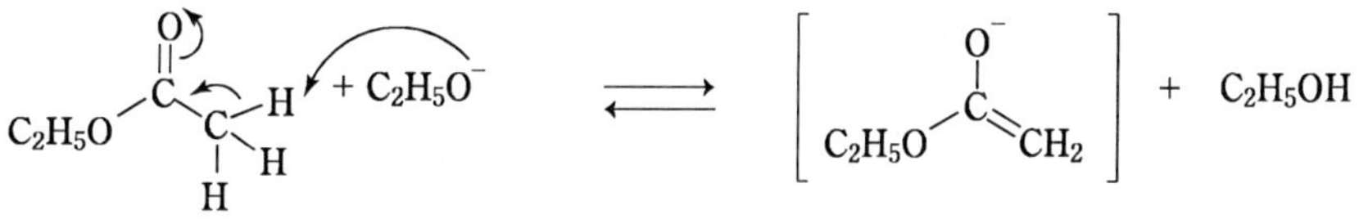

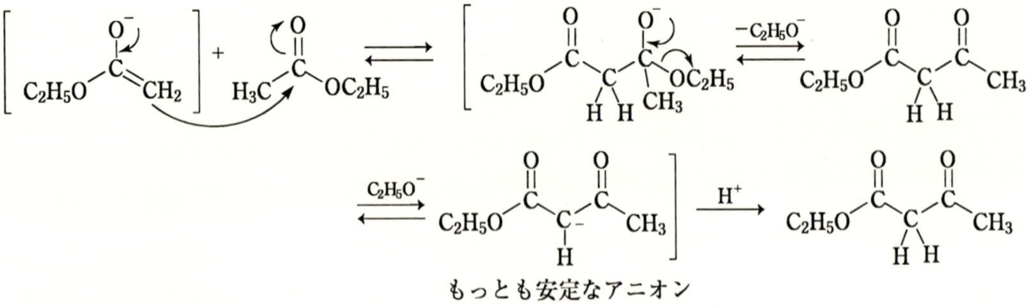

d. Dieckmann 反応

分子内に二つのエステル基をもつ場合，分子内で Claisen 縮合反応が起こり環状ケトンが生成する．この反応はとくに **Dieckmann 反応**（Dieckmann reaction）とよばれる．この反応では，長い鎖長をもつ場合には，分子間の反応が優先してしまうので，おもに五員環，六員環が生成する場合に限られる．

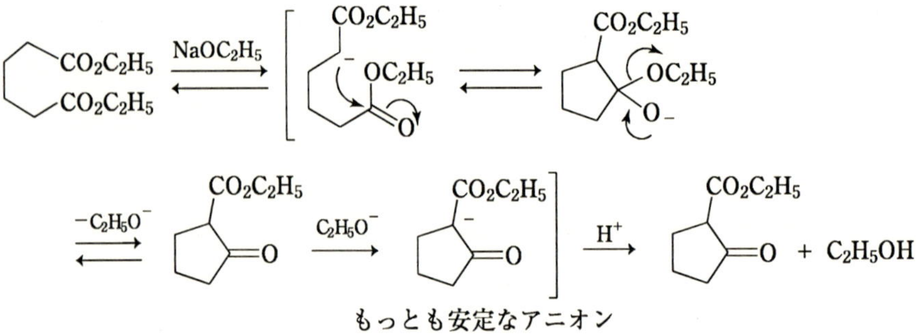

e. Perkin 反応

無水酢酸もエステルと同様に塩基によってエノラートイオンを生成する．これがアルデヒドと縮合する反応を **Perkin 反応**（Perkin reaction）という．ベンズアルデヒドとの縮合反応では，脱水と無水物の加水分解が起こりケイ皮酸が得られる．

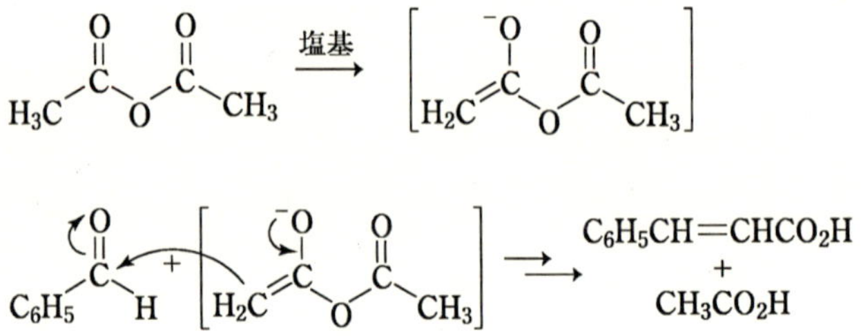

f. Mannich 反応

ホルムアルデヒドとアミンから生成するイミンあるいはイミニウムは，カルボニルと同様に求核攻撃を受け置換アミンを与える．とくに，エノールが攻撃し，β-アミノカルボニル化合物を与える反応を **Mannich 反応**（Mannich reaction）とよぶ．

アセトフェノン，ホルムアルデヒド，ジメチルアミンの3成分の反応では，以下のような中間体のイミニウムへのエノールの付加反応により β-ジメチルアミノプロピオフェノンが生成する．

$$C_6H_5COCH_3 + HCHO + (CH_3)_2NH \xrightarrow{HCl/EtOH} C_6H_5COCH_2CH_2N(CH_3)_2$$

アセトフェノン　　　　　　　　　　　　　　　β-ジメチルアミノプロピオフェノン

$$HCHO + (CH_3)_2NH \underset{H^+,-H_2O}{\rightleftharpoons} \left[\begin{array}{c} H_3C \overset{+}{N} CH_3 \\ H\,C\,H \end{array} \right]$$

$$C_6H_5COCH_3 \rightleftharpoons C_6H_5C(OH)=CH_2 \xrightarrow{-H^+} C_6H_5COCH_2CH_2N(CH_3)_2$$

7.7 α水素原子をもたないアルデヒドの反応

a. Cannizzaro 反応

α水素原子をもたないアルデヒドは，エノラートを生成しないため，通常のカルボニル縮合反応を起こさない．しかし，濃アルカリ溶液中で，ヒドリドイオンの移動による**不均化反応**（disproportionation）が起こり，カルボン酸とアルコールが1分子ずつ生成する．この反応を **Cannizzaro 反応**（Cannizzaro reaction）という．ベンズアルデヒドを用いた場合，安息香酸とベンジルアルコールが生成する．反応の機構は次のようである．

$$2 \; C_6H_5CHO \xrightarrow[2)\,H_3O^+]{1)\,OH^-} C_6H_5CO_2H + C_6H_5CH_2OH$$

ベンズアルデヒド　　　　　安息香酸　　　　ベンジルアルコール

ヒドロキシドイオンがカルボニル炭素を攻撃し，ヒドリドイオンが脱離すると同時に，もう1分子のアルデヒドに求核付加する．生成物のカルボン酸とアルコールは，アルデヒドがそれぞれ酸化および還元されたものに対応しているので，自己酸化還元反応といえる．

$$C_6H_5CHO + {}^-OH \rightleftharpoons \left[C_6H_5\underset{OH}{\overset{O^-}{C}}H \right] \xrightarrow{} C_6H_5COOH + C_6H_5CH_2O^-$$

$$\longrightarrow C_6H_5CO_2^- + C_6H_5CH_2OH$$

b. ベンゾイン縮合

シアン化物イオンを触媒として用いると，ベンズアルデヒドは2分子が縮合しベンゾインを与える．これを**ベンゾイン縮合**（benzoin condensation）という．ベンズアルデヒドにシアン化物イオンが作用すると付加体が得られるが，この中間体のメチン水素は酸性度が高いため，プロトン移動によりシアノ基とフェニル基によって安定化されたカルボアニオンに転位する．

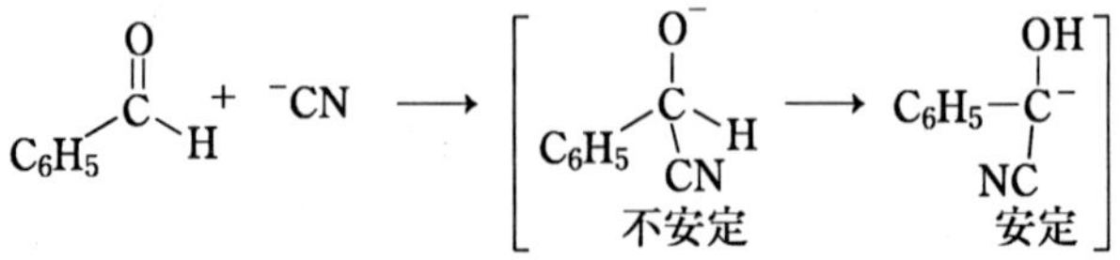

このカルボアニオンがもう一分子のアルデヒドを攻撃すると，2分子が付加した中間体が得られる．さらにヒドロキシ基のプロトン移動を経て，ベンゾインが生成するとともにシアン化物イオンが再生され，次の反応の触媒として使われる．

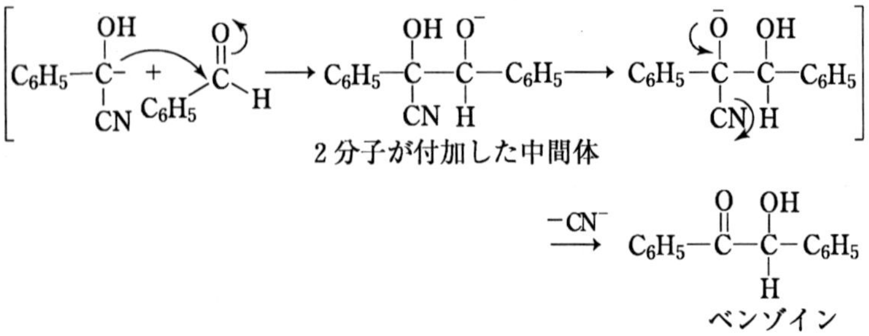

● 7章のまとめ

（1）求核付加反応

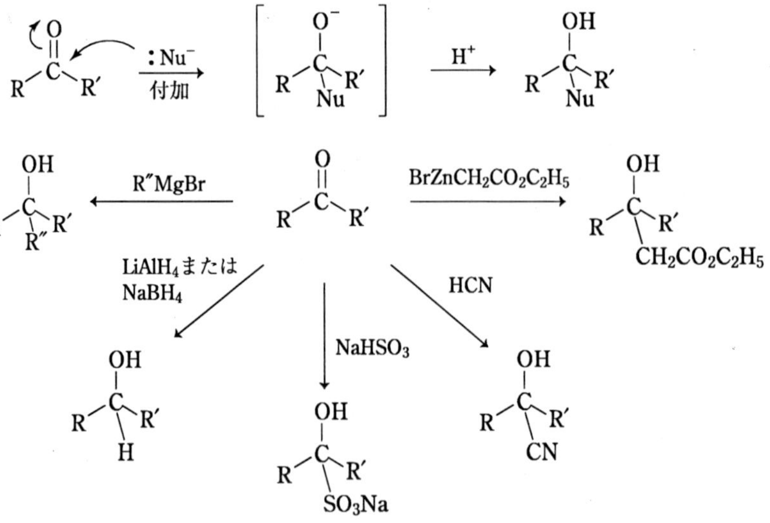

7章のまとめ

（2）求核付加-脱酸素反応

$$\underset{R}{\overset{O}{\underset{\|}{C}}}\underset{R'}{\overset{}{}} \xrightarrow[\text{付加}]{:Nu^-} \left[\underset{R}{\overset{O^-}{\underset{|}{C}}}\underset{R'}{\overset{Nu}{|}}\right] \xrightarrow{\text{脱酸素}} \underset{R}{\overset{Nu}{\underset{\|}{C}}}\underset{R'}{\overset{}{}} \xrightarrow[\text{付加}]{:Nu^-} \underset{R}{\overset{Nu}{\underset{|}{C}}}\underset{R'}{\overset{Nu}{|}}$$

脱酸素 → $\underset{R}{\overset{Nu}{\underset{\|}{C}}}\underset{CHR''}{}$

$\underset{R}{\overset{R''}{\underset{\|}{C}}}\underset{R'}{\overset{R''}{}} \xleftarrow{(C_6H_5)_3\overset{+}{P}-\overset{-}{C}R''_2} \underset{R}{\overset{O}{\underset{\|}{C}}}\underset{R'}{} \xrightarrow{R''\ddot{N}H_2} \underset{R}{\overset{NR''}{\underset{\|}{C}}}\underset{R'}{}$

$\downarrow 2R''OH \qquad\qquad \downarrow R''_2\ddot{N}H$

$\underset{R}{\overset{R''O\ \ OR''}{\underset{|\ \ \ \ |}{C}}}\underset{R'}{} \qquad\qquad \underset{R}{\overset{NR''_2}{\underset{\|}{C}}}\underset{CHR''}{}$

（3）求核アシル置換反応

$\underset{R}{\overset{O}{\underset{\|}{C}}}\underset{L}{} \xrightarrow{:Nu^-} \left[\underset{R}{\overset{O^-}{\underset{|}{C}}}\underset{Nu}{\overset{L}{|}}\right] \xrightarrow{-:L^-} \underset{R}{\overset{O}{\underset{\|}{C}}}\underset{Nu}{}$

$:Nu^- : RCOO^-, RO^-, RNH_2, H^-$ など　　$:L^-$: 脱離基

カルボン酸誘導体の反応性の序列：上位のものから下位のものに変換可能

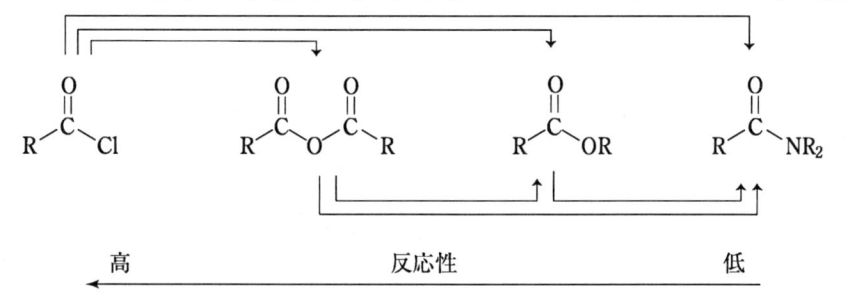

$\underset{R}{\overset{O}{\underset{\|}{C}}}\underset{Cl}{} \qquad \underset{R}{\overset{O}{\underset{\|}{C}}}\underset{O}{}\underset{R}{\overset{O}{\underset{\|}{C}}} \qquad \underset{R}{\overset{O}{\underset{\|}{C}}}\underset{OR}{} \qquad \underset{R}{\overset{O}{\underset{\|}{C}}}\underset{NR_2}{}$

高 ←――――― 反応性 ―――――→ 低

（4）α置換反応

$\underset{R}{\overset{O}{\underset{\|}{C}}}\underset{CH_3}{} \xrightarrow{\text{塩基}} \left[\underset{R}{\overset{O^-}{\underset{\|}{C}}}=CH_2\right] \xrightarrow{R'-X} \underset{R}{\overset{O}{\underset{\|}{C}}}\underset{CH_2R'}{}$

ハロゲン化

$\underset{R}{\overset{O}{\underset{\|}{C}}}\underset{CH_3}{} \xrightarrow{Br_2} \underset{R}{\overset{O}{\underset{\|}{C}}}\underset{CH_2Br}{} + HBr$

ハロホルム反応

$\underset{R}{\overset{O}{\underset{\|}{C}}}\underset{CH_3}{} \xrightarrow[X_2]{^-OH} \underset{R}{\overset{O}{\underset{\|}{C}}}\underset{CX_3}{} \xrightarrow{^-OH} \left[\underset{R}{\overset{O^-}{\underset{|}{C}}}\underset{OH}{\overset{CX_3}{|}}\right] \longrightarrow RCO_2^- + CHX_3$

マロン酸エステル合成

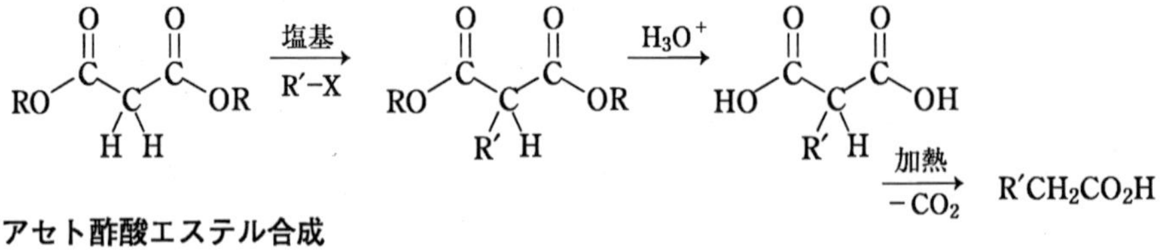

アセト酢酸エステル合成

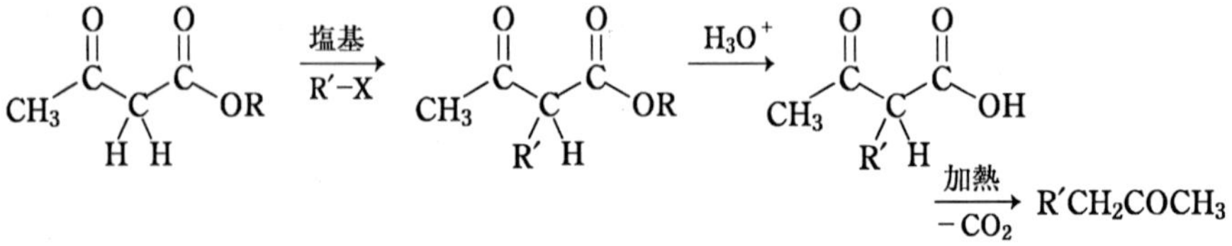

(5) カルボニル縮合反応

アルドール反応

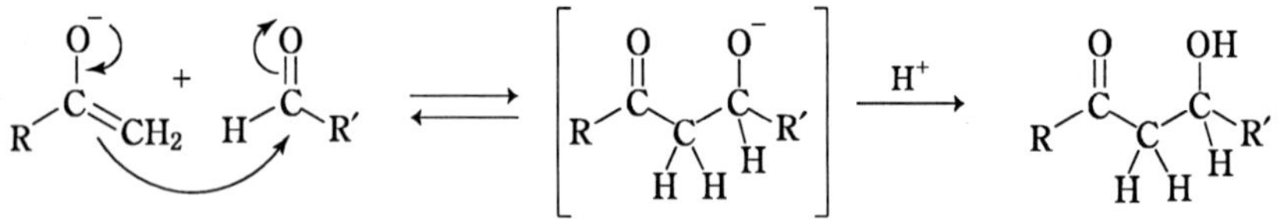

Knoevenagel 反応

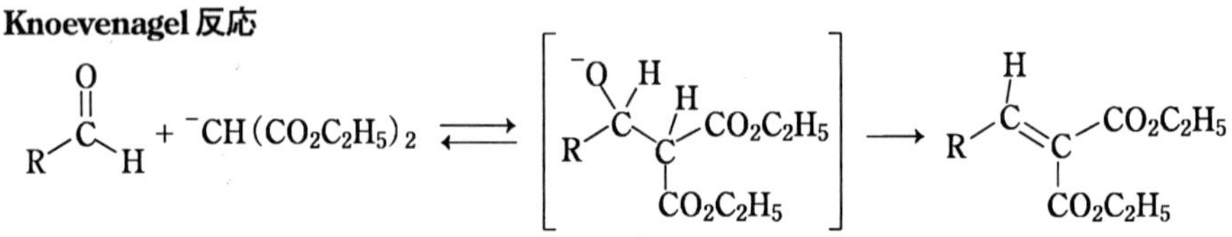

Claisen 縮合反応

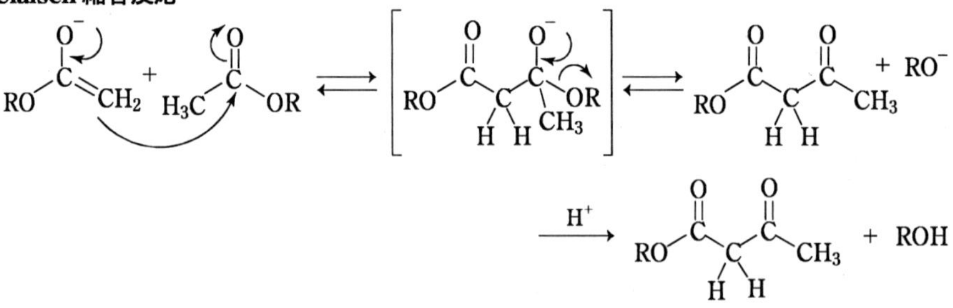

Dieckmann 反応

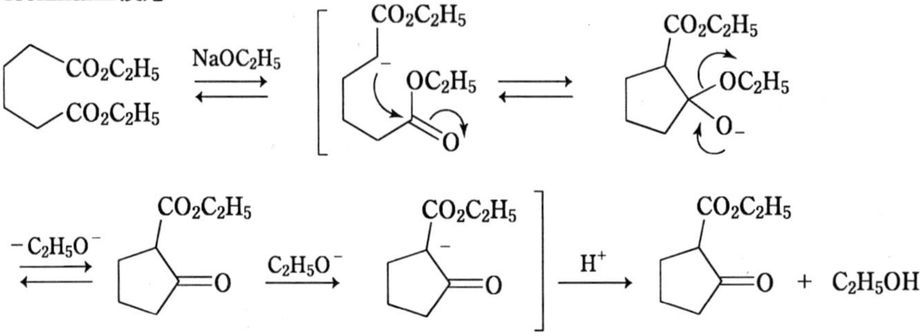

Perkin 反応

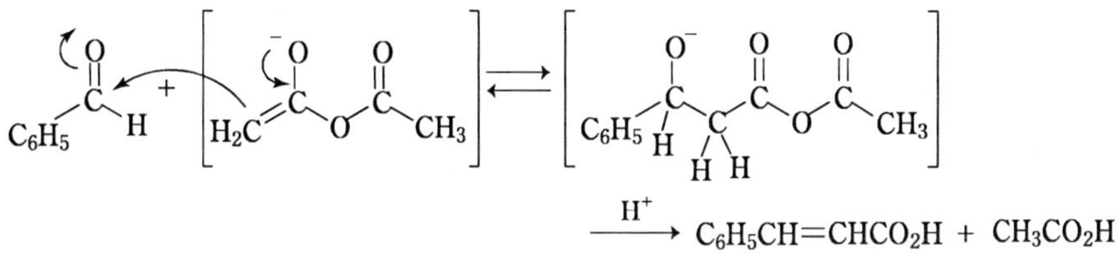

$$C_6H_5CH=CHCO_2H + CH_3CO_2H$$ (via H⁺)

Mannich 反応

$$R-CO-CH_2CH_2NR'_2$$

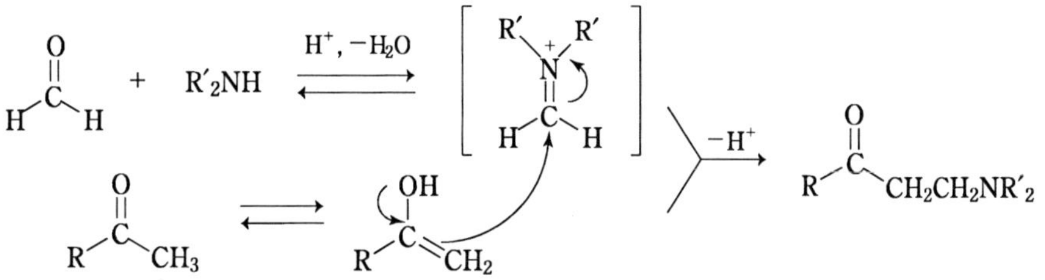

(6) α水素をもたないカルボニル化合物の反応

Cannizzaro反応

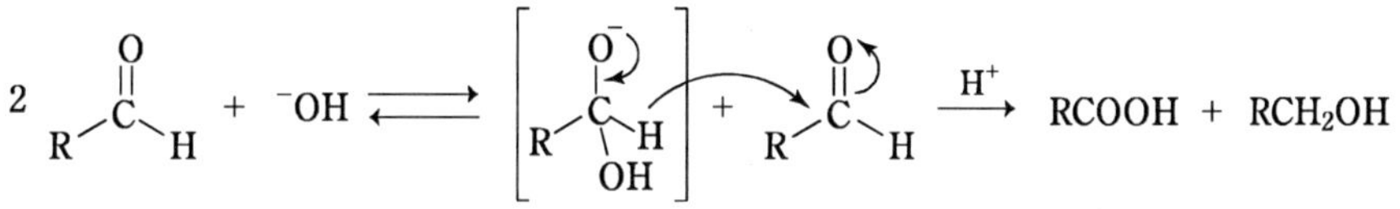

$$2\,RCHO + {}^-OH \longrightarrow RCOOH + RCH_2OH$$

ベンゾイン縮合

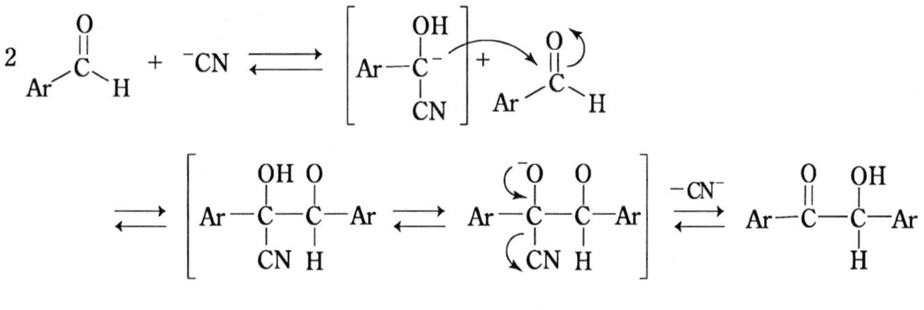

7章の問題

[7.1] Grignard 試薬を用いて，カルボニル化合物から次の化合物を合成する方法を示せ．
 (a) 1-メチルシクロヘキサノール
 (b) ベンジルアルコール
 (c) トリフェニルメタノール

[7.2] 酸塩化物を用いて次の化合物を合成する方法を示せ．
 (a) アセトフェノン，(b) 安息香酸エチル，(c) 酢酸フェニル，(d) ベンズアルデヒド

[7.3] 縮合反応を用いて次の化合物を合成する方法を示せ．
(a) $CH_3COCH_2CH(OH)C_6H_5$, (b) $C_6H_5COCH_2COCH_3$,
(c) $C_6H_5COCH(CH_3)COOC_2H_5$

[7.4] マロン酸エステル合成法を用いて次のカルボン酸を合成する方法を示せ．
(a) $C_3H_7CH(CH_3)COOH$, (b) 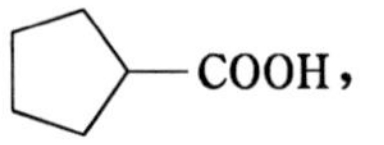 シクロペンチル–COOH,
(c) $C_6H_5CH_2CH_2COOH$

[7.5] 以下の反応の生成物を示せ．

(a) 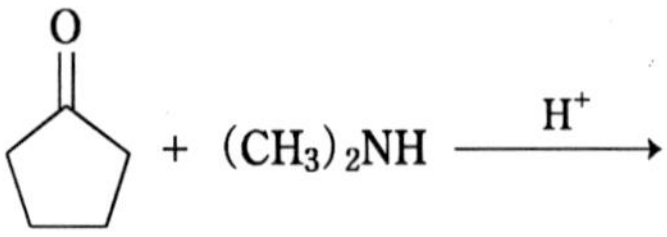 シクロペンタノン + $(CH_3)_2NH \xrightarrow{H^+}$

(b) $C_6H_5CHO + 2\ CH_3OH \xrightarrow{H^+}$

8 転位反応

● 8章で学習する目標

　　転位反応ではたくさんの人名反応があるが，その多くに共通している機構は，電子不足の不安定な中間体において，分子内のアルキル基またはアリール基が電子対をもって移動してより安定な生成物へと骨格が変化することである．電子の欠乏した炭素（カルボカチオンとカルベン），窒素（R_2N^+ とナイトレン），酸素（RO^+）への転位反応が，その共通した機構で進行することを理解する．

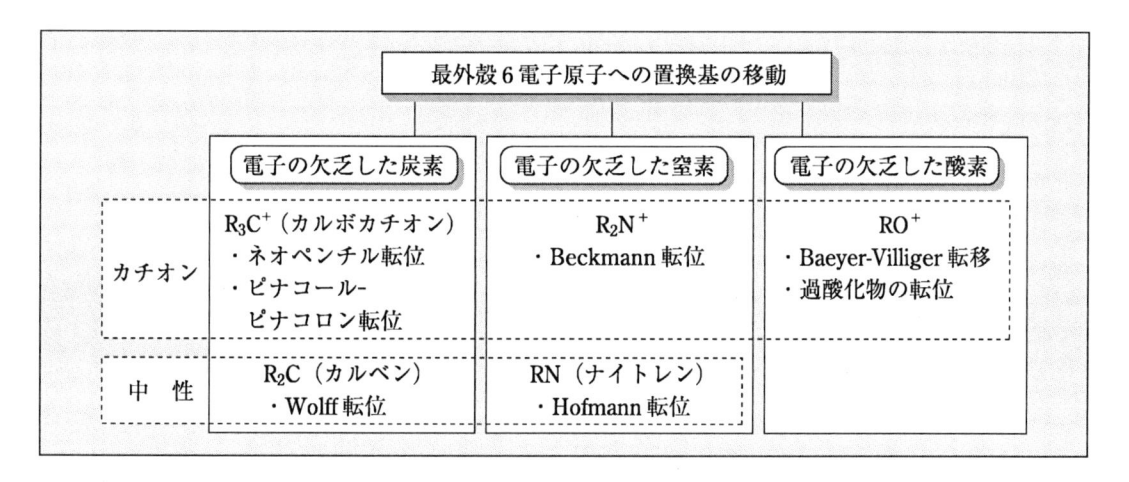

	最外殻6電子原子への置換基の移動		
	電子の欠乏した炭素	電子の欠乏した窒素	電子の欠乏した酸素
カチオン	R_3C^+（カルボカチオン） ・ネオペンチル転位 ・ピナコール-ピナコロン転位	R_2N^+ ・Beckmann 転位	RO^+ ・Baeyer-Villiger 転移 ・過酸化物の転位
中性	R_2C（カルベン） ・Wolff 転位	RN（ナイトレン） ・Hofmann 転位	

8.1 転位反応とは

　　反応の前後において，反応物の分子内で原子の結合位置が変わる反応を**転位反応**（rearrangement）という．「学習する目標」で述べたように，その多くはオクテット則を満たしていない最外殻6電子の原子へ電子対（2電子）をもったアルキル基またはアリール基が分子内で移動する．つまりオクテット則を満たすように分子内で骨格変化することが転位反応の推進力である．そのような最外殻6電子原子は炭素ではカルボカチオンとカルボカチオンより一つ価数の少ない中性のカルベン，窒素では R_2N^+ とこれより一つ価数の少ない中性の

$$R:\overset{+}{\underset{R}{C}}:R \qquad R:\overset{+}{\underset{..}{N}}:R \qquad R:\overset{..}{\underset{..}{O}}{}^{+}$$

カルボカチオン

$$R:\overset{..}{C}:R \qquad R:\overset{..}{N}:$$

カルベン　　　　　　ナイトレン

図 8.1　最外殻 6 電子原子

ナイトレン,そして酸素では RO^+ がある(図 8.1).以下これらの中間体を経由する転位反応について説明する.

8.2　電子の欠乏した炭素への転位

a. Wagner-Meerwein 転位

　　塩化ネオペンチルを銀イオンの存在下 S_N1 反応に適する条件で加水分解すると,Cl が OH で置換されたネオペンチルアルコールは得られず,炭素骨格の変化した *tert*-アミルアルコールや 2-メチル-2-ブテンが得られる.

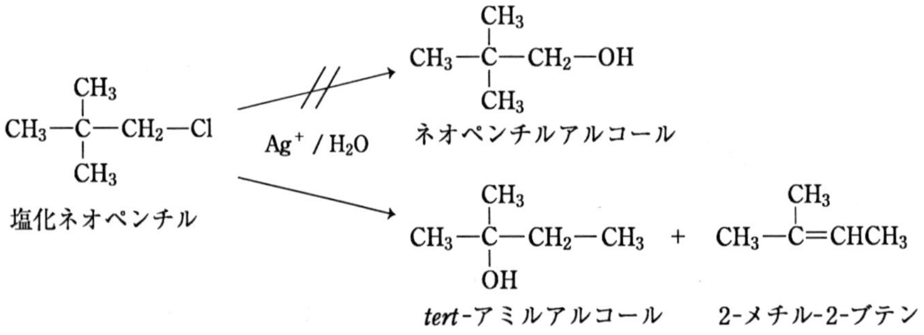

塩化ネオペンチル　$\xrightarrow{Ag^+/H_2O}$　ネオペンチルアルコール（×）／ *tert*-アミルアルコール ＋ 2-メチル-2-ブテン

　　これは最初に生成したカルボカチオンが第一級で不安定であるため,カチオンの隣の炭素に結合しているメチル基が電子対をもって移動し,安定な第三級カチオンを生成することに由来する.第三級カチオンに水が求核攻撃すると *tert*-アミルアルコールが,カチオンの β 位からプロトンが脱離すれば 2-メチル-2-ブテンが生成する.このようなカルボカチオンに基づいて炭素骨格が転位する反応は,総括的に **Wagner-Meerwein 転位**とよばれる.この中でも上記の例は,とくに**ネオペンチル転位**(neopentyl rearrangement)という.

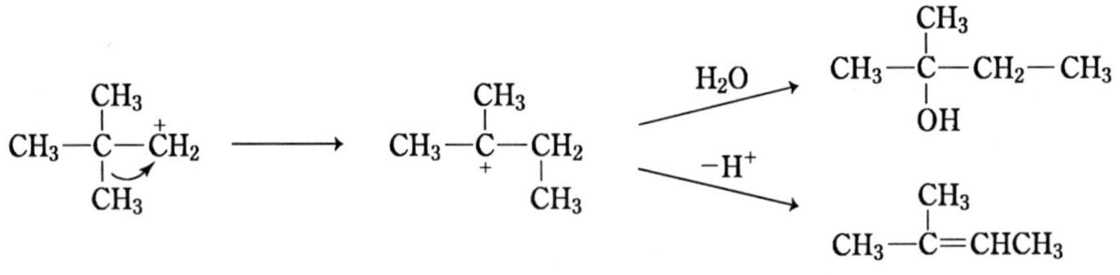

8.2 電子の欠乏した炭素への転位

【発展】 炭化水素の転位

Wagner-Meerwein 型の転位は，末端オレフィンに酸を作用させても起こる．3,3-ジメチル-1-ブテンにプロトンが付加すると，ネオペンチル転位の場合と同様なカルボカチオンが生成し，カチオンの隣の炭素のメチル基が転位してより安定な第三級カルボカチオンが生成する．最後は Saytzeff 則に従ってプロトンが脱離して4置換オレフィンが生成する．

$$CH_3-\underset{\underset{CH_3}{|}}{\overset{\overset{CH_3}{|}}{C}}-CH=CH_2 \;\underset{}{\overset{H^+}{\rightleftarrows}}\; CH_3-\underset{\underset{CH_3}{|}}{\overset{\overset{CH_3}{|}}{C}}-\overset{+}{C}H-CH_3 \;\longrightarrow\; CH_3-\underset{\underset{CH_3}{|}}{\overset{\overset{CH_3}{|}}{\underset{+}{C}}}-CH-CH_3$$

3,3-ジメチル-1-ブテン

$$\overset{-H^+}{\rightleftarrows}\; CH_3-C=\underset{\underset{CH_3}{|}}{\overset{\overset{CH_3}{|}}{C}}-CH_3$$

b. ピナコール-ピナコロン転位

グリコールの一つであるピナコールは，酸触媒によって炭素骨格の変化したケトン，ピナコロンになる．ピナコールのヒドロキシ基にプロトンが付加して脱水すると，第三級のカルボカチオンが生成する．先の Wagner-Meerwein 型転位では第三級のカルボカチオンが生成するように転位が進行したが，ピナコール-ピナコロン転位では，この第三級カチオンに隣の炭素のメチル基が転位して，酸素の非結合電子対でさらに安定化されたカルボカチオンが生成する．最後はプロトンを失ってケトンとなる．

$$CH_3-\underset{\underset{OH}{|}}{\overset{\overset{CH_3}{|}}{C}}-\underset{\underset{OH}{|}}{\overset{\overset{CH_3}{|}}{C}}-CH_3 \;\overset{H^+}{\rightleftarrows}\; CH_3-\underset{\underset{OH}{|}}{\overset{\overset{CH_3}{|}}{C}}-\underset{\underset{H}{|}}{\overset{\overset{CH_3}{|}}{\underset{+O-H}{C}}}-CH_3 \;\overset{-H_2O}{\longrightarrow}\; CH_3-\underset{\underset{OH}{|}}{\overset{\overset{CH_3}{|}}{C}}-\underset{}{\overset{\overset{CH_3}{|}}{\underset{+}{C}}}-CH_3$$

ピナコール

$$\longrightarrow\; \left[\; \underset{\underset{:OH \; CH_3}{|}}{\overset{\overset{CH_3 \; CH_3}{|}}{\underset{+}{C}}}-C-CH_3 \;\longleftrightarrow\; \underset{\underset{+OH \; CH_3}{|}}{\overset{\overset{CH_3 \; CH_3}{|}}{C}}=C-CH_3 \;\right] \;\overset{-H^+}{\rightleftarrows}\; CH_3-\underset{\underset{O}{\|}}{C}-\underset{\underset{CH_3}{|}}{\overset{\overset{CH_3}{|}}{C}}-CH_3$$

共鳴安定化されたカルボカチオンが生成

ピナコロン

この反応では，転位する基は電子対をもったまま移動するので，カルボカチオンの隣の炭素に結合している基が異なる場合には，より求核的なもの，言い変えればより電子供与性の基のほうが転位する．たとえば，次式のようなピナコール転位ではフェニル基ではなく，p-メトキシフェニル基が転位する．これは CH₃O 基の電子供与効果のため，p-メトキシフェニル基のほうがフェニル基より求核的だからである．

種々の置換基について転位のしやすさ（転位能）をまとめると以下のようになる．

C_6H_5- > $(CH_3)_3C-$ > $(CH_3)_2CH-$ > CH_3CH_2- > CH_3- > $H-$

CH_3O–⟨Ph⟩– > CH_3–⟨Ph⟩– > ⟨Ph⟩–⟨Ph⟩– > Cl–⟨Ph⟩– > O_2N–⟨Ph⟩–

【例題8.1】 次の転位反応生成物を予想せよ．

(a) $C_6H_5-\underset{OH}{\underset{|}{\overset{CH_3}{\overset{|}{C}}}}-\underset{OH}{\underset{|}{\overset{CH_3}{\overset{|}{C}}}}-C_6H_5 \xrightarrow{H^+}$

(b) $C_6H_5-\underset{OH}{\underset{|}{\overset{C_6H_5}{\overset{|}{C}}}}-\underset{OH}{\underset{|}{\overset{CH_3}{\overset{|}{C}}}}-CH_3 \xrightarrow{H^+}$

[解答] (a) では転位能に従ってフェニル基が転位したケトンが生成する．(b) では二つのヒドロキシ基の環境が異なるので，まずどちらのヒドロキシ基から酸触媒によって脱水するかを考える．二つのフェニル基が結合している炭素のヒドロキシ基から脱水すると，二つのフェニル基によって共鳴安定化されたカルボカチオンが生成するので，これを経てメチル基の転位したケトンが生成する．

(a) $C_6H_5-\underset{OH}{\underset{|}{\overset{CH_3}{\overset{|}{C}}}}-\underset{OH}{\underset{|}{\overset{CH_3}{\overset{|}{C}}}}-C_6H_5 \xrightleftharpoons{H^+ / -H_2O} C_6H_5-\underset{OH}{\underset{|}{\overset{CH_3}{\overset{|}{C}}}}-\underset{+}{\overset{CH_3}{\overset{|}{C}}}-C_6H_5$

$\longrightarrow \overset{+}{C}\underset{OH}{\underset{|}{\overset{CH_3}{\overset{|}{}}}}-\underset{C_6H_5}{\underset{|}{\overset{CH_3}{\overset{|}{C}}}}-C_6H_5 \xrightleftharpoons{-H^+} CH_3-\underset{O}{\underset{\|}{C}}-\underset{C_6H_5}{\underset{|}{\overset{CH_3}{\overset{|}{C}}}}-C_6H_5$

8.2 電子の欠乏した炭素への転位

(b) 反応式 [ピナコール→カチオン→ピナコロン転位の図]

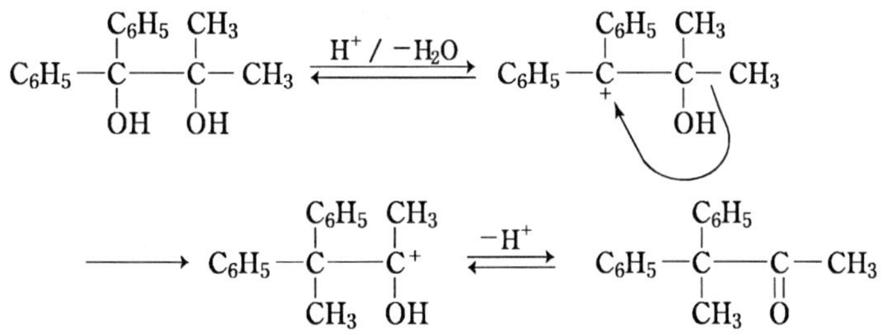

【発展】 ピナコール-ピナコロン転位の立体化学

二つのヒドロキシ基の一つを脱離能の高いメタンスルホン酸エステル（MsO）にすると，この基が Lewis 酸触媒存在下で脱離する．この場合隣の炭素のビニル基は MsO 基の脱離と同時に移動していると考えられる．なぜならば MsO 基の結合していた炭素において立体反転が起こり，ラセミ化は起こらないからである．つまり，反応中にカルボカチオンが，いったん平面構造をとっている時間がなかったことを意味する．むしろ反応は分子内 S_N2 置換反応のように背面からの攻撃が行われたと考えられる．

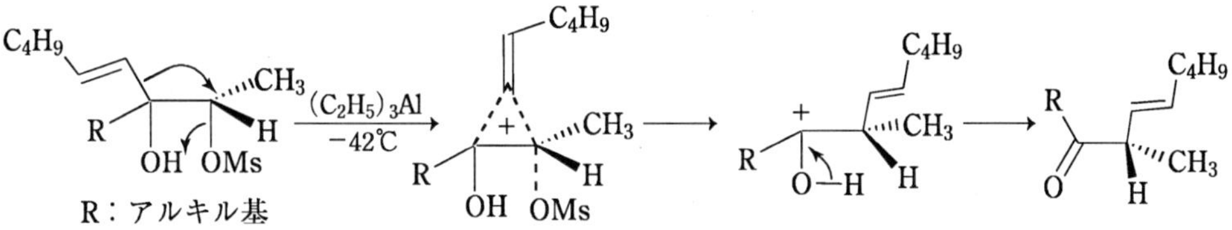

R：アルキル基
Ms：CH_3SO_2

c. Wolff 転位

電子不足の中間体としてカルベン（carbene）を経由する転位反応の一つに **Wolff 転位**がある．ジアゾケトンから窒素を失って発生したカルベンに電子対をもったアルキル基が転位し，反応性の高いケテンが生じる．この反応を水中で行うと水とケテンが反応してカルボン酸が得られる．アルコールまたはアミン中で行うと，それぞれエステルおよびアミドが得られる．

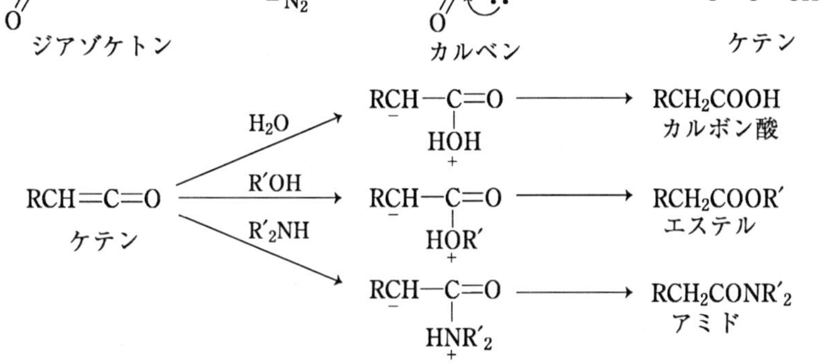

ジアゾケトン $\xrightarrow{Ag_2O,\ -N_2}$ カルベン $\longrightarrow$ ケテン

$RCH=C=O$ (ケテン)
- $\xrightarrow{H_2O}$ $RCH{-}C{=}O$ / $\overset{+}{H}OH$ $\longrightarrow$ RCH_2COOH カルボン酸
- $\xrightarrow{R'OH}$ $RCH{-}C{=}O$ / $\overset{+}{H}OR'$ $\longrightarrow$ RCH_2COOR' エステル
- $\xrightarrow{R'_2NH}$ $RCH{-}C{=}O$ / $\overset{+}{H}NR'_2$ $\longrightarrow$ $RCH_2CONR'_2$ アミド

ジアゾケトンは酸塩化物とジアゾメタン CH_2N_2 の反応で得られる．したがって水中でWolff転位を行って得られるカルボン酸は，もとの酸塩化物に対応するカルボン酸よりジアゾメタン1炭素だけ炭素数が多いカルボン酸である．このようにWolff転位を用いてカルボン酸の炭素鎖を一つ延ばす方法はArndt-Eistert法とよばれている．

$$R-\underset{\underset{O}{\|}}{C}-OH \xrightarrow{SOCl_2} R-\underset{\underset{O}{\|}}{C}-Cl \xrightarrow{CH_2N_2} R-\underset{\underset{O}{\|}}{C}-CH-N_2 \xrightarrow[-N_2]{Ag_2O} R-CH=C=O \xrightarrow{H_2O} R-CH_2-\underset{\underset{O}{\|}}{C}-OH$$

Wolff転位ではないが，2,2,2-トリフェニルジアゾエタンも加熱すると窒素を失ってカルベンが発生し，これにフェニル基が転位してトリフェニルエチレンを高収率で与える．

$$Ph-\underset{\underset{Ph}{|}}{\overset{\overset{Ph}{|}}{C}}-CH-\overset{+}{N}\equiv N \xrightarrow[加熱]{-N_2} Ph-\underset{\underset{Ph}{|}}{\overset{\overset{Ph}{|}}{C}}-\ddot{C}H \longrightarrow Ph-\underset{\underset{Ph}{|}}{\overset{\overset{Ph}{|}}{C}}=CH$$

2,2,2-トリフェニルジアゾエタン　　　　　　　　　　　　　　　トリフェニルエチレン

8.3　電子の欠乏した窒素への転位

前節ではカルボカチオンとカルベンへの転位について説明したが，窒素でも同様な電子不足種 R_2N^+ と $RN:$ （ナイトレン）への転位反応がある．

a．Beckmann転位

ケトンのオキシム（ケトキシム）に酸を作用させると，アルキル基またはアリール基が炭素から窒素に転位して N-置換アミドが生成する．

$$\underset{R}{\overset{R}{>}}C=N-OH \xrightarrow{H^+} R-\underset{\underset{O}{\|}}{C}-NH-R$$

アルコールに酸を作用させるとカルボカチオンが生成するのと同様に，オキシムに酸が働くと脱水後，窒素原子上にカチオンをもつ中間体ができ，電子の欠乏したこの窒素上へRまたはR′基が転位する．生成したカルボカチオンに水が反応してエノールとよく似た中間体が生成後，これが異性化してアミドが生成すると説明できる．

しかし，窒素原子上にカチオンをもつ中間体が安定に生成しているわけではなく，N-O結合の切断とRまたはR′基の転位が同時，または切断にすぐ続いて転位がきわめてすみやかに起こると考えてよい．その理由はBeckmann転位には以下に述べる立体特異性があるからである．

8.3 電子の欠乏した窒素への転位

$$\underset{\text{オキシム}}{\underset{R'}{\overset{R}{>}}C=N-OH} \;\rightleftharpoons\; \overset{H^+}{} \;\underset{R'}{\overset{R}{>}}C=\overset{+}{N}-OH_2 \;\rightleftharpoons\; \overset{-H_2O}{} \;\underset{R'}{\overset{R}{>}}C=\overset{+}{N}$$

$$\longrightarrow \;\underset{+}{\overset{R}{>}}C=N-R' \;\overset{H_2O}{\longrightarrow}\; \underset{\overset{+}{H}OH}{R-C=NR'} \;\overset{-H^+}{\longrightarrow}\; \underset{OH}{R-C=NR'} \;\longrightarrow\; \underset{O}{R-C-NHR'}$$

非対称ケトンのオキシムには二つの幾何異性体が存在する．このそれぞれが Beckmann 転位すると異なる置換アミドを与える．すなわち，転位する基は必ずヒドロキシ基に対してアンチの関係にある．

$$\underset{R'}{\overset{R}{>}}C=N\underset{OH}{\overset{OH}{\text{アンチ}}} \;\xrightarrow{H^+}\; \xrightarrow{H_2O}\; \underset{O}{\overset{R}{>}}C-NH-R'$$

$$\underset{R'}{\overset{R}{>}}C=N\underset{OH}{} \;\xrightarrow{H^+}\; \xrightarrow{H_2O}\; \underset{O}{\overset{R'}{>}}C-NH-R$$

Beckmann 転位において先に述べた窒素原子上にカチオンをもつ中間体がもし安定に存在するなら，上式の2種の幾何異性オキシムから同一の中間体が生成するから，この立体特異性は説明できない．したがって，転位基はオキシムのヒドロキシ基が水として離れる段階とほとんど同時に，ヒドロキシ基とは逆の方向から窒素に近づいて転位が進行すると考えられる．

$$\underset{R'}{\overset{R}{>}}C=N-OH \;\rightleftharpoons\; \overset{H^+}{} \;\underset{R'}{\overset{R}{>}}C=N-\overset{+}{O}H_2 \;\longrightarrow\; \underset{R'}{\overset{R}{>}}C=\underset{+}{N}-R' + H_2O$$

【例題 8.2】 次の転位反応生成物を予想せよ．

(a) 4-Cl-C$_6$H$_4$-C(=N-OH)-C$_6$H$_4$-4-CH$_3$ $\xrightarrow{H^+}$

(b) シクロヘキサノンオキシム $\xrightarrow{H^+}$

[解答] (a) 前節のピナコール-ピナコロン転位では，Cl-C$_6$H$_4$- の転位能が CH$_3$-C$_6$H$_4$- より低いことを学んだが，Beckmann 転位では置換基の転位能には関係なく，ヒドロキシ基のアンチ位の置換基が転位する．したがって，Cl-C$_6$H$_4$- が転位したアミドが生成する．

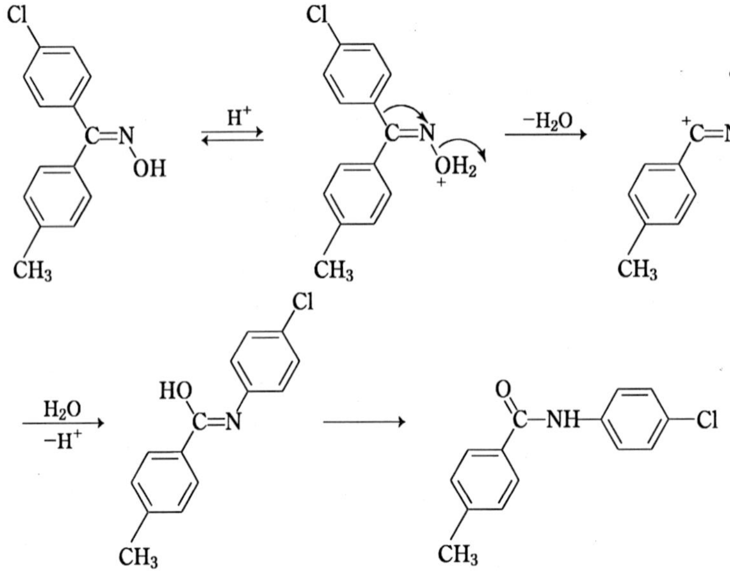

(b) 環状ケトンであるシクロヘキサノンのオキシムも同様に Beckmann 転位が進行して，環拡大が起こる．生成物は ε-カプロラクタムであり，これを重合させるとナイロン 6 が得られる．

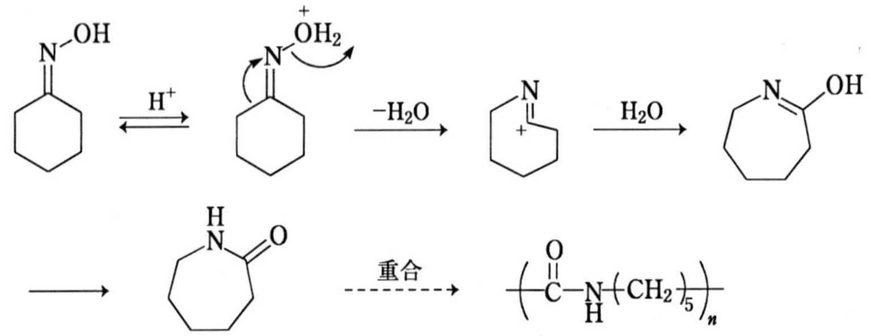

b．Hofmann 転位

酸アミドにアルカリ性でハロゲンを作用させると，カルボニル基が失われてアミンになる．

$$R-\overset{O}{\underset{}{C}}-NH_2 \xrightarrow{Br_2/OH^-} R-NH_2$$

この反応はまずハロホルム反応（7章）と同じように，塩基によってアミドの窒素からプロトンが引き抜かれてできたアニオンとハロゲンが反応して N-ハロゲンアミドが生成する．窒素上の水素はハロゲンの電子吸引効果によってもとのアミドの水素より酸性度が高く，さらにプロトンが引き抜かれてアニオンが生成する．このアニオンからハロゲン化物イオンが脱離すると，中性でありながら最外殻 6 電子の窒素原子をもつ中間体が生じる．これが**ナイトレン**

8.3 電子の欠乏した窒素への転位

(nitrene)であり，電子不足であるため隣の炭素からアルキル基またはアリール基が転位する．生成するのはイソシアナートであり，水と反応するとカルバミン酸を生じ，これが自然に脱炭酸してアミンを生成する．

$$R-\underset{\underset{O}{\|}}{C}-NH_2 \xrightarrow{-OH} R-\underset{\underset{O}{\|}}{C}-\bar{N}H \xrightarrow{Br_2} R-\underset{\underset{O}{\|}}{C}-NH-Br \xrightarrow{-OH} R-\underset{\underset{O}{\|}}{C}-\underset{\cdot\cdot}{\bar{N}}-Br$$

$$\xrightarrow{-Br^-} R-\underset{\underset{O}{\|}}{C}-\ddot{N}: \longrightarrow O=C=N-R \xrightarrow{H_2O} O=C=N-R \atop HOH$$
ナイトレン　　イソシアナート

$$\longrightarrow RNHCOH \longrightarrow RNH_2 + CO_2$$
カルバミン酸

　反応は一見複雑ではあるが，Hofmann 転位は前述の Wolff 転位の"窒素版"である．Wolff 転位では電子の不足した炭素原子カルベンが，Hofmann 転位では電子の不足した窒素原子ナイトレンが中間体である．また加水分解前の生成物は Wolff 転位ではケテンが，Hofmann 転位ではイソシアナートであり，中間体も生成物もいずれも C と N の違いだけである．

Wolff 転位　　$R-\underset{\underset{O}{\|}}{C}-CH-N_2 \xrightarrow{-N_2} R-\underset{\underset{O}{\|}}{C}-\ddot{C}H \longrightarrow O=C=CH-R$
　　　　　　　　　　　　　　　　　　　　　　カルベン　　　　　ケテン

Hofmann 転位　$R-\underset{\underset{O}{\|}}{C}-\bar{N}-Br \xrightarrow{-Br^-} R-\underset{\underset{O}{\|}}{C}-\ddot{N}: \longrightarrow O=C=N-R$
　　　　　　　　　　　　　　　　　　　　　　ナイトレン　　　　イソシアナート

【発展】 Curtius 転位と Lossen 転位

　Hofmann 転位に近い反応が二つある．酸アジドの Curtius 転位とヒドロキサム酸の Lossen 転位であり，いずれもアミンを生成する．機構も Hofmann 転位と同様にナイトレンに隣の炭素から置換基が転位してイソシアナートを生じる．

Curtius 転位

$$R-\underset{\underset{O}{\|}}{C}-NH-NH_2 \xrightarrow{NaNO_2/HCl} R-\underset{\underset{O}{\|}}{C}-\underset{\cdot\cdot}{\bar{N}}-\overset{+}{N}\equiv N$$
酸アジド

加熱 ↓ $-N_2$

$$R-\underset{\underset{O}{\|}}{C}-\ddot{N}: \longrightarrow O=C=N-R$$

Lossen 転位　↑ $-OH^-$

$$R-\underset{\underset{O}{\|}}{C}-NH-OH \xrightarrow{-OH} R-\underset{\underset{O}{\|}}{C}-\bar{N}-OH$$
ヒドロキサム酸

ボパールの事故

イソシアナートは反応性の高い試薬で，アルコールと反応させるとウレタンが生成する．工業的にもポリウレタンの製造に用いられている．しかし反応性が高い分，毒性の高いイソシアナートもある．

1984年12月3日，インドのボパールにある化学工場で1万ガロン（約38 kl）のメチルイソシアナートが入っている貯蔵タンクの漏洩が起きた．メチルイソシアナートはきわめて毒性の高い物質であり，ある殺虫剤の活性成分である1-ナフトールメチルカルバメートを製造するための試薬として使われていた．漏れたガス状のメチルイソシアナートの霧はボパールのスラム街をすっぽりと覆い，その結果，2000人以上の死者と，20万人以上の中毒患者を出し，歴史的にも最悪の化学事故となった．

漏洩は従業員の1人がたまたま誤ってタンクの中に注ぎ込んだ水によって化学反応が始まり，その反応熱でメチルイソシアナートが気化したためであった．このような事故も想定して二重，三重の安全装置が備え付けられていたが，いずれの装置も故障または停止していたため大惨事となった．

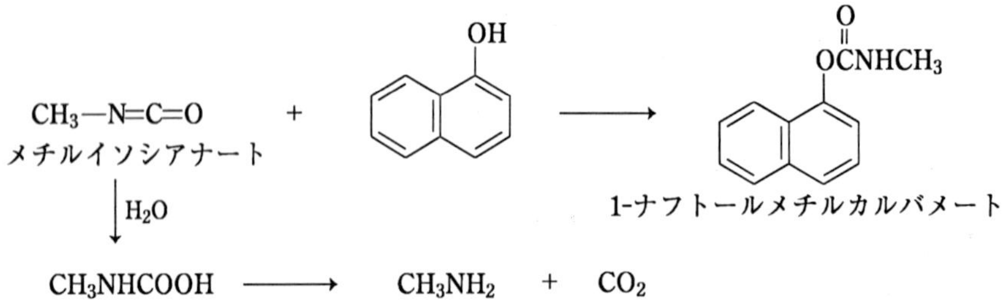

$CH_3-N=C=O$ (メチルイソシアナート) + 1-ナフトール → 1-ナフトールメチルカルバメート

↓ H_2O

$CH_3NHCOOH$ ⟶ CH_3NH_2 + CO_2

8.4 電子の不足した酸素への転位

これまでの炭素および窒素への転位反応と同じように，電子の不足した酸素 RO^+ への転位反応がある．しかし酸素の価数が2であることからカルベンやナイトレンに対応する中性の電子不足酸素種はない．

a．Baeyer-Villiger 酸化

ケトン類を過酸化水素または有機過酸と反応させるとエステルが生成する．

$$R-\overset{O}{\underset{\|}{C}}-R \xrightarrow{H_2O_2 \text{または} R-\overset{O}{\underset{\|}{C}}-OOH（過酸）} R-\overset{O}{\underset{\|}{C}}-OR$$

反応は次のように進行すると考えられている．最初に過酸がカルボニル基に付加し，次にカルボキシレートが脱離して RO^+ 型のカチオンが生成する．このカチオンに隣の炭素のR基が転位して，二つの酸素の非結合電子対で安定化されたカルボカチオンとなり，最後にプロトンを失ってエステルが生成する．

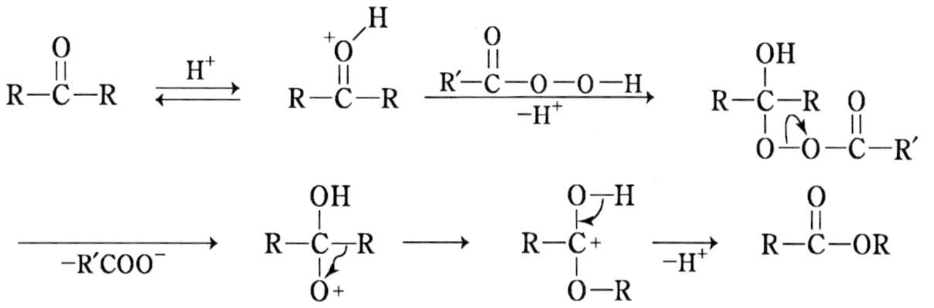

8.4 電子の不足した酸素への転位

RO$^+$ 型のカチオンは極めて不安定であることから，R 基の転位はおそらくカルボキシレートの脱離と同時に起こる協奏過程であると思われる．非対称ケトンが酸化されるときは，ピナコール-ピナコロン転位の場合と同様に，より求核性の高い，転位能の高い基が転位する．

【例題 8.3】 次の転位反応生成物を予想せよ．

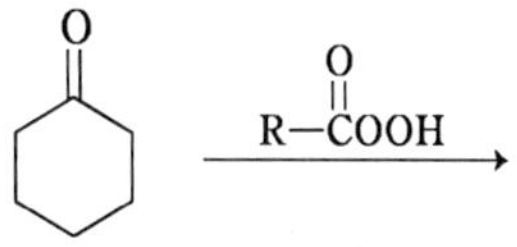

[解答] 環状ケトンでも Baeyer-Villiger 酸化は進行し，ε-カプロラクトンが生成する．

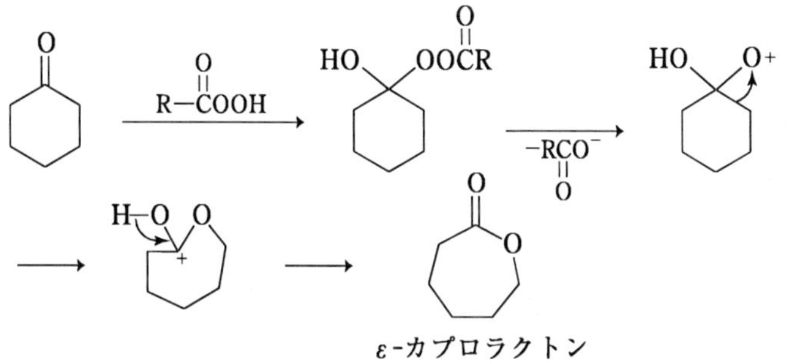

---

b．過酸化物の転位（クメン酸化）

イソプロピルベンゼン（クメン）の空気酸化で得られる過酸化物は，酸で処理することによりフェノールとアセトンが生成する．

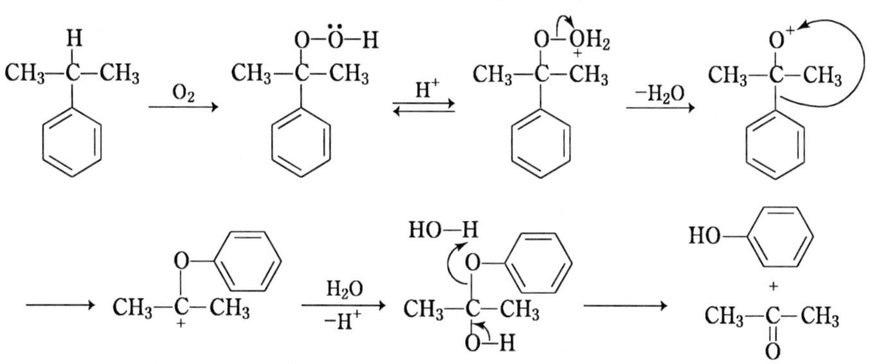

これはフェノールとアセトンの工業的製造法である．RO^+ 型のカチオンへ転位する基として CH_3 基と C_6H_5 基の二つの可能性があるが，Baeyer–Villiger 酸化の例題で述べたとおり，転位能の高い C_6H_5 基が移動する．しかし，この場合も RO^+ 型のカチオンは実在のものではなく，水の脱離とフェニル基の転位が同時に起こり，その結果生成したヘミアセタールが加水分解されて最終生成物を与える．

● 8章のまとめ

（1） Wagner-Meerwein 転位

$$CH_3-\underset{\underset{CH_3}{|}}{\overset{\overset{CH_3}{|}}{C}}-CH_2-Cl \longrightarrow CH_3-\underset{\underset{CH_3}{|}}{\overset{\overset{CH_3}{|}}{C}}-\overset{+}{C}H_2 \longrightarrow CH_3-\underset{\underset{CH_3}{|}}{\overset{\overset{CH_3}{|}}{\overset{+}{C}}}-CH_2 \xrightarrow[-H^+]{H_2O} \begin{array}{c} CH_3-\underset{\underset{OH}{|}}{\overset{\overset{CH_3}{|}}{C}}-CH_2-CH_3 \\ \\ CH_3-\underset{\underset{CH_3}{|}}{C}=CHCH_3 \end{array}$$

塩化ネオペンチル　　　　　　　　　　より安定なカルボカチオンが生成

（2） ピナコール-ピナコロン転位

ピナコール → (プロトン化) → (−H₂O) → 共鳴安定化されたカルボカチオンが生成 → (−H⁺) → ピナコロン

（3） Wolff 転位

ジアゾケトン $\xrightarrow[-N_2]{Ag_2O}$ カルベン $\longrightarrow$ ケテン

$RCH=C=O$ (ケテン)
- $+ H_2O \longrightarrow RCH-C=O$ (HOH) $\longrightarrow RCH_2COOH$ カルボン酸
- $+ R'OH \longrightarrow RCH-C=O$ (HOR') $\longrightarrow RCH_2COOR'$ エステル
- $+ R'_2NH \longrightarrow RCH-C=O$ (HNR'_2) $\longrightarrow RCH_2CONR'_2$ アミド

（4） Beckmann 転位

$$\underset{\underset{\text{オキシム}}{R'}}{\overset{R}{C}}=N-OH \; \underset{\longleftarrow}{\overset{H^+}{\longrightarrow}} \; \underset{R'}{\overset{R}{C}}=\overset{+}{N}-OH_2 \; \underset{\longleftarrow}{\overset{-H_2O}{\longrightarrow}} \; \underset{R'}{\overset{R}{\overset{+}{C}}}=N-R' \; \overset{H_2O}{\longrightarrow}$$

-OHのアンチ位のR'が転位

$$R-\underset{\overset{+}{HOH}}{C}=NR' \; \overset{-H^+}{\longrightarrow} \; R-\underset{OH}{C}=NR' \; \longrightarrow \; R-\underset{O}{C}-NHR'$$

（5） Hofmann 転位

$$R-\overset{O}{\underset{\|}{C}}-NH_2 \; \overset{-OH}{\longrightarrow} \; R-\overset{O}{\underset{\|}{C}}-\bar{N}H \; \overset{Br_2}{\longrightarrow} \; R-\overset{O}{\underset{\|}{C}}-NH-Br \; \overset{-OH}{\longrightarrow} \; R-\overset{O}{\underset{\|}{C}}-\ddot{\bar{N}}-Br \; \overset{-Br^-}{\longrightarrow}$$

$$\underset{\text{ナイトレン}}{R-\overset{O}{\underset{\|}{C}}-\ddot{\ddot{N}}} \longrightarrow \underset{\text{イソシアナート}}{O=C=N-R} \overset{H_2O}{\longrightarrow} O=C-N-R \longrightarrow RNHCOH \longrightarrow RNH_2 + CO_2$$

（6） Baeyer-Villiger 酸化

$$R-\overset{O}{\underset{\|}{C}}-R \; \underset{\longleftarrow}{\overset{H^+}{\longrightarrow}} \; R-\overset{\overset{+}{O}H}{\underset{\|}{C}}-R \; \overset{R'-\overset{O}{\underset{\|}{C}}-O-O-H}{\underset{-H^+}{\longrightarrow}} \; R-\underset{\underset{|}{O-O-\overset{O}{\underset{\|}{C}}-R'}}{\overset{OH}{\underset{|}{C}}}-R$$

$$\overset{-R'COO^-}{\longrightarrow} \; R-\underset{\overset{+}{O}}{\overset{OH}{\underset{|}{C}}}-R \; \longrightarrow \; R-\underset{O-R}{\overset{\overset{H}{O}}{\underset{|}{\overset{+}{C}}}} \; \overset{-H^+}{\longrightarrow} \; R-\overset{O}{\underset{\|}{C}}-OR$$

（7） 過酸化物の転位

8章の問題

[8.1] 次の反応生成物は何か．

$$\underset{\underset{C_6H_5}{|}}{\overset{\overset{H}{|}}{CH_3-C}}-\overset{O}{\underset{\|}{C}}-Cl \; \overset{CH_2N_2}{\longrightarrow} \; \overset{Ag_2O}{\underset{H_2O}{\longrightarrow}}$$

[8.2] 次の合成の経路を考えよ．

(a) C$_6$H$_5$-CO$_2$H ⟶ 3-ブロモアニリン (m-Br-C$_6$H$_4$-NH$_2$)

(b) C$_6$H$_5$-CO$_2$H ⟶ C$_6$H$_5$-CH$_2$CO$_2$H

(c) CH$_3$O-C$_6$H$_4$-Br ⟶ CH$_3$O-C$_6$H$_4$-N=C=O

(d) 無水フタル酸 ⟶ アントラニル酸 (2-アミノ安息香酸)

[8.3] 次の反応生成物は何か．

(a) $\mathrm{CH_3-\underset{CH_3}{\overset{CH_3}{C}}-\underset{OH}{CH}CH_3} \xrightarrow{H_2SO_4}$

(b) $\mathrm{\underset{NH_2}{\overset{CO_3H}{C_6H_4}}}$ + C$_6$H$_5$-CO-C$_6$H$_4$-OCH$_3$ $\xrightarrow{H^+}$

(c) $\mathrm{CH_3-\underset{CH_3}{\overset{OH}{C}}-\underset{CH_3}{\overset{Cl}{C}}-CH_3} \xrightarrow{Ag^+}$

(d) サリチルアルデヒド (2-HO-C$_6$H$_4$-CHO) $\xrightarrow{H_2O_2/NaOH}$

[8.4] 次の反応の機構を推定せよ．

(a) $\mathrm{CH_3-\underset{CH_3}{\overset{CH_3}{C}}-\underset{O}{C}-\underset{CH_3}{\overset{CH_3}{C}}-CH_3} \xrightarrow{H_2SO_4} \mathrm{CH_3-\overset{O}{C}-\underset{CH_3}{\overset{CH_3}{C}}-CH_3}$

(b) $\mathrm{C_6H_5-\underset{N-OH}{C}-\underset{OH}{CH}C_6H_5} \xrightarrow{C_6H_5SO_2Cl/塩基}$ C$_6$H$_5$-NC + C$_6$H$_5$CHO
フェニルイソニトリル

9 ラジカル，カルベン，ナイトレンの反応

● 9章で学習する目標

これまで述べてきたほとんどの反応は，共有結合がイオン開裂によって生成したカルボカチオンとカルボアニオンを含んでいた．有機反応ではこれらイオン種以外に中性でありながらオクテット則が満たされていない反応中間体がある．これがラジカル，カルベン，ナイトレンである．これらの発生法と反応について理解する．

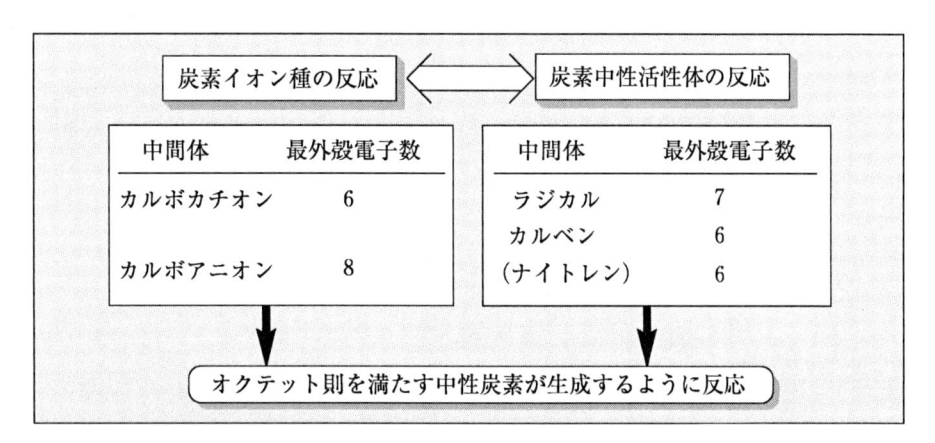

炭素イオン種の反応	⟺	炭素中性活性体の反応

中間体	最外殻電子数
カルボカチオン	6
カルボアニオン	8

中間体	最外殻電子数
ラジカル	7
カルベン	6
（ナイトレン）	6

↓　　　　　　　　　↓

オクテット則を満たす中性炭素が生成するように反応

9.1　ラジカルの性質と安定性

共有結合がホモリシスすると不対電子を持った中間体，すなわちラジカルを与える．たとえば，ヘキサフェニルエタンは無極性の溶媒中では常温でもホモリシスしてトリフェニルメチルラジカルを与える．

$$(C_6H_5)_3C-C(C_6H_5)_3 \rightleftharpoons (C_6H_5)_3C\cdot + \cdot C(C_6H_5)_3$$
トリフェニルメチルラジカル

これはトリフェニルメチルラジカルが図9.1のような共鳴構造式で表せるように，著しく安定化されているためである．

一般のラジカル反応の中間体として生じるラジカルは，トリフェニルメチルラジカルより不安定である．比較的単純なアルキルラジカルの安定性の順は相

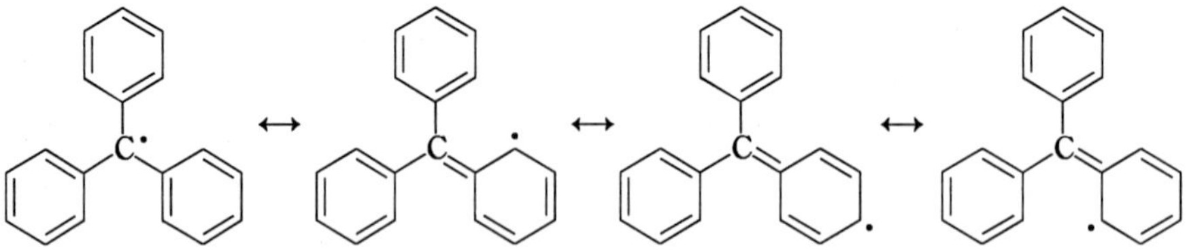

図 9.1 トリフェニルメチルラジカルの共鳴構造式

当するカルボカチオンと同じである（3.5節参照）.

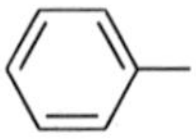

$$\text{C}_6\text{H}_5-\dot{\text{C}}\text{H}_2 > \text{CH}_2=\text{CH}-\dot{\text{C}}\text{H}_2 > \text{R}_3\dot{\text{C}} > \text{R}_2\dot{\text{C}}\text{H} > \text{R}\dot{\text{C}}\text{H}_2 > \dot{\text{C}}\text{H}_3$$

【発展】 capto-dative 効果

炭素ラジカルは最外殻に七つの電子をもつので，カルボカチオン（最外殻6電子）とカルボアニオン（最外殻8電子）の中間に位置する化学種と考えられる．カルボカチオンは電子供与性基によって，カルボアニオンは電子求引性基によって安定化されることから，炭素ラジカルは電子供与性基と電子求引性基を合わせもつと安定化される．このようなラジカルの安定化を capto-dative 効果，または push-pull 効果という．

$$\text{EDG} \rightarrow \dot{\text{C}}\text{H} \rightarrow \text{EWG}$$
安定

EDG：電子供与性基（electron-donating group）
EWG：電子求引性基（electron-withdrawing group）

9.2 ラジカルの生成

a. 熱 分 解

酸素-酸素結合や金属-酸素結合などのように比較的弱い結合を含む化合物は，熱することによって比較的容易にホモリシスしてラジカルを発生する．たとえば過酸化ベンゾイルやテトラエチル鉛は次のように分解する．

$$\text{C}_6\text{H}_5-\underset{\underset{\text{O}}{\|}}{\text{C}}-\text{O}-\text{O}-\underset{\underset{\text{O}}{\|}}{\text{C}}-\text{C}_6\text{H}_5 \xrightarrow{\text{加熱}} 2\,\text{C}_6\text{H}_5-\underset{\underset{\text{O}}{\|}}{\text{C}}-\text{O}\cdot \longrightarrow 2\,\text{C}_6\text{H}_5\cdot + 2\,\text{CO}_2$$
過酸化ベンゾイル

$$(\text{CH}_3\text{CH}_2)_4\text{Pb} \xrightarrow{\text{加熱}} \text{Pb} + 4\,\text{CH}_3\text{CH}_2\cdot$$
テトラエチル鉛

アゾ化合物も熱分解により窒素を放出して，ラジカルを発生する．過酸化ベンゾイルや下式の 2,2′-アゾビスイソブチロニトリルは後述するラジカル付加重合のラジカル発生剤（開始剤）としてよく用いられる．

$$\underset{\text{CN}}{\overset{\text{CH}_3}{\text{CH}_3-\text{C}}}\!\!\!\!\!\!-\text{N}=\text{N}-\underset{\text{CN}}{\overset{\text{CH}_3}{\text{C}-\text{CH}_3}} \xrightarrow{\text{加熱}} 2\,\underset{\text{CN}}{\overset{\text{CH}_3}{\text{CH}_3-\text{C}\cdot}} + \text{N}_2$$
2,2′-アゾビスイソブチロニトリル

b. 光分解

アゾ化合物や過酸化物は光（紫外または可視）を照射することによってもラジカルに分解する．ケトンやヨウ化メチルも光分解してラジカルを生じる．

$$CH_3-\underset{\underset{O}{\|}}{C}-CH_3 \xrightarrow{光} CH_3\cdot + \cdot\underset{\underset{O}{\|}}{C}-CH_3 \longrightarrow 2\,CH_3\cdot + CO$$

$$CH_3I \xrightarrow{光} CH_3\cdot + I\cdot$$

もう一つの古典的な例は，分子状塩素の光による塩素原子への分解である．これは後述する光触媒塩素化反応の第1段階をなすものである．

$$Cl_2 \xrightarrow{光} 2\,Cl\cdot$$

c. 電気分解

Kolbeの電気化学的炭化水素合成法では，カルボキシレートアニオンは陽極で電子を失い，カルボキシルラジカルを生じる．このラジカルはすみやかに脱炭酸されてアルキルラジカルとなり，これが二量化して炭化水素が生成する．

$$2\,R-\underset{\underset{O}{\|}}{C}-O^- \xrightarrow{-2e^-} 2\,R-\underset{\underset{O}{\|}}{C}-O\cdot \xrightarrow{-2CO_2} 2\,R\cdot \longrightarrow R-R$$

酸性の水溶液中でケトンを電解すると，1電子還元されてラジカルアニオンを生じ，これが二量化してピナコールを生成する．

$$2\,CH_3-\underset{\underset{O}{\|}}{C}-CH_3 \xrightarrow{+2e^-} 2\,CH_3-\underset{\underset{O^-}{|}}{\overset{\cdot}{C}}-CH_3 \longrightarrow$$
ラジカルアニオン

$$CH_3-\underset{\underset{O^-}{|}}{\overset{\overset{CH_3}{|}}{C}}-\underset{\underset{O^-}{|}}{\overset{\overset{CH_3}{|}}{C}}-CH_3$$

$$\xrightarrow{H^+} CH_3-\underset{\underset{OH}{|}}{\overset{\overset{CH_3}{|}}{C}}-\underset{\underset{OH}{|}}{\overset{\overset{CH_3}{|}}{C}}-CH_3$$
ピナコール

9.3 ラジカルの反応

カルボカチオンやカルボアニオンと同じように，ラジカルは置換，付加，および転位反応をする．それ以外に反応性の高いラジカル特有の反応があるのでそれらを先に学ぼう．

a. 分解

ある種のラジカルはより安定なラジカルと安定な分子に分解する．9.2節a.で述べたように過酸化ベンゾイルから発生するベンゾイルオキシラジカルはフェニルラジカルと二酸化炭素に分解する．また，過酸化ジ-*tert*-ブチルの熱分解で

生成する *tert*-ブトキシラジカルは，メチルラジカルとアセトンに分解する．

$$CH_3-\underset{\underset{CH_3}{|}}{\overset{\overset{CH_3}{|}}{C}}-O-O-\underset{\underset{CH_3}{|}}{\overset{\overset{CH_3}{|}}{C}}-CH_3 \xrightarrow{加熱} 2\ CH_3-\underset{\underset{CH_3}{|}}{\overset{\overset{CH_3}{|}}{C}}-O\cdot \longrightarrow 2\ CH_3-\underset{\underset{CH_3}{|}}{C}=O + 2\ CH_3\cdot$$

過酸化ジ-*tert*-ブチル　　　　　　　　　　*tert*-ブトキシラジカル

b. 会合と不均化

　　カルボカチオンやカルボアニオンはそれぞれ同じ活性種とは反応しないが，ラジカルは中性であり，1電子少ないので，2個のラジカルが互いに結合して安定な共有結合をつくることができる．これを**会合** (combination) とよぶ．前述の Kolbe の炭化水素合成法の最終段階は会合である．

　　2個のラジカル間で水素原子などの授受が行われると不均化が起こり，それぞれ異なる分子を生じる．

$$2\ RCH_2CH_2\cdot \begin{cases} \longrightarrow RCH_2CH_2-CH_2CH_2R & [会\ 合] \\ \longrightarrow RCH=CH_2\ +\ RCH_2CH_3 & [不均化] \end{cases}$$

c. 付 加 反 応

　　(1) ハロゲン化水素の付加　　プロピレンに臭化水素を暗所で反応させると，イオン付加が進行して Markovnikov 則に従った 2-ブロモプロパンを与える．一方，この反応を過酸化物やその他のラジカル源の存在下で行うと，Markovnikov 則に反した生成物 1-ブロモプロパンを与える．

$$CH_3CH=CH_2\ +\ HBr \begin{array}{c} \xrightarrow{冷暗所} \\ \xrightarrow{過酸化物} \end{array} \begin{array}{l} CH_3CHBrCH_3 \quad [イオン反応] \\ CH_3CH_2CH_2Br \quad [ラジカル反応] \end{array}$$

　　カルボカチオンと炭素ラジカルの安定性がともに第三級＞第二級＞第一級であることから，この両反応の生成物の相違は次の理由による．つまりイオン反応の付加は H^+ により，ラジカル反応の付加は $Br\cdot$ により開始され，それぞれ，より安定な第二級カルボカチオン，および第二級炭素ラジカルを生成するように反応が進行するためである．後者の反応は触媒量の過酸化物で起こり，図9.2のような**連鎖反応** (chain reaction) 機構で進行する．

　　まず，過酸化物によって臭化水素から臭素原子が発生し，これがプロピレンに付加する．このとき，より安定なラジカルが生成するように付加の配向性が決まる．付加によって生じたラジカルが臭化水素から水素原子を奪って生成物を生じると共に臭素原子を再生する．臭素原子はさらにプロピレンに付加し，同様の反応を繰り返す．反応の最終段階でプロピレンが少なくなると，付加して生成したラジカルは臭素原子と会合する．あるいはラジカル同士で会合するか不均化を起こしてラジカルが消滅し，反応が終了する．

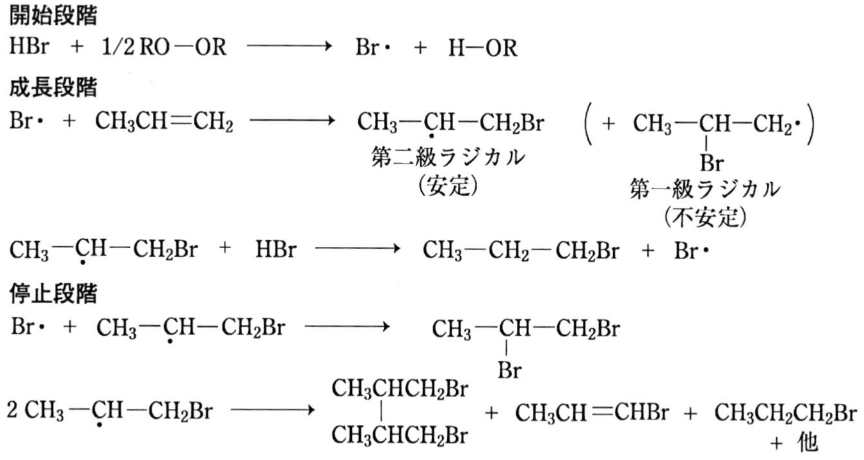

9.3 ラジカルの反応

開始段階
Br + 1/2 RO—OR ⟶ Br· + H—OR

成長段階
Br· + CH$_3$CH=CH$_2$ ⟶ CH$_3$—ĊH—CH$_2$Br （ + CH$_3$—CH—CH$_2$· ）
　　　　　　　　　　　　　　第二級ラジカル　　　　　　　　　|
　　　　　　　　　　　　　　　（安定）　　　　　　　　　　　 Br
　　　　　　　　　　　　　　　　　　　　　　　　　　　　第一級ラジカル
　　　　　　　　　　　　　　　　　　　　　　　　　　　　　（不安定）

CH$_3$—ĊH—CH$_2$Br + HBr ⟶ CH$_3$—CH$_2$—CH$_2$Br + Br·

停止段階
Br· + CH$_3$—ĊH—CH$_2$Br ⟶ CH$_3$—CH—CH$_2$Br
　　　　　　　　　　　　　　　　　　　|
　　　　　　　　　　　　　　　　　　 Br

2 CH$_3$—ĊH—CH$_2$Br ⟶ CH$_3$CHCH$_2$Br
　　　　　　　　　　　　　|　　　　　　 + CH$_3$CH=CHBr + CH$_3$CH$_2$CH$_2$Br
　　　　　　　　　　　　CH$_3$CHCH$_2$Br　　　　　　　　　　　　　　　　+ 他

図 9.2　連鎖反応機構

臭素原子が発生する段階を**開始段階**（initiation step），ラジカルの付加と生成物が生じる繰り返しの段階を**成長段階**（propagation step），最後のラジカルが消失する段階を**停止段階**（termination step）という（図9.2）．ラジカルの寿命は短く濃度が極めて低いので，臭素やプロピレンが多くある反応初期や中期では，ラジカル同士が反応する停止段階はほとんど起こらず，ラジカルは多くある臭素やプロピレンと反応して成長段階が続く．

【発展】 ハロゲンの付加

ハロゲンも無極性溶媒中，太陽光直射下では同様にラジカル連鎖機構で付加が進行する．たとえば塩素は光照射下テトラクロロエチレンに付加して，ヘキサクロロエタンを与える．

Cl$_2$ —光→ 2 Cl·

Cl· + CCl$_2$=CCl$_2$ ⟶ CCl$_3$—ĊCl$_2$
　　　　テトラクロロエチレン

CCl$_3$—ĊCl$_2$ + Cl$_2$ ⟶ CCl$_3$—CCl$_3$ + Cl·
　　　　　　　　　　　　　　ヘキサクロロエタン

【例題9.1】 次の反応の生成物は何か

(a) CH$_3$CH=C(CH$_3$)$_2$ + HBr —過酸化物→

(b) CH$_3$OCO(CH$_2$)$_8$COONa —電解→

［解答］（a）過酸化物存在下のHBrの付加であるから，まず臭素原子が生成ラジカルの安定する配向性でオレフィンに付加した後，水素がHBrから引き抜かれて反Markovnikov付加生成物を与える．

$$\text{HBr} + 1/2\,\text{ROOR} \longrightarrow \text{Br}\cdot + \text{ROH}$$

$$\text{Br}\cdot + \text{CH}_3\text{CH}=\text{C(CH}_3)_2 \longrightarrow \text{CH}_3\text{CH}-\overset{\cdot}{\text{C}}(\text{CH}_3)_2$$
$$\quad\quad\quad\quad\quad\quad\quad\quad\quad\quad\quad\quad\quad\quad\quad\quad\quad\quad\quad |$$
$$\quad\quad\quad\quad\quad\quad\quad\quad\quad\quad\quad\quad\quad\quad\quad\quad\quad\quad\text{Br}$$

$$\text{CH}_3\text{CH}-\overset{\cdot}{\text{C}}(\text{CH}_3)_2 + \text{HBr} \longrightarrow \text{CH}_3\text{CH}-\text{CH}(\text{CH}_3)_2 + \text{Br}\cdot$$
$$|\quad\quad\quad\quad\quad\quad\quad\quad\quad\quad\quad\quad\quad\quad\quad\quad\quad\quad\quad |$$
$$\text{Br}\quad\quad\quad\quad\quad\quad\quad\quad\quad\quad\quad\quad\quad\quad\quad\quad\quad\text{Br}$$

(b) Kolbe 炭化水素合成法である．カルボキシル基が脱炭酸後，生成したラジカルが会合する．

$$\text{CH}_3\text{OCO(CH}_2)_8\text{COONa} \xrightarrow{\text{電解}} \text{CH}_3\text{OCO(CH}_2)_8\text{COO}\cdot \longrightarrow \text{CH}_3\text{OCO(CH}_2)_7\text{CH}_2\cdot + \text{CO}_2$$

$$2\,\text{CH}_3\text{OCO(CH}_2)_7\text{CH}_2\cdot \longrightarrow \text{CH}_3\text{OCO(CH}_2)_{16}\text{CO}_2\text{CH}_3$$

(2) 付加重合　(1)の臭化水素のラジカル付加反応において，生成ラジカルが臭化水素と反応するのではなく，さらにオレフィンと反応すると同様な構造の炭素ラジカルが生成する．これを連鎖反応で繰り返すとオレフィンの重合体が生成する．これを**付加重合** (addition polymerization) という．工業的な高分子合成法として重要である．スチレンを例にするとその付加重合は付加反応と同様に開始，成長，および停止の三つの段階を経て進行する（図 9.3）．成長段階はふつう非常に速く，一瞬で数百から数千のスチレンに一つの開始剤から重合が進行して停止反応が起こる．したがってポリマーの分子量または重合度は重合時間によらず，ほぼ一定となる．

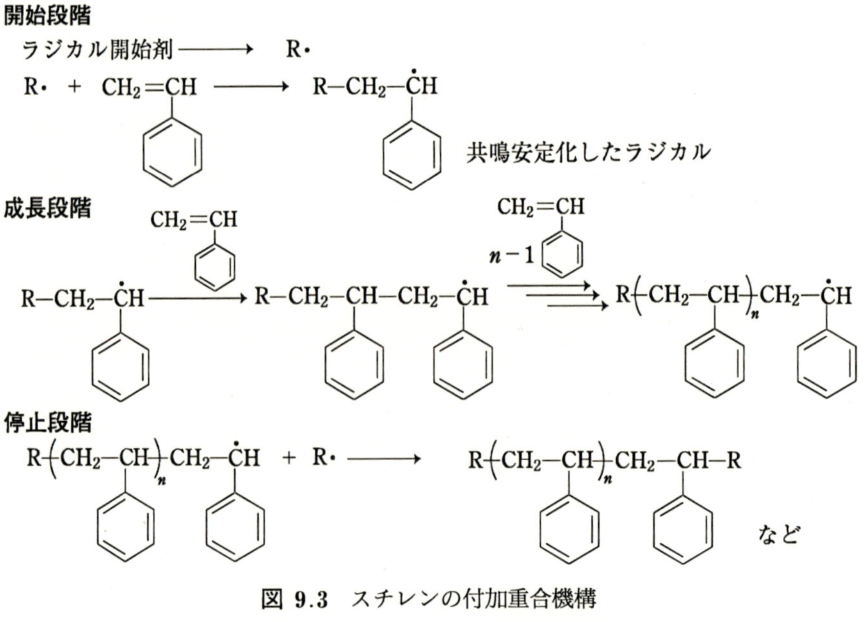

図 9.3　スチレンの付加重合機構

スチレンにラジカルが付加するときには二つの配向性が考えられる．しかし末端メチレンにラジカルが付加した不対電子はベンゼン環上に非局在化して

9.3 ラジカルの反応

安定化されるので，この配向性で重合体が得られる．

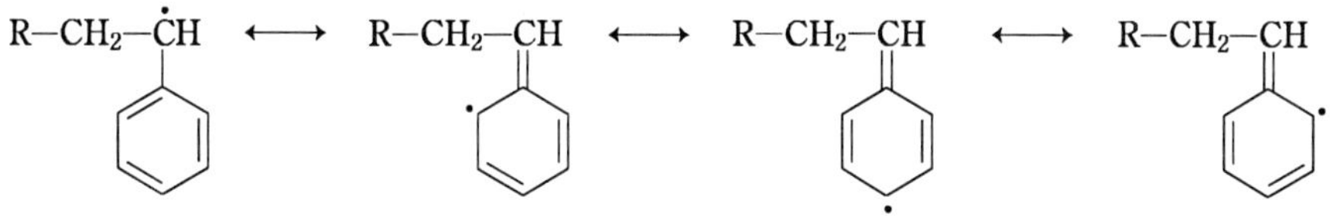

R–CH₂–ĊH ⟷ R–CH₂–CH ⟷ R–CH₂–CH ⟷ R–CH₂–CH
（ベンゼン環の共鳴構造）

e. 置換反応

(1) ハロゲン化　メタンと塩素は暗所では反応しないが光を照射すると，すみやかに反応し，塩化メチル，ジクロロメタン，クロロホルム，および四塩化炭素が生成する．これらの生成物は分子量が大きく異なるので，沸点も異なり，分留によって各成分を純粋に分離することができる．

$$CH_4 \xrightarrow[光]{Cl_2/-HCl} CH_3Cl \xrightarrow[光]{Cl_2/-HCl} CH_2Cl_2 \xrightarrow[光]{Cl_2/-HCl} CHCl_3 \xrightarrow[光]{Cl_2/-HCl} CCl_4$$
メタン　　　塩化メチル　　ジクロロメタン　　クロロホルム　　四塩化炭素

反応は付加反応と同様にラジカル連鎖反応で進行する．例として塩化メチルの生成機構を図9.4に示す．

開始段階
$$Cl-Cl \xrightarrow{光} 2\,Cl\cdot$$

成長段階
$$Cl\cdot + CH_4 \longrightarrow HCl + CH_3\cdot$$
$$CH_3\cdot + Cl_2 \longrightarrow CH_3-Cl + Cl\cdot$$

停止段階
$$2\,Cl\cdot \longrightarrow Cl_2$$
$$2\,CH_3\cdot \longrightarrow CH_3-CH_3$$
$$CH_3\cdot + Cl\cdot \longrightarrow CH_3-Cl$$

図 9.4　塩化メチルの生成機構

置換は第三級炭素上の水素，第二級炭素上の炭素，第一級炭素上の水素の順に困難になる．これは炭素ラジカルの安定性が第三級，第二級，第一級の順に低下するからである．しかし，この差はあまり大きくないので，一つ以上の置換箇所をもつような炭化水素からはいろんな位置に置換した混合物の生成を避けることはできない．

臭素化は一般に塩素化より遅く，反応性に富むC–H結合の場合以外は室温以上の温度を必要とする．逆にいえば，それだけ臭素化の場合は置換位置の選択性が大きい．実験室的には臭素に代わってN-ブロモコハク酸イミドがラジカル開始剤存在下よく用いられ，二重結合あるいはベンゼン核のα位，すなわちアリル位あるいはベンジル位が選択的に臭素化される．これは水素原子が引き抜かれた中間体，アリルラジカルおよびベンジルラジカルが非局在化した

安定ラジカルであるからである．たとえば，トルエンと N-ブロモコハク酸イミドの反応では臭化ベンジルが生成する．

$$CH_2=CH-CH_3 \xrightarrow[-RH]{R\cdot} [CH_2=CH-\dot{C}H_2 \longleftrightarrow \dot{C}H_2-CH=CH_2]$$
共鳴安定化しているアリルラジカル

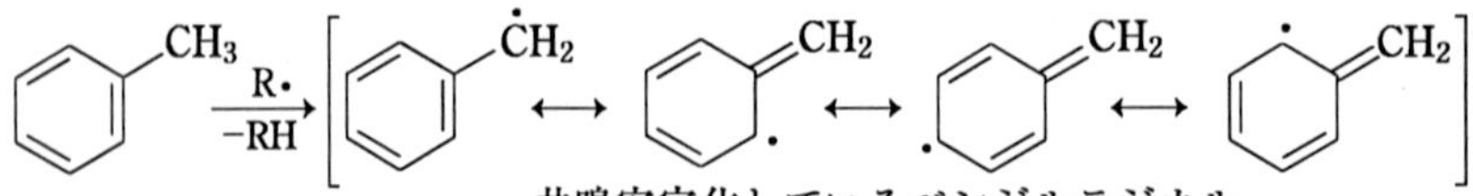

共鳴安定化しているベンジルラジカル

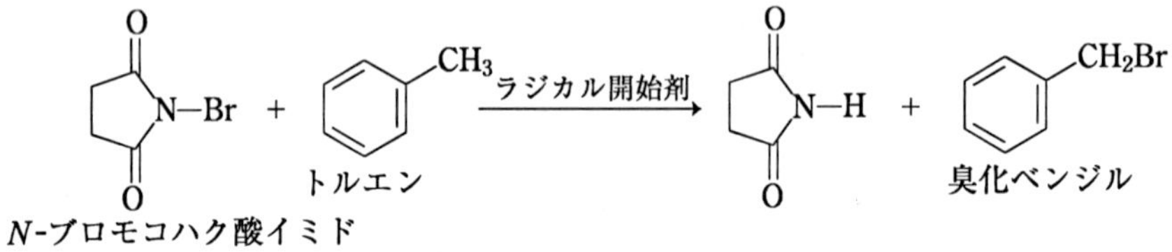

N-ブロモコハク酸イミド ＋ トルエン →(ラジカル開始剤) 　 ＋ 臭化ベンジル

反応機構は少し複雑で，N-ブロモコハク酸イミドと臭化水素から生じる臭素によって臭素化が進行すると考えられている．

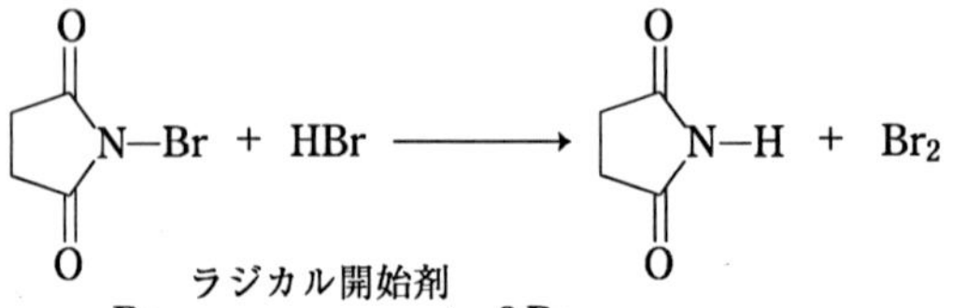

$$\text{(スクシンイミド)N-Br + HBr} \longrightarrow \text{(スクシンイミド)N-H + Br}_2$$

$$Br_2 \xrightarrow{\text{ラジカル開始剤}} 2\,Br\cdot$$
$$RH + Br\cdot \longrightarrow HBr + R\cdot$$
$$R\cdot + Br_2 \longrightarrow R-Br + Br\cdot$$

(2) 自動酸化　有機化合物は不純物として含まれている痕跡の金属などがラジカル開始剤として働き，穏やかな条件下で酸素分子と反応する．これは酸素分子がジラジカル的な性質をもつためである．たとえば多くの炭化水素はヒドロペルオキシドを与える．生成したヒドロペルオキシドは開始剤の働きもするので，反応は自己触媒的に進行する．

$$R\cdot + H-R' \longrightarrow R-H + R'\cdot$$
$$R'\cdot + \cdot O-O\cdot \longrightarrow R'-O-O\cdot$$
$$R'-O-O\cdot + H-R' \longrightarrow R'-O-O-H + R'\cdot$$
ヒドロペルオキシド

ペルオキシラジカル $ROO\cdot$ の反応性は低いので，水素の引き抜きは容易には起こらない．したがって，多くの自動酸化はきわめて選択的である．一般的には飽和炭化水素では第三級炭素のみが酸化される．またアリル位，ベンジル位も選択的に酸化される．たとえば，デカリン，シクロヘキセン，ジフェニルメタンからはそれぞれ図9.5に示すヒドロペルオキシドが生成する．また

9.3 ラジカルの反応

エーテル類も α 位が酸化されやすく，生成したヒドロペルオキシドは不安定で爆発の危険性がある．

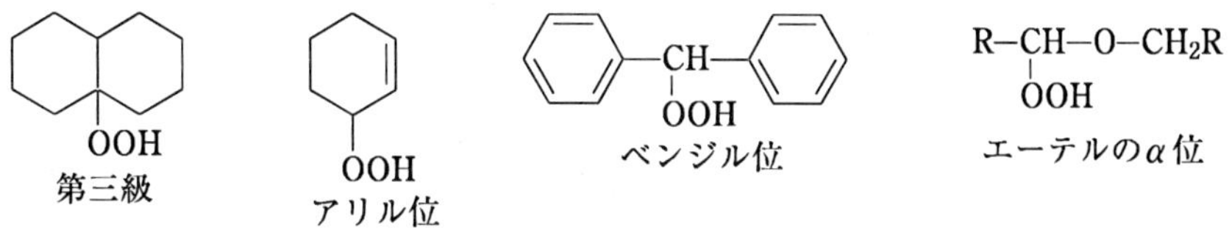

[構造式: デカリンの第三級OOH，シクロヘキセンのアリル位OOH，ジフェニルメタンのベンジル位OOH，R-CH(OOH)-O-CH₂R エーテルの α 位]

図 9.5　ヒドロペルオキシド

8章で述べたクメンからのフェノールとアセトンの製造法では，最初の段階はクメンの自動酸化によるヒドロペルオキシドの生成であったことを思い出してほしい．

【発展】 アルデヒドの自動酸化

アルデヒドも自動酸化されやすく，ベンズアルデヒドが空気中で極めて容易に安息香酸に酸化されることはよく知られた例である．この反応は光，または1電子酸化・還元能力のある金属イオン（たとえば Fe^{3+}）によって触媒される．最初に生成したベンゾイルラジカルが酸素と反応してペルベンゾエートラジカルを生成し，これがベンズアルデヒドから水素を引き抜いて過安息香酸とベンゾイルラジカルを生成して連鎖反応が進行する．過安息香酸はさらに別のベンズアルデヒドと反応して2分子の安息香酸を生成する（Baeyer-Villiger酸化の一種）．

$$C_6H_5-\overset{O}{\underset{\|}{C}}-H + Fe^{3+} \longrightarrow C_6H_5-\overset{O}{\underset{\|}{C}}\cdot + Fe^{2+} + H^+$$

$$C_6H_5-\overset{O}{\underset{\|}{C}}\cdot + O_2 \longrightarrow C_6H_5-\overset{O}{\underset{\|}{C}}-O-O\cdot$$

$$C_6H_5-\overset{O}{\underset{\|}{C}}-O-O\cdot + C_6H_5-\overset{O}{\underset{\|}{C}}-H \longrightarrow C_6H_5-\overset{O}{\underset{\|}{C}}-O-OH + C_6H_5-\overset{O}{\underset{\|}{C}}\cdot$$

$$C_6H_5-\overset{O}{\underset{\|}{C}}-O-OH + C_6H_5-\overset{O}{\underset{\|}{C}}-H \xrightarrow{H^+} 2\, C_6H_5-\overset{O}{\underset{\|}{C}}-OH$$

【例題9.2】 次の反応生成物は何か

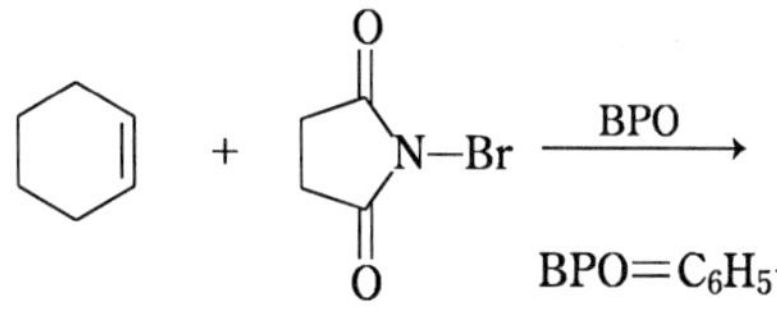

[反応式: シクロヘキセン + N-ブロモスクシンイミド → (BPO触媒)　BPO = $C_6H_5-CO-O-O-CO-C_6H_5$]

[解答]　N-ブロモコハク酸イミドによる臭素化である．アリル位が選択的に臭素化される．

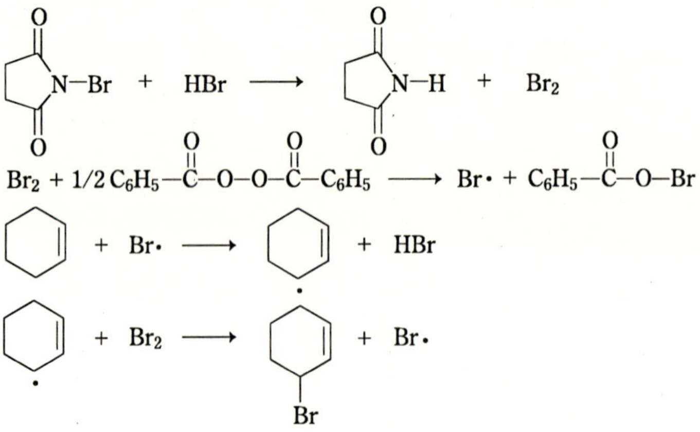

$$\text{(スクシンイミド)N–Br} + \text{HBr} \longrightarrow \text{(スクシンイミド)N–H} + \text{Br}_2$$

$$\text{Br}_2 + 1/2\, \text{C}_6\text{H}_5\text{–C(=O)–O–O–C(=O)–C}_6\text{H}_5 \longrightarrow \text{Br}\cdot + \text{C}_6\text{H}_5\text{–C(=O)–O–Br}$$

$$\text{シクロヘキセン} + \text{Br}\cdot \longrightarrow \text{シクロヘキセニルラジカル} + \text{HBr}$$

$$\text{シクロヘキセニルラジカル} + \text{Br}_2 \longrightarrow \text{3-ブロモシクロヘキセン} + \text{Br}\cdot$$

【発展】 ラジカルの転位反応

　ラジカルの転位反応はあまり知られていないが，ひずみがかかったラジカルからより安定なラジカルが生成する場合に転位反応が進行する．たとえば，過酸化トリフェニルメチルから発生したトリフェニルメトキシラジカルは，酸素上のラジカルにフェニル基が転位して炭素ラジカルに変わる．この炭素ラジカルは二つのフェニル基によって共鳴安定化されており，最初に生成するトリフェニルメトキシラジカルより安定である．最後はこの炭素ラジカルが会合した生成物を与える．

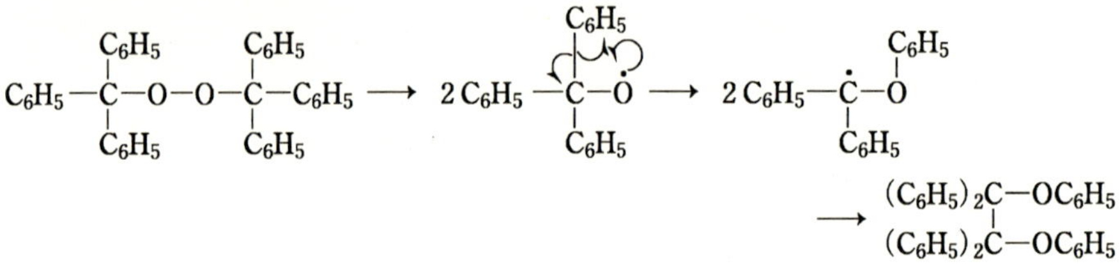

$$(\text{C}_6\text{H}_5)_3\text{C–O–O–C}(\text{C}_6\text{H}_5)_3 \longrightarrow 2\,(\text{C}_6\text{H}_5)_3\text{C–O}\cdot \longrightarrow 2\,(\text{C}_6\text{H}_5)_2\dot{\text{C}}\text{–OC}_6\text{H}_5$$

$$\longrightarrow \begin{array}{l} (\text{C}_6\text{H}_5)_2\text{C–OC}_6\text{H}_5 \\ (\text{C}_6\text{H}_5)_2\text{C–OC}_6\text{H}_5 \end{array}$$

9.4 カルベン

　カルボカチオン，カルボアニオン，ラジカルが3価の炭素反応中間体であるのに対し，2価の炭素反応中間体がカルベンである（図9.6）．炭素の最外殻に6電子しかないので求電子的な反応をする．カルベンの生成と反応について述べる．

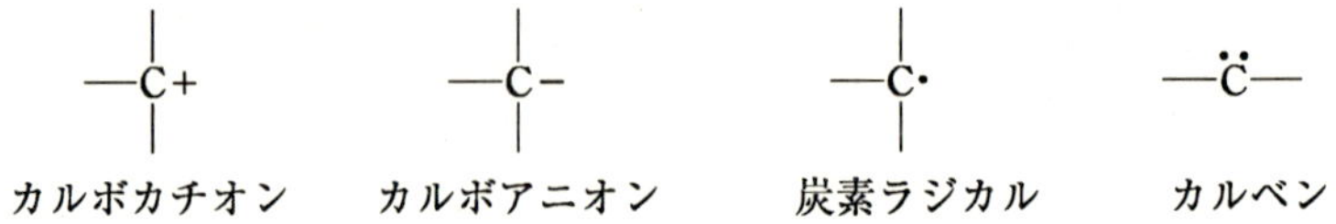

　　　　　—C+　　　　—C−　　　　—C·　　　　—C̈—
　　　カルボカチオン　カルボアニオン　炭素ラジカル　カルベン

図 9.6

a. カルベンの生成

　　(1) **α脱離**　　代表的な例がクロロホルムに塩基を作用させて生成するジクロロカルベンである．三つの電子求引性の塩素が置換したクロロホルムの水

オゾン層破壊の機構

地上 11〜48 km の成層圏で，O_2 は太陽の紫外線（$h\nu$）を吸収して次のようにオゾン（O_3）を生成する．

$$O_2 \xrightarrow{h\nu} O\cdot + \cdot O$$
$$O_2 + \cdot O \longrightarrow O_3$$

一方，O_3 は様々な反応を繰り返し O_2 にもどる．成層圏オゾン層はこの O_3 の生成と分解のバランスによって一定に保たれている．したがって，太陽からの強い紫外線はこの光反応のために一定量が吸収され，地上に届く紫外線を少なくしている．

しかし，エアコンや冷蔵庫に用いられているクロロフルオロカーボン（CFC）が成層圏に到達すると，次のようなラジカル反応機構でオゾンを分解するという仮説を Molina と Rowland が 1974 年に発表した．

$$CCl_3F \xrightarrow{h\nu} \cdot CCl_2F + Cl\cdot$$
$$Cl\cdot + O_3 \longrightarrow ClO\cdot + O_2$$
$$ClO\cdot + \cdot O \longrightarrow Cl\cdot + O_2$$
$$ClO\cdot + ClO\cdot \longrightarrow ClO-OCl \longrightarrow 2Cl\cdot + O_2$$

紫外線によって CFC から塩素原子が生成し，これがオゾンと反応して最終段階で塩素原子が再生する連鎖反応である．塩素原子一つで数万個のオゾンを分解するといわれている．Rowland らは CFC が徐々に成層圏に達する結果，20〜50 年後に約 5 % のオゾン層が破壊され，皮膚がんの発生など人体に悪影響が現れると警告した．実際，成層圏大気にも CFC の存在が確認され，CFC は着実に成層圏に到達し，その濃度を増大させていることが明らかになった．1985 年に「オゾン層保護のためのウィーン条約」が 27 カ国によって採択されてから，国際間協議が重ねられ，参加国も増え，1995 年末には特定 CFC が全廃になった．現在，各国でオゾン層の監視と，分解されやすい代替 CFC の開発が進められている．

素は酸性度が高く，塩基で容易にプロトンが引き抜かれカルボアニオンを発生する．このカルボアニオンから塩化物イオンが脱離すると，非結合電子対が残ったカルベンが生成する．またトリクロロ酢酸塩の熱分解によっても同じジクロロカルベンが生成する．

$$CHCl_3 \xrightarrow{-OH} {}^-CCl_3 \xrightarrow{-Cl^-} :CCl_2$$
クロロホルム　　　　　　　　　　　　　　ジクロロカルベン

$$CCl_3-COO^- \xrightarrow{加熱} :CCl_2 + CO_2 + Cl^-$$
トリクロロ酢酸塩

(2) 二重結合をもつ化合物の分解　もっとも単純なメチレンカルベンの生成法としてはケテンの光分解，ジアゾメタンの光または熱による分解が知られている．

$$\text{CH}_2=\text{C}=\text{O} \longleftrightarrow \overset{-}{\text{CH}_2}-\overset{+}{\text{C}}\equiv\text{O} \xrightarrow{光} :\text{CH}_2 + \overset{+}{\text{C}}\equiv\text{O}$$
ケテン

$$\text{CH}_2=\overset{+}{\text{N}}=\overset{-}{\text{N}} \longleftrightarrow \overset{-}{\text{CH}_2}-\overset{+}{\text{N}}\equiv\text{N} \xrightarrow{光または加熱} :\text{CH}_2 + \text{N}\equiv\text{N}$$
ジアゾメタン

b. カルベンの反応

カルベンの反応としては次の四つが代表的である.

(1) 不飽和結合への付加反応（シクロプロパンの生成）　カルベンは電子不足種であるので，求電子付加と同様にオレフィンの π 電子と反応する．炭素-炭素二重結合のそれぞれの炭素上の p 軌道電子とカルベンが共有結合をつくるようにしてシクロプロパンが生成する．

$$:\text{CR}_2 + \text{>C=C<} \longrightarrow \text{>C-C<} \text{(R R)}$$

(2) 挿入反応　カルベンはC-H結合に挿入反応する．たとえばCH₂はプロパンと反応するとブタンとイソブタンを与える．

$$:\text{CH}_2 + \text{CH}_3-\text{CH}-\text{CH}_2-\text{H} \longrightarrow \text{CH}_3\text{CH}_2\text{CH}_2\text{CH}_3 + \text{CH}_3\text{CHCH}_3$$
$$\quad\quad\quad\quad\quad\quad\quad\text{H} \quad\quad\quad\quad\quad\quad\quad\quad\quad\quad\quad\quad\quad\quad\quad\quad\quad\quad\quad\text{CH}_3$$

この反応は合成的にはあまり価値はないが，カルベンが非常に高い反応性をもつことを示している．ジハロカルベンはこのような挿入反応はしない．

(3) 二量化反応　カルベン 2 分子が互いに反応すると対称なアルケンが生成する．たとえばジフロロカルベンは二量化してテトラフルオロエチレンを与える．

$$2 :\text{CF}_2 \longrightarrow \text{F}_2\text{C}=\text{CF}_2$$

しかし，カルベンは非常に反応性が高いため，カルベン同士が反応する前に近くの分子と反応しやすい．したがって二量化生成物はカルベンとカルベン前駆体の反応であることが多い．

$$:\text{CR}_2 + \text{R}_2\text{C}-\overset{+}{\text{N}}\equiv\text{N} \longrightarrow \text{CR}_2=\text{CR}_2 + \text{N}_2$$

(4) 転位反応　8 章で述べた Wolff 転位がカルベンの転位反応である．ジアゾケトンから発生したアシルカルベンに R 基が転位してケテンを与える．また水素の転位反応も知られている．

9.4 カルベン

$$R-\overset{\overset{O}{\|}}{C}-CH \longrightarrow O=C=CH-R \quad \textbf{Wolff転位}$$
ケテン

$$CH_3CH_2-CH-CH \longrightarrow CH_3CH_2CH=CH_2$$
$$\overset{|}{H}$$

【発展】 カルベンの電子構造

カルベンには二つの立体構造がある．その一つ，直線状カルベンは二つの縮重したp軌道をもち，Hundの第一法則に従って基底三重項状態にある．折れ曲がった構造のカルベンでは二つの軌道の性質が異なる，すなわちp軌道とσ軌道になり，p軌道とσ軌道のエネルギー差が十分に大きいと二つの電子が一つの軌道に収容され，カルベンは基底一重項状態となる．たとえば，CH_2 は $H-C-H$ の角度が136°の基底三重項カルベンであり，ハロカルベンやフェニルカルベンは基底一重項カルベンである．これは一重項化学種の共鳴安定化によると考えられている．

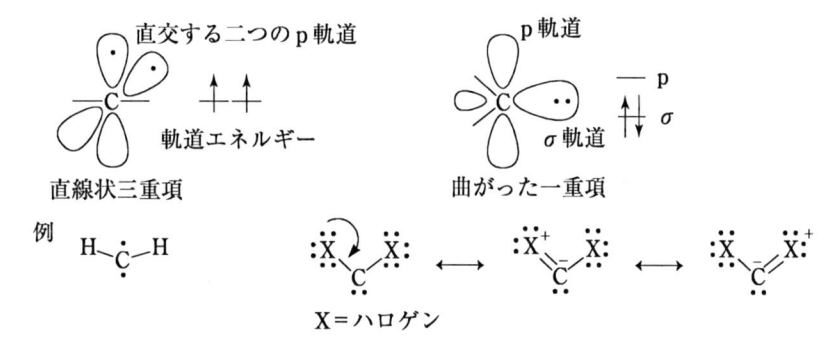

直交する二つのp軌道   p軌道
軌道エネルギー   σ軌道
直線状三重項   曲がった一重項

例 $H-\overset{..}{\underset{..}{C}}-H$ $:\overset{..}{X}-\overset{..}{\underset{..}{C}}-\overset{..}{X}: \longleftrightarrow :\overset{..}{X}{}^+=\overset{..}{\underset{..}{C}}-\overset{..}{X}: \longleftrightarrow :\overset{..}{\underset{..}{X}}-\overset{..}{\underset{..}{C}}=\overset{..}{X}{}^+$

X＝ハロゲン

炭素-炭素二重結合への付加では，一重項カルベンの反応は協奏的に進行し，立体特異的であるが，三重項カルベンの付加は段階的に起こり，出発オレフィンの立体配置は保持されない．たとえば cis-2-ブテンと一重項カルベンとの反応では cis 体のシクロプロパンが生成し，三重項カルベンとの反応では cis および trans 体のシクロプロパンが生成する．

9.5 ナイトレン

カルベンの"窒素版"がナイトレンである．カルベンと同様な生成および反応をする．

a. ナイトレンの生成

(1) α脱離　スルホン酸イオンの脱離を伴うα脱離によってナイトレンが生成する．

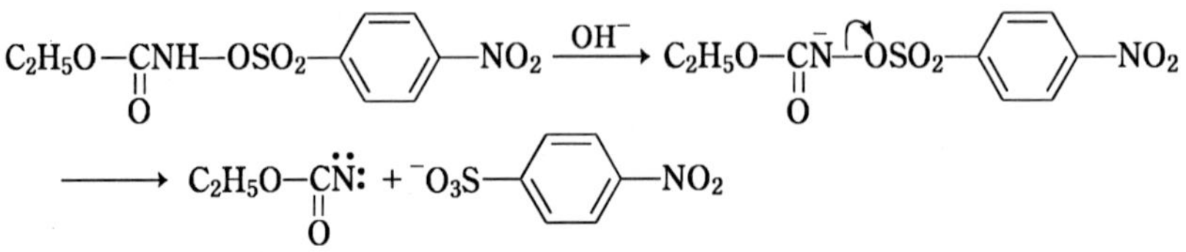

$$C_2H_5O-CNH-OSO_2-\langle\rangle-NO_2 \xrightarrow{OH^-} C_2H_5O-C\bar{N}-OSO_2-\langle\rangle-NO_2$$

$$\longrightarrow C_2H_5O-C\ddot{N}: + {}^-O_3S-\langle\rangle-NO_2$$

(2) 二重結合をもつ化合物の分解　もっとも一般的な方法はアジドの光または熱分解である．

$$R-\ddot{N}=\overset{+}{N}=\bar{N} \longleftrightarrow R-\bar{N}-\overset{+}{N}\equiv N \xrightarrow{光または熱} R-\ddot{N}: + N_2$$

b. ナイトレンの反応

ナイトレンはカルベンと同様な反応をするが，カルベンより反応性が低い．

(1) 不飽和結合への付加反応（アジリジンの生成）　アシルナイトレンでよく起こる反応である．

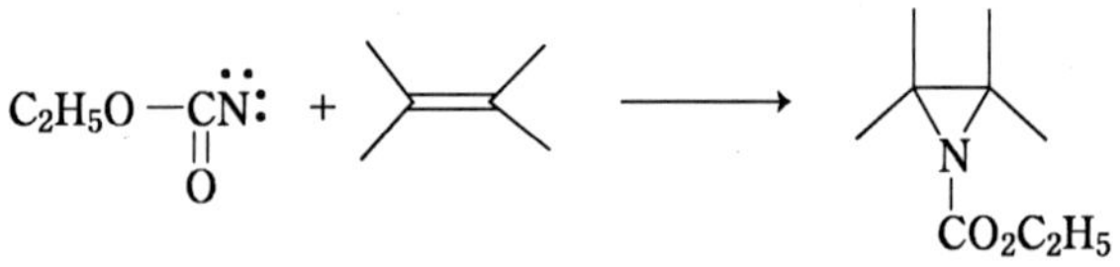

$$C_2H_5O-C\ddot{N}: + \rangle=\langle \longrightarrow \underset{CO_2C_2H_5}{\triangle N}$$

アジリジン

(2) 挿入反応　アシルナイトレンやスルホニルナイトレンはC-H結合に挿入反応する．

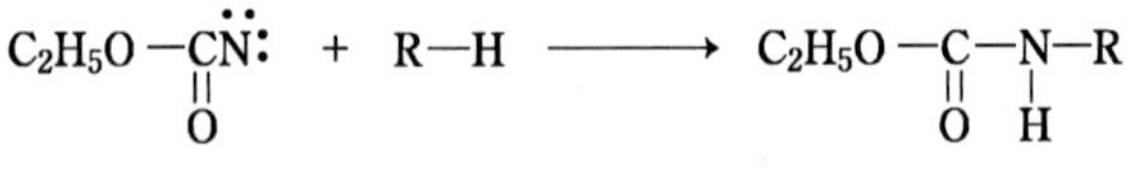

$$C_2H_5O-C\ddot{N}: + R-H \longrightarrow C_2H_5O-\underset{O\ H}{C-N-R}$$

(3) 二量化反応　ナイトレン，とくにアリールナイトレン2分子がお互いに反応するとアゾ化合物が生成する．たとえばフェニルナイトレンは二量化してアゾベンゼンを与える．カルベンの二量化反応よりも合成的価値がある．アゾベンゼンの生成には，ナイトレンの二量化だけではなく，ナイトレンとナイトレン前駆体との反応も含まれている可能性がある．

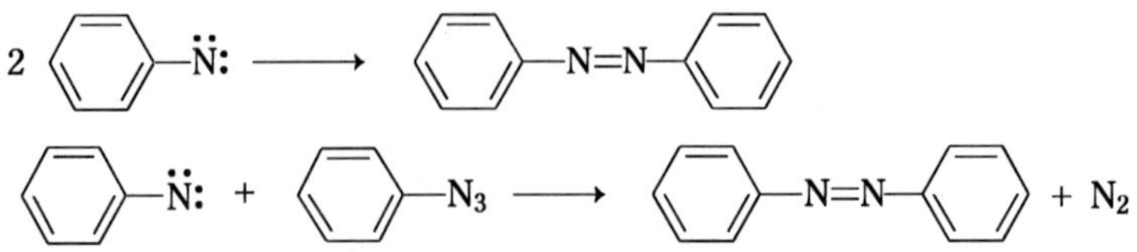

$$2\ Ph\ddot{N}: \longrightarrow Ph-N=N-Ph$$

$$Ph\ddot{N}: + Ph-N_3 \longrightarrow Ph-N=N-Ph + N_2$$

9章のまとめ

(4) 転位反応 8章で述べたHofmann転位がナイトレンの転位反応である．カルボン酸アミドから発生したアシルナイトレンにR基が転位してイソシアナートを与える．またアルキルナイトレンは水素がすばやく転位してイミンを与える．

$$R-\overset{O}{\underset{}{C}}-\overset{\frown}{N}: \longrightarrow O=C=N-R \quad \textbf{Hofmann転位}$$
イソシアナート

$$R-\overset{}{\underset{H}{CH}}-\overset{\frown}{N}: \longrightarrow R-CH=NH$$

【例題9.3】 次の反応の生成物は何か

(a) $HCCl_3$ + [1,2-ジメチルシクロヘキセン] $\xrightarrow{OH^-}$

(b) $(C_6H_5)_2C=CHBr \xrightarrow{NaNH_2}$

[解答] (a) クロロホルムからジクロロカルベンが生成し，これがオレフィンに付加してシクロプロパンが生成する．

$$HCCl_3 \xrightarrow{OH^-} {}^-CCl_3 \xrightarrow{-Cl^-} :CCl_2 \xrightarrow{\text{1,2-ジメチルシクロヘキセン}} \text{[ジクロロシクロプロパン付加体]}$$

(b) 塩基によってカルベンが生成し，隣の炭素のフェニル基が転位する．

$$(C_6H_5)_2C=CHBr \xrightarrow{NaNH_2} (C_6H_5)_2C=\bar{C}Br \xrightarrow{-Br^-} C_6H_5\underset{C_6H_5}{\overset{}{C}}=\ddot{C}H \longrightarrow C_6H_5-C\equiv C-C_6H_5$$

9章のまとめ

(1) ラジカルの安定性

$$C_6H_5-\dot{C}H_2 > CH_2=CH-\dot{C}H_2 > R_3\dot{C} > R_2\dot{C}H > R\dot{C}H_2 > \dot{C}H_3$$

(2) Kolbeの炭化水素合成法

$$2R-\overset{O}{\underset{}{C}}-O^- \xrightarrow{-2e^-} 2R-\overset{O}{\underset{}{C}}-O\cdot \xrightarrow{2CO_2} 2R\cdot \longrightarrow R-R$$

（3）ラジカルの付加反応

$$CH_3CH=CH_2 + HBr \longrightarrow \begin{array}{l} \xrightarrow{冷暗所} CH_3CHBrCH_3 \quad （イオン反応）\\ \xrightarrow{過酸化物} CH_3CH_2CH_2Br \quad （遊離基反応） \end{array}$$

反 Markovnikov 付加

（4）ラジカルの置換反応

$$CH_4 \xrightarrow[光]{Cl_2/-HCl} CH_3Cl \xrightarrow[光]{Cl_2/-HCl} CH_2Cl_2 \xrightarrow[光]{Cl_2/-HCl} CHCl_3 \xrightarrow[光]{Cl_2/-HCl} CCl_4$$

メタン　　　　塩化メチル　　　塩化メチレン　　　クロロホルム　　　四塩化炭素

（5）自動酸化

$$R-H + O_2 \longrightarrow R-O-O-H$$
ヒドロペルオキシド

（6）カルベンの反応

付加反応

:CR$_2$ + >C=C< ⟶ 三員環（C-C に CR$_2$ が付加）

挿入反応

:CH$_2$ + CH$_3$-CH-CH$_2$-H ⟶ CH$_3$CH$_2$CH$_2$CH$_3$ + CH$_3$CHCH$_3$
　　　　　　　│　　　　　　　　　　　　　　　　　　　│
　　　　　　　H　　　　　　　　　　　　　　　　　　　CH$_3$

二量化反応

2:CF$_2$ ⟶ F$_2$C=CF$_2$

転位反応

R-C(=O)-CH: ⟶ O=C=CH-R　　**Wolff 転位**
　　　　　　　　　　ケテン

（7）ナイトレンの反応

付加反応

C$_2$H$_5$O-C(=O)-N: + >C=C< ⟶ アジリジン（N-CO$_2$C$_2$H$_5$）

挿入反応

C$_2$H$_5$O-C(=O)-N: + R-H ⟶ C$_2$H$_5$O-C(=O)-NH-R

二量化反応

2 Ph-N: ⟶ Ph-N=N-Ph

転位反応

R-C(=O)-N: ⟶ O=C=N-R　　**Hofmann 転位**
　　　　　　　　　イソシアナート

9章の問題

[9.1] 次の反応の機構を説明せよ.

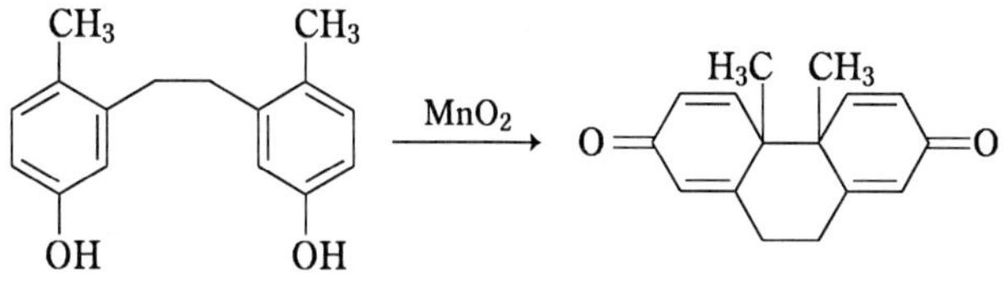

[9.2] 次の反応生成物は何か.

(a) 2,6-ジ-t-ブチル-4-メチルフェノール + t-C_4H_9OOH $\xrightarrow{Co^{2+}}$

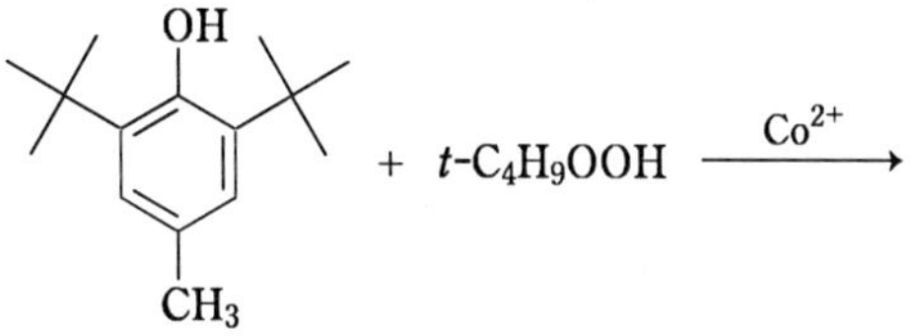

(b) $CH_3-\underset{OCOCH_3}{C}=CH_2$ + $H-\overset{O}{\underset{}{P}}(OC_2H_5)_2$ $\xrightarrow{BPO}$ BPO = $(C_6H_5COO)_2$

(c) C_6H_5CHO + t-C_4H_9OCl $\xrightarrow{BPO}$

(d) ピペリジン + $CH_2=CHC_6H_{13}$ $\xrightarrow{t\text{-}C_4H_9OOt\text{-}C_4H_9}$

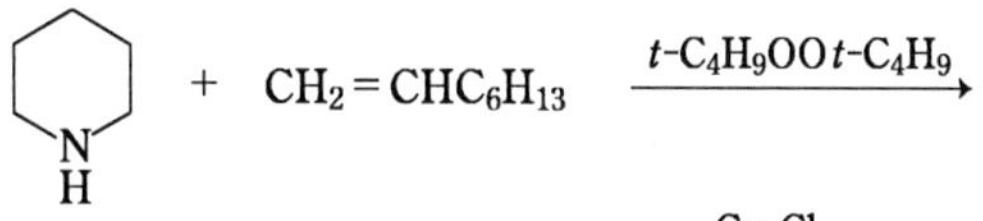

(e) $C_6H_5SO_2Cl$ + $CH_2=CHC_6H_5$ $\xrightarrow{Cu_2Cl_2}$

[9.3] 次の実験結果を説明せよ.

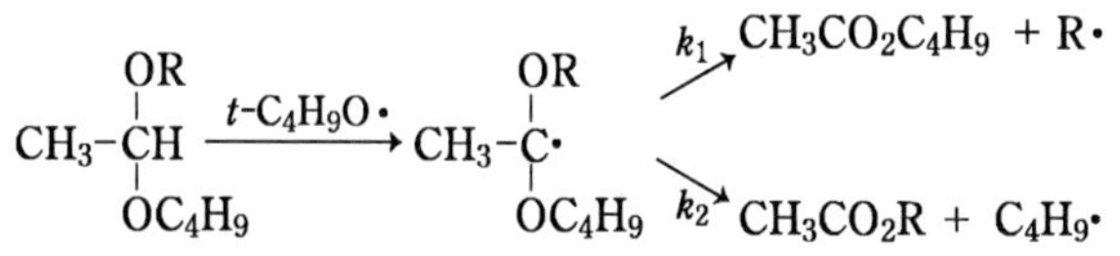

$CH_3-\underset{OC_4H_9}{\overset{OR}{CH}} \xrightarrow{t\text{-}C_4H_9O\cdot} CH_3-\underset{OC_4H_9}{\overset{OR}{C\cdot}} \begin{array}{l} \xrightarrow{k_1} CH_3CO_2C_4H_9 + R\cdot \\ \xrightarrow{k_2} CH_3CO_2R + C_4H_9\cdot \end{array}$

R	k_1/k_2 (130℃)
n-C_4H_9	1.0
s-C_4H_9	4.1
t-C_4H_9	18.7
$C_6H_5CH_2$	22.4

[9.4] 次の反応の機構を説明せよ.

(a) ピロール + $CHCl_3$ $\xrightarrow{KOH}$ ピロール-2-カルボアルデヒド + 3-クロロピリジン

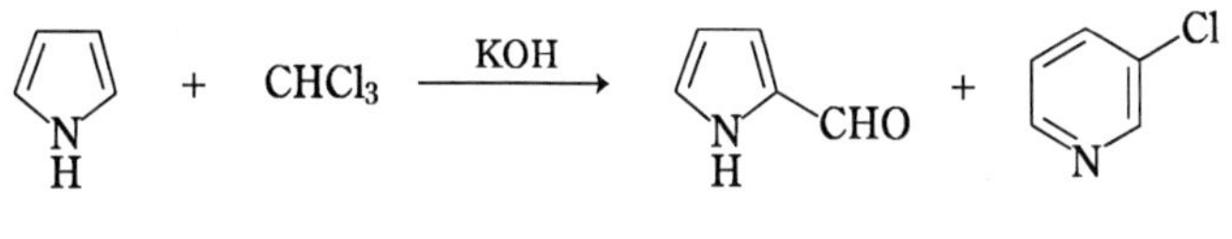

(b) $C_6H_5NH_2$ + $CHCl_3$ $\xrightarrow{KOH}$ C_6H_5-NC $\left(\longleftrightarrow C_6H_5-\overset{+}{N}\equiv\overset{-}{C}\right)$

10 ペリ環状反応とフロンティア電子理論

● 10章で学習する目標

イオンもラジカルも関与しない一群の反応がある．ペリ環状反応といわれるもので，有機合成反応において重要な立場を占めている．これらの反応の理論的説明と反応の予測に役立つのがフロンティア電子論と Woodward-Hoffmann 則である．これらについて π 電子系分子軌道の対称性を考えながら学ぶ．

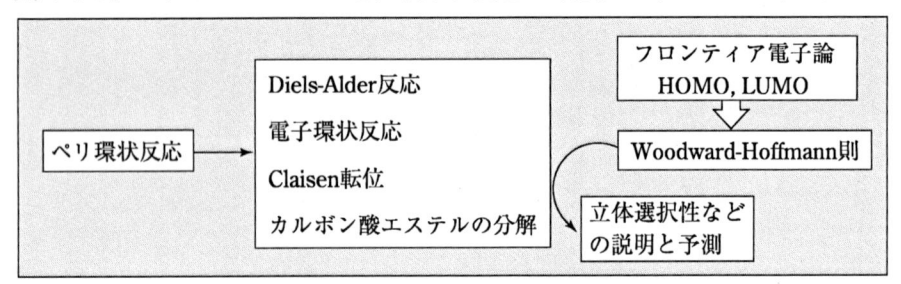

10.1 ペリ環状反応

今までに学んできた有機反応はすべてカチオンやアニオン，あるいはラジカルの関与する反応であった．しかし，これらのいずれにも属さない一群の反応

図 10.1 ペリ環状反応

10.2 Diels-Alder 反応

がある．Diels-Alder 反応，共役ジエンや共役トリエンの電子環状反応といわれる分子内閉環，Claisen 転位やカルボン酸エステルの熱分解などの反応である（図 10.1）．これらの反応に共通するのは遷移状態において原子や電子が環状に配列していることである．このような環状遷移状態を経て進む反応を**ペリ環状反応**（pericyclic reaction）という．

10.2 Diels-Alder 反応

エチレンと 1,3-ブタジエンの混合物を 200 ℃ に加熱するとシクロヘキセンが生成する．これが Diels-Alder 反応のもっとも簡単な形である．一般には，この反応では共役ジエンがアルケンに付加してシクロヘキセン誘導体を与える．Diels-Alder 反応は，四つの π 電子をもった四つの原子の集団が二つの π 電子をもった二つの原子の集団と反応するので **[4+2] 環化付加反応**（[4+2] cycloaddition）ともよばれる．

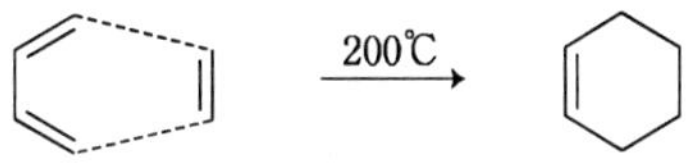

Diels-Alder 反応では，ジエンと対比して置換アルケンのことを**求ジエン体**（dienophile）とよび，電子の不足した求ジエン体と電子の豊富な共役ジエンの組合せの場合にスムーズに反応が進む．図 10.2 に代表的なジエンと求ジエン体をいくつか示す．

Diels-Alder 反応は 1 段階で起こる．ジエンの 2 個の π 結合とアルケンの π 結合が切れるのと同時に，2 個の σ 結合と 1 個の π 結合が形成される．このよ

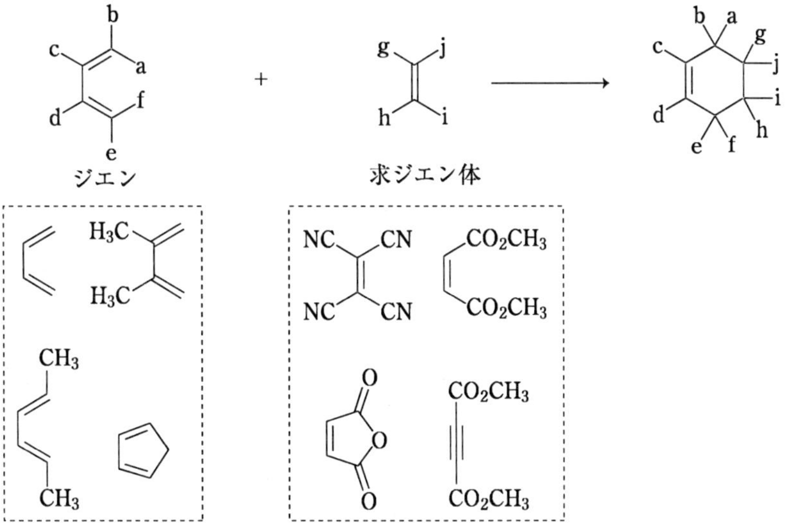

図 10.2 ジエンと求ジエン体

うに結合の開裂と結合の形成が同時に起こる反応を**協奏的**（concerted）な反応，**協奏反応**という．Diels-Alder 反応の遷移状態ではジエンとアルケンのあわせて 6 電子が環状に配列して安定化している．

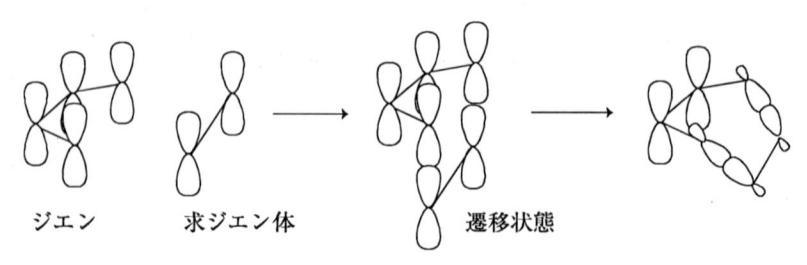

ジエン　　　求ジエン体　　　遷移状態

図 10.3 協奏反応

協奏的な反応機構の結果として，Diels-Alder 反応は**立体特異的**（stereospecific）である．たとえば，1,3-ブタジエンとマレイン酸ジメチル（cis-2-ブテン二酸ジメチル）からは cis-4-シクロヘキセン-1,2-ジカルボン酸ジメチルが生成するのに対し，1,3-ブタジエンとフマル酸ジメチル（trans-2-ブテン二酸ジメチル）からは trans-4-シクロヘキセン-1,2-ジカルボン酸ジメチルが生成する．このようにアルケン（求ジエン体）の立体化学が生成物中で保持される．

マレイン酸

フマル酸

同様にジエンの立体化学も保持される．たとえば，求ジエン体としてテトラシアノエチレンを用いた trans, trans-2,4-ヘキサジエンからは 2 個のメチル基が cis-配置の置換シクロヘキセンが生成し，cis, trans-2,4-ヘキサジエンからは 2 個のメチル基が trans-配置の置換シクロヘキセンが生成する．

10.2 Diels-Alder 反応

Diels-Alder 反応はジエンと求ジエン体の置換様式に関して立体特異的であるほか，ジエンと求ジエン体の配向については**立体選択的** (stereoselective) である．シクロペンタジエンと無水マレイン酸の反応についてみよう．生成物にはビシクロ [2.2.1] ヘプテン環のメチレン架橋と同じ側 (*cis*) に無水物の－CO－O－CO－があるものと，逆の立体化学のものがある．前者は**エキソ** (*exo*) 型付加物とよばれ，後者は**エンド** (*endo*) 型付加物といわれる．この二つの異性体のうちエンド型付加物が優先的に生成する（エンド則；図 10.4）．

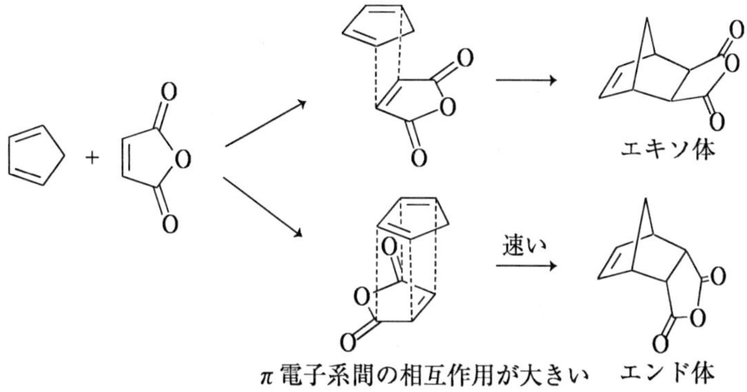

図 10.4 エンド則

この理由は，エンド型付加物を与える遷移状態でのジエンと求ジエン体の π 電子系間の相互作用が，エキソ型付加物を与える遷移状態におけるよりも大きいためである．こうして活性化エネルギーが低いエンド型付加物にいたる反応のほうが速くなる．

【例題 10.1】 次のように求ジエン体となる部分とジエンをあわせもつ化合物は分子内で Diels-Alder 反応を起こす．どのような生成物が得られるだろうか．

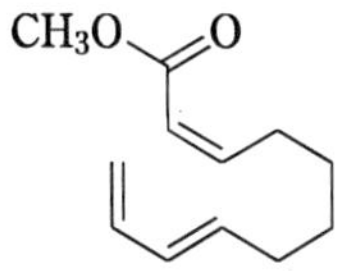

[解答] エンド型付加物とエキソ型付加物が得られる．

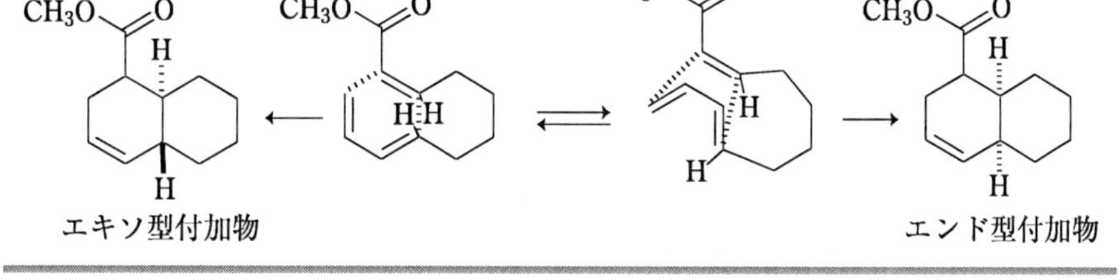

10.3　1,3-双極付加反応

　Diels-Alder 反応においては 2 原子・2π 電子系の求ジエン体と 4 原子・4π 電子系のジエンとが反応した．このような $[4\pi+2\pi]$ ペリ環状反応は 2 原子・2π 電子系のアルケンと 3 原子・4π 電子系の化合物との間でも起こる．たとえばジアゾメタンはアクリル酸エステルに協奏的に付加しジヒドロピラゾール誘導体を生成する．ジアゾメタンは，図 10.5 のように双極性の極限構造の間で共鳴していて **1,3-双極子**（1,3-dipole）といわれ，反応は次のように協奏的に進む．

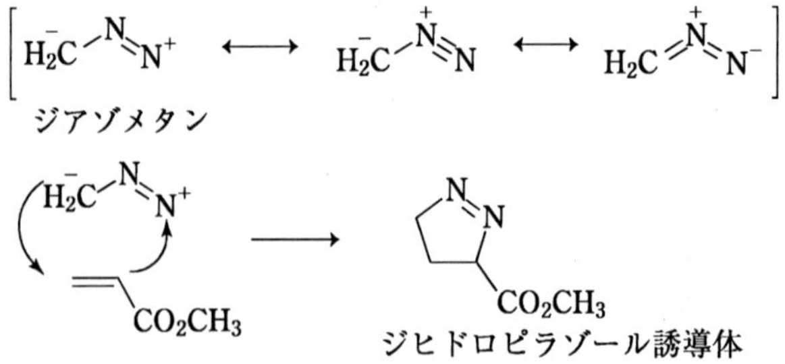

図 10.5　ジアゾメタンの共鳴と反応

　このように 1,3-双極子が不飽和結合に付加する反応を **1,3-双極付加反応**（1,3-dipolar cycloaddition）といい，五員環式ヘテロ環状化合物の合成に有用である．1,3-双極子の例を図 10.6 示す．

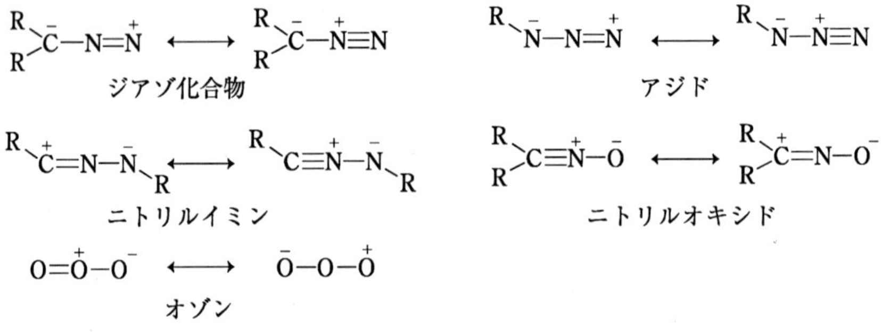

図 10.6　代表的な 1,3-双極子

　1,3-双極付加反応は Diels-Alder 反応と同様に立体特異的に進行する．ただ，図 10.7 の例のように結合の生成する炭素については必ずしも選択的ではない．

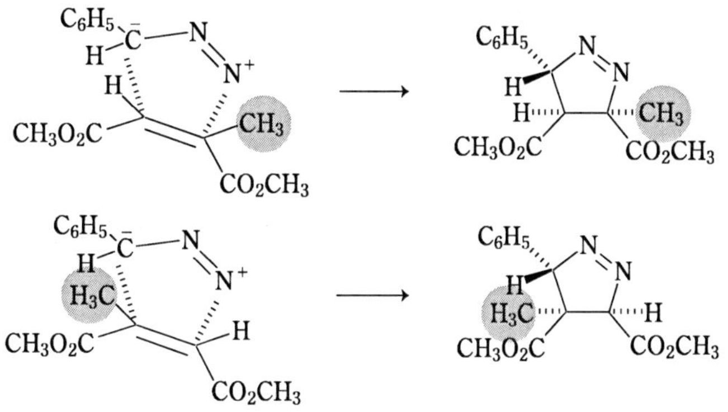

10.4 電子環状反応

図 10.7

【例題10.2】 次の化合物は分子内で1,3-双極付加反応を起こす．生成物の構造を考えよ．

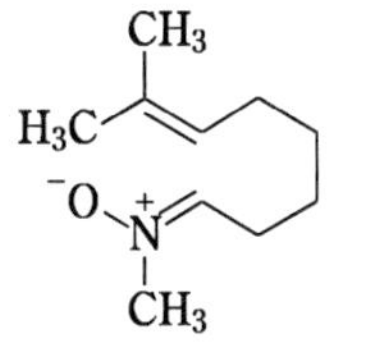

[解答]

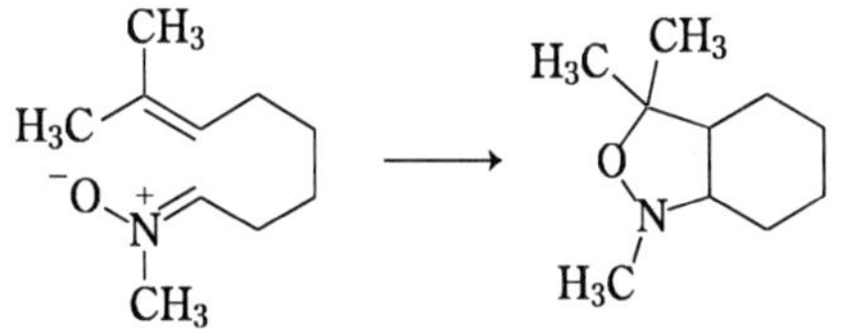

10.4 電子環状反応

　Diels–Alder 反応や1,3-双極付加反応では二つのπ電子系の末端において結合が形成された．これに対し共役ポリエンの分子内での結合形成による環化は起こるだろうか．答えは"可能"であり，そのような分子内閉環反応を**電子環状反応**（electrocyclic reaction）という．

　cis-1,3,5-ヘキサトリエンは熱により容易に閉環して1,3-シクロヘキサジエンを生成する．一方，1,3-ブタジエンは熱では閉環しないが光照射によりシクロブテンを与える．シクロブテンは逆に熱により開環して1,3-ブタジエンになる．

実は電子環状反応も立体特異的である．*trans, cis, trans*-2,4,6-オクタトリエンを加熱すると *cis*-5,6-ジメチル-1,3-シクロヘキサジエンが生成し，*cis, cis, trans*-2,4,6-オクタトリエンからは *trans*-5,6-ジメチル-1,3-シクロヘキサジエンが生成する．これらの反応ではオクタトリエンの2位炭素と7位炭素で片方が時計まわりなら，もう一方が反時計まわりといった具合に逆方向に回転し，σ結合が形成される．

光照射下での *trans, trans*-2,4-ヘキサジエンでも反応中心の炭素2個は逆方向に回転し *cis*-3,4-ジメチルシクロブテンが生成する．このような回転を**逆旋的**（disrotatory）という．

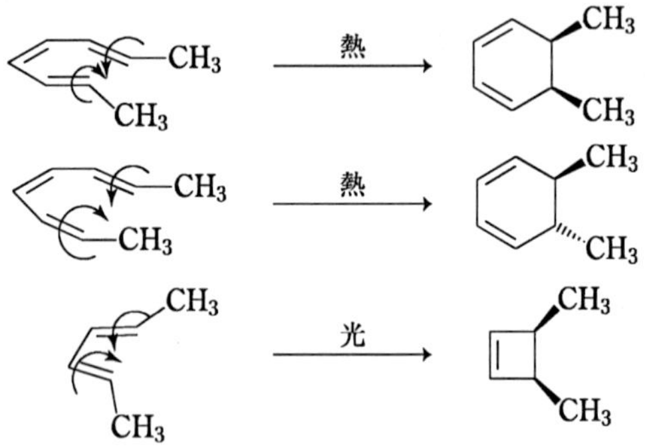

一方，*cis*-3,4-ジメチルシクロブテンは熱により開環するが生成物は *cis, trans*-2,4-ヘキサジエンである．つまり，この開環の過程では，反応中心の炭素2個は同じ方向に回転している（**同旋的**，conrotatory）．

ここで述べたように，電子環状反応は完全に立体特異的である．なぜこのようになるのかをみごとに説明した上，新たな電子環状反応の立体化学を予測するのがフロンティア電子論と Woodward-Hoffmann 則である．

【例題 10.3】 ベンゾシクロブテンと無水マレイン酸を加熱するとテトラロン誘導体がえられる．反応の機構を考えよ．

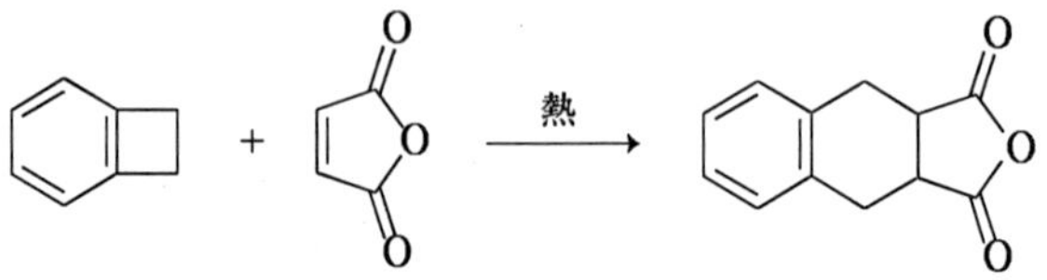

[解答] まずベンゾシクロブテンが熱により開環し 5,6-ジメチレン-1,3-シクロヘキサジエンを生成し，これと無水マレイン酸が Diels-Alder 反応を起こす．

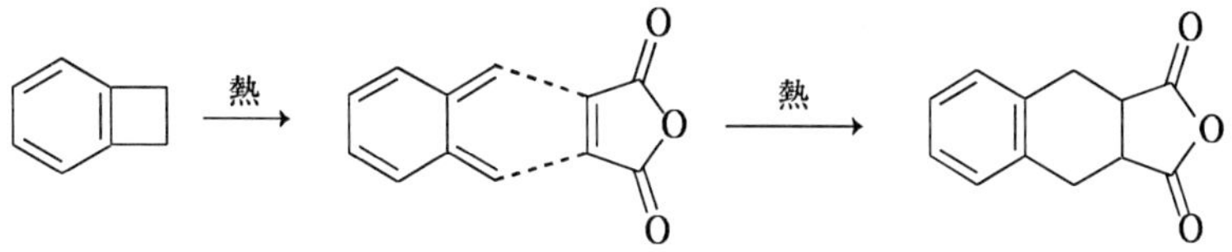

ホタルの発光

ホタルの光は古来より人びとの心を惹きつけてきた．日本書紀にも登場する．しかしホタルの発光がどのような仕組みで起り，そこにはどのような物質が関わっているのか，ということがわかってきたのは比較的新しい．ホタルの体内での発光に至る反応の仕組みはおおよそ次のようなものである．

発光の前駆体であるルシフェリンがルシフェラーゼ（酵素）の作用により，酸素と反応してジオキセタノンといわれる高エネルギー物質に変換される．このものは直ちに分解して励起状態にあるオキシルシフェリンを生成し，これが発光する．

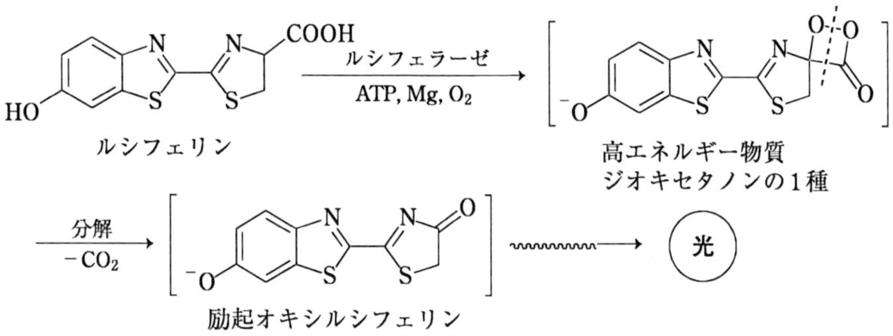

ホタル以外にもウミホタル，イカ，クラゲなどさまざまな発光生物がいる．これらの生物発光の仕組みについても次第に解明されつつある．一方では，ホタルの発光系に習って，効率のよい人工の発光系（化学発光）を設計する研究や，ルシフェラーゼを生命工学によりつくり出す研究が行われている．これらの成果はヒトの体内にある極微量の生理活性物質を検出するのに威力を発揮している．

10.5 フロンティア電子論と Woodward-Hoffmann 則

原子間の結合の形成については，エネルギーの低い電子は考えずに最外殻電子のみを考えればほとんど説明がつくことをすでに学習した．これと類似した考えで，分子やイオンなどの反応では，**最高被占軌道**（電子の収容されている分子軌道のうちもっともエネルギーの高い軌道，highest occupied molecular orbital；**HOMO**）にある電子と，**最低空軌道**（もっともエネルギーの低い空軌道，lowest unoccupied molecular orbital；**LUMO**）とがどのように作用しあうかを考えればよい（図10.8）．これが**フロンティア電子論**（frontier electron theory）の基本である．

図 10.8　フロンティア軌道

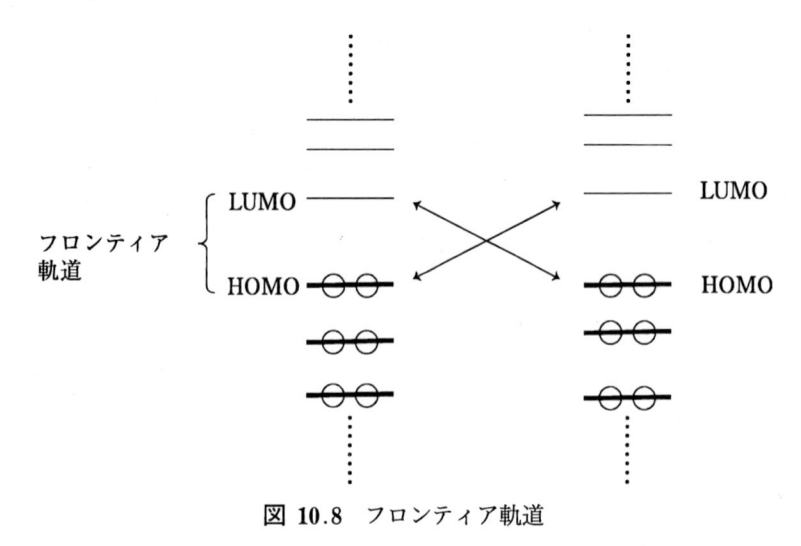

　厳密に考えると，有機分子やイオンの反応にはあらゆる分子軌道の関与を盛り込まなければならない．しかし共役ポリエンや芳香族化合物を例にすると，π電子系だけでも多くの分子軌道がある．すべての分子軌道の関与を考えるのは大変である．これに対し，フロンティア電子理論ではHOMO，LUMOだけを考えればよく，極めて単純明快である．

　10.4節で学習した電子環状反応の立体特異性も，フロンティア電子論を基礎にして体系化された**Woodward-Hoffmann則**（Wodward-Hoffmann rules）によりみごとに説明される．

　それでは，*trans*, *trans*-2,4-ヘキサジエンの光による *cis*-3,4-ジメチルシクロブテンへの環化と，そのシクロブテンの熱による開環について説明しよう．

　2,4-ヘキサジエンのHOMOとLUMOは図10.9のようになっている．

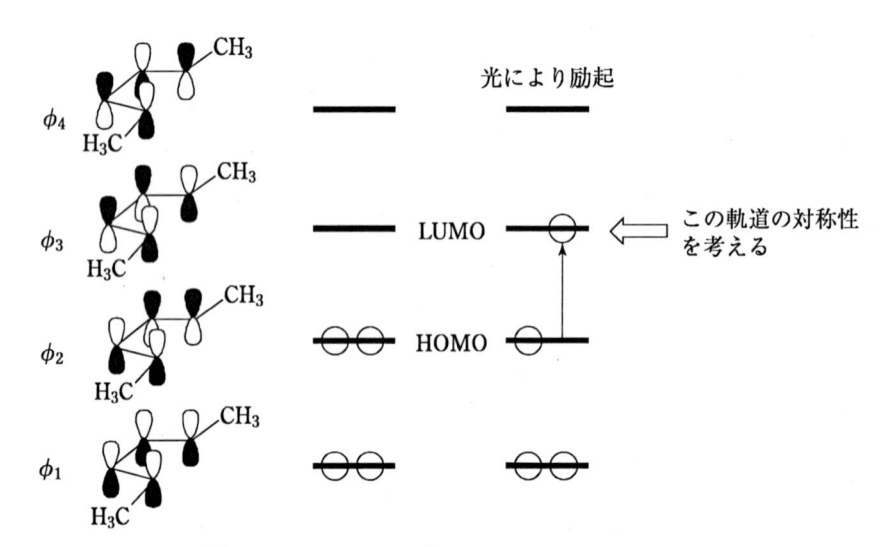

図 10.9　2,4-ヘキサジエンのHOMOとLUMO

10.5 フロンティア電子論とWoodward-Hoffmann則

ヘキサジエンに光を照射するとHOMOからLUMOへ1電子が励起される．このLUMO（励起により1電子が収容された時点でSOMO（半占有軌道）というべきもの）が閉環に関係するわけで，反応中心となる2位と5位の炭素上でのLUMOの軌道の対称性が問題となる．すなわち，同じ位相同士のp軌道が結びあって結合性σ軌道を形成するのであるから，2個の2p軌道の頭が同じ位相で向きあうように回転しなければならない（図10.10）．この場合の答えは明瞭であり，逆旋的に回転したときに目的が達せられる．

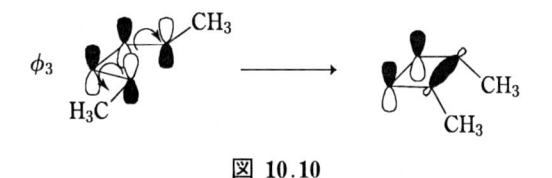

図 10.10

次にシクロブテンの熱による開環を考えよう．シクロブテンのπ軌道と，開環にともない切断されるσ軌道は図10.11のようになっている．σ結合が切れて，3,4位炭素のまわりで回転し最初からあったπ軌道のLUMOとともに，ジエン系のHOMOを形づくることになる．このためには反応中心の3,4位炭素は同旋的に回転しなければならない．その結果，cis-3,4-ジメチルシクロブテンから熱反応により $cis,trans$-2,4-ヘキサジエンが生成する．

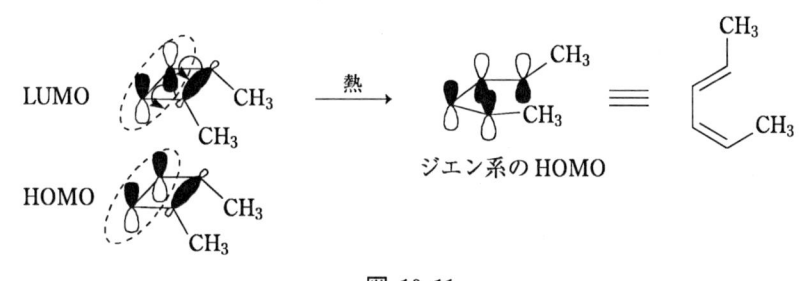

図 10.11

このようにHOMO, LUMOの軌道の対称性から推論される結果は実験事実をみごとに説明している．

なお，フロンティア電子論や，Woodward-Hoffmann則に関する詳しい学習にはより上級の教科書を勉強することを勧める．

【発展】 $trans, cis, trans$-2,4,6-オクタトリエンの閉環

熱による $trans, cis, trans$-2,4,6-オクタトリエンの cis-5,6-ジメチル-1,3-シクロヘキサジエンへの閉環についてWoodward-Hoffmann則により考えてみよう．2,4,6-オクタトリエンの6π電子系分子軌道のうち，HOMOは図10.12のようになっている．この軌道の2位と6位の2p軌道が結合性のσ軌道をつくるためには逆旋的に回転しなければならない．その結果，閉環体シクロヘキサジエンのメチル基2個

はシス配置をとる．

　次に光により *trans*, *cis*, *trans*-2,4,6-オクタトリエンが閉環する場合を考えよう．光により LUMO に 1 電子励起される．LUMO は図のようになっているから，2 位と 6 位の 2p 軌道が結合性の σ 軌道を形成するためには同旋的に回転しなければならない．このようにして，光による閉環では *trans*-5,6-ジメチル-1,3-シクロヘキサジエンがえられることになる．

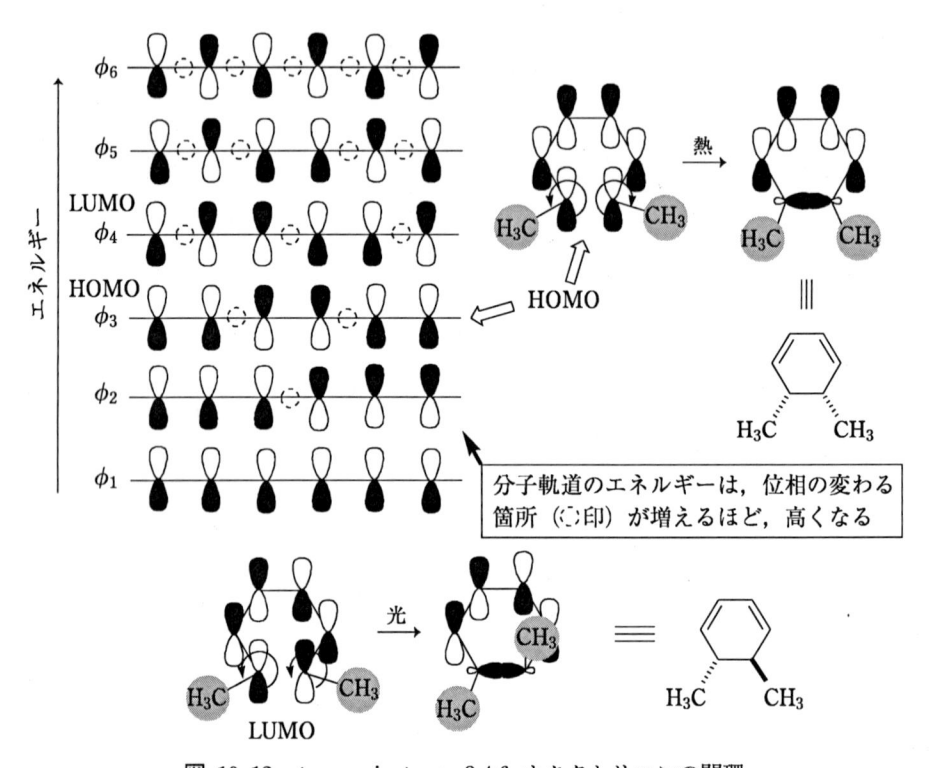

図 10.12　*trans*, *cis*, *trans*-2,4,6-オクタトリエンの閉環

10.6　Claisen 転位

　アリルフェニルエーテルを 180～200 ℃に加熱すると *o*-アリルフェノールが生成する．この反応は厳密に分子内で進み，協奏的である．すなわち六員環遷移状態を通り，まず 6-アリル-2,4-シクロヘキサジエノンを生成し，これが脱プロトンにより芳香環化して最終生成物をあたえる．このためアリル基の骨格は完全に反転する．たとえば，アリル基の 3 位炭素を同位元素 ^{13}C で標識し

図 10.13

10.6 Claisen 転位

ておくと，転位生成物ではアリル基の1位炭素に同位元素 ^{13}C が入っている．

アリルフェニルエーテルの芳香環のオルト位2か所がともに置換されている場合にはアリル基は p 位にまで転位する．この場合にはアリル基は2回反転するため，標識の位置は見かけ上もとのままである（図10.14）．

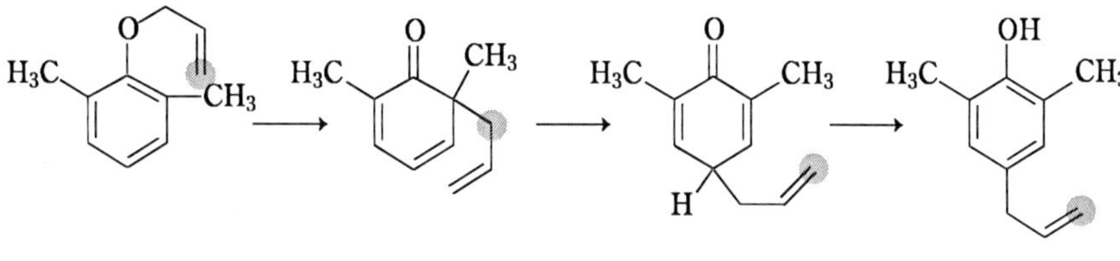

図 10.14

2回目の転位だけを抽出してみると，六員環遷移状態において炭素6個の骨格から成り立っていることがわかる．反応の仕組みは酸素1個を含む Claisen 転位と変わらないが，このような転位を Cope 転位と称している．なお，Claisen 転位のことを Oxa-Cope 転位ともいう．図10.15 の例のように Cope 転位はいす形配座の六員環遷移状態を優先的に経由して起るため立体化学が制御される．

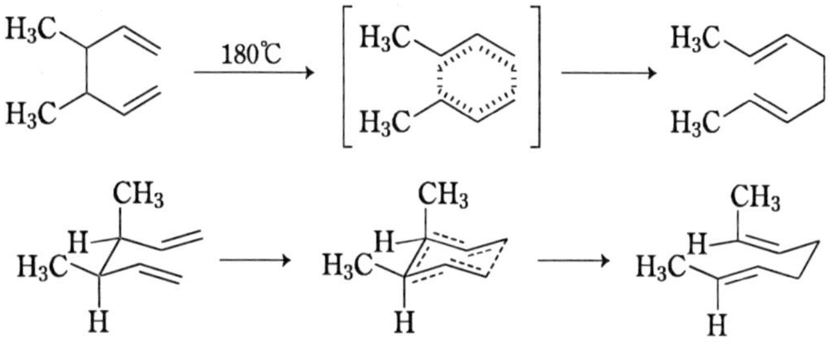

図 10.15 Cope 転位

【例題10.4】 次の二つの化合物を 200°C に加熱すると，どのような生成物が得られるか．

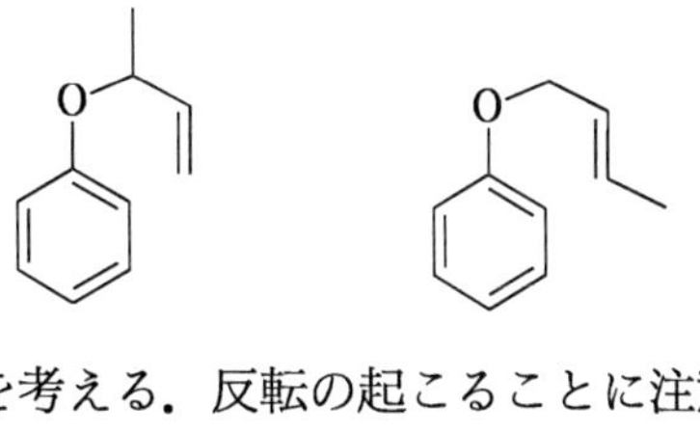

［解答］ Claisen 転位を考える．反転の起こることに注意せよ．

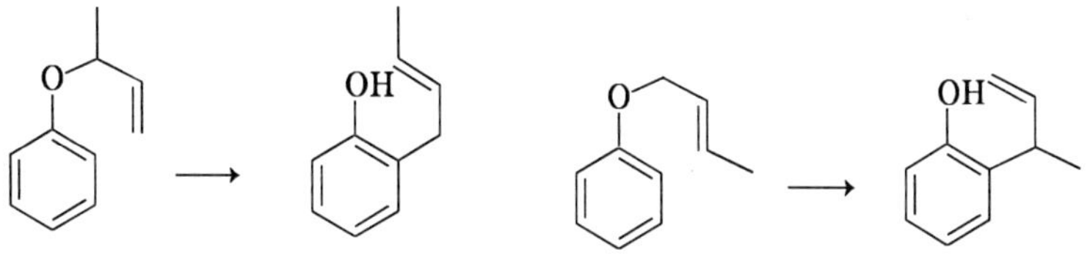

10章のまとめ

(1) ペリ環状反応

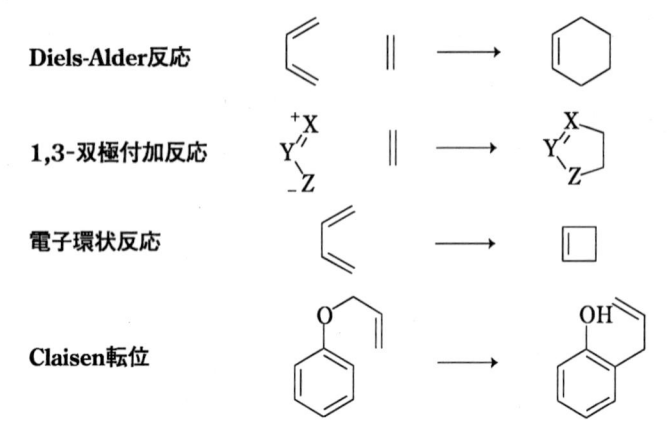

Diels-Alder反応

1,3-双極付加反応

電子環状反応

Claisen転位

(2) Diels-Alder反応

求ジエン体

[4+2]環化付加
協奏反応(concerted reaction)
↓
立体特異的
↓
遷移状態の安定性
↓
エンド則：エンド付加体がエキソ付加体に優先

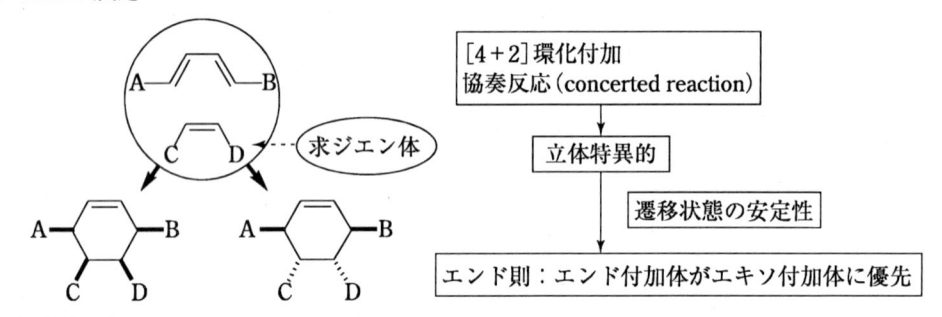

(3) 1,3-双極付加反応

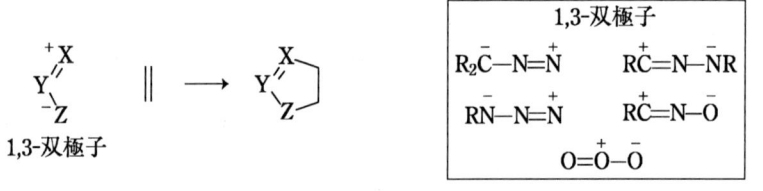

1,3-双極子

1,3-双極子
$R_2\overset{-}{C}-\overset{+}{N}=N$ $R\overset{+}{C}=N-\overset{-}{N}R$
$R\overset{-}{N}-\overset{+}{N}=N$ $R\overset{+}{C}=N-\overset{-}{O}$
$O=\overset{+}{O}-\overset{-}{O}$

(4) 電子環状反応

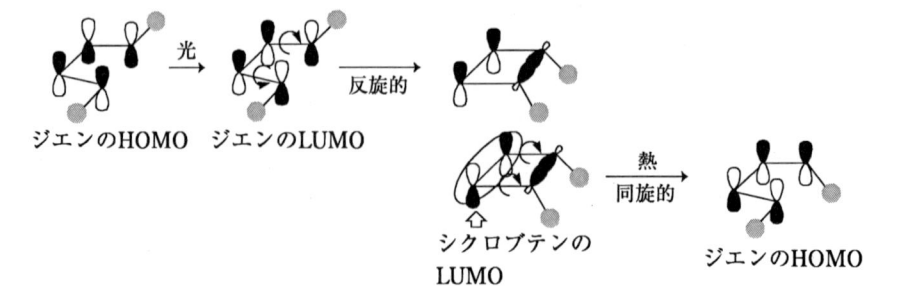

ジエンのHOMO　光→　ジエンのLUMO　反旋的→

シクロブテンのLUMO　熱 同旋的→　ジエンのHOMO

（5） Claisen 転位

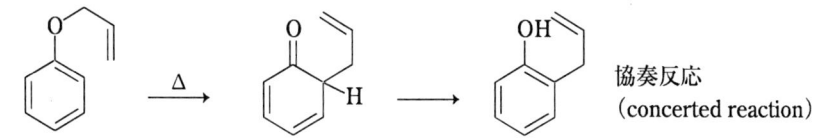

協奏反応
（concerted reaction）

10 章の問題

[10.1] 次のジエンと求ジエン体の組合せから生成する化合物の構造を記せ．

(a) 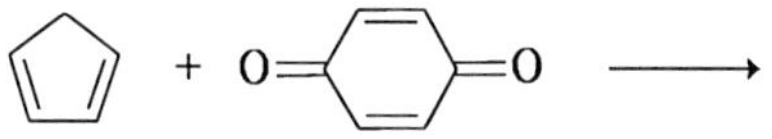 シクロペンタジエン + 1,4-ベンゾキノン ⟶

(b) 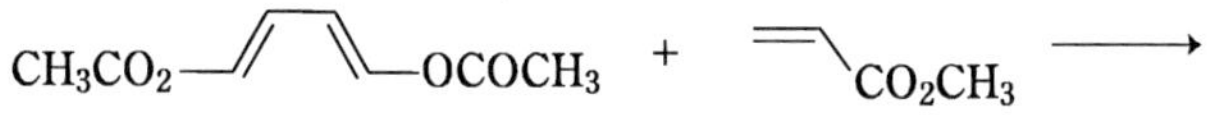 CH_3CO_2—CH=CH—CH=CH—$OCOCH_3$ + CH$_2$=CH—CO_2CH_3 ⟶

[10.2] ジフェニルニトリルイミンを *trans*-スチルベンおよび *cis*-スチルベンと反応させるとどのような生成物が得られるか．

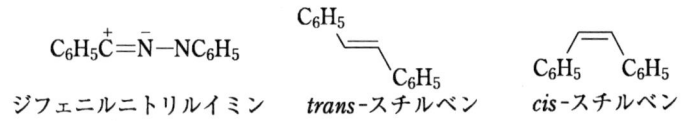

$C_6H_5\overset{+}{C}=\overset{-}{N}-NC_6H_5$　　　　　　　　　　　

ジフェニルニトリルイミン　　　*trans*-スチルベン　　　*cis*-スチルベン

[10.3] ［$4\pi+2\pi$］の環化付加反応（Diels–Alder 反応や 1,3-双極付加反応）が熱により進行するのに対し，［$2\pi+2\pi$］の環化付加反応は熱では進行せず，光により進行する．シクロブテンの光による二量化を例にして，Woodward–Hoffmann 則により考察せよ．

反応しない ⟵熱── □ + □ ──光⟶ □□

[10.4] Claisen 転位はアリルビニルエーテル類でも起こる．次の化合物を加熱するとどのような生成物がえられるか．

(a)　(b)

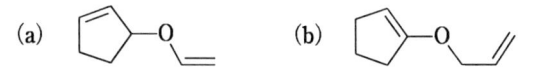

問題解答

1章

[1.1] 最外殻電子だけについて考えると、水 H:Ö:H、塩素水素 H:C̈l: となる.

[1.2] H₃C→O←CH₃ ↕   Cl→C(H)(Cl)↓Cl

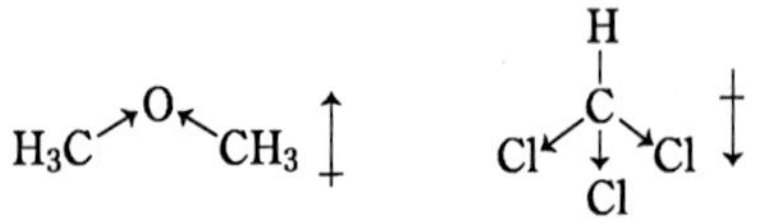

[1.3] 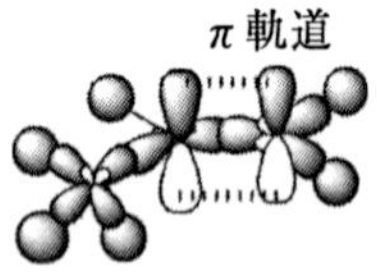 π軌道 残りはすべてσ軌道

[1.4] 二つのπ軌道は直交している

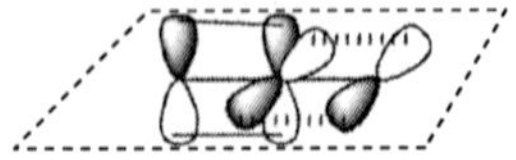

[1.5] (a) [H-C(=O)-OH ↔ H-C(-O⁻)=OH⁺]

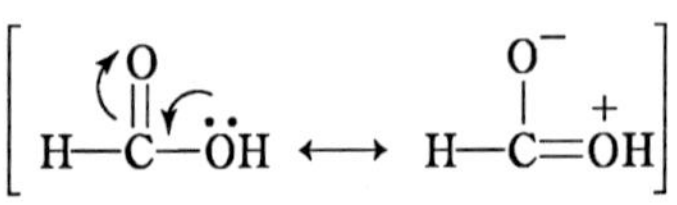

(b) [C₆H₅-ÖH ↔ 共鳴構造 (+OH をもつオルト、パラ位に負電荷をもつ構造)]

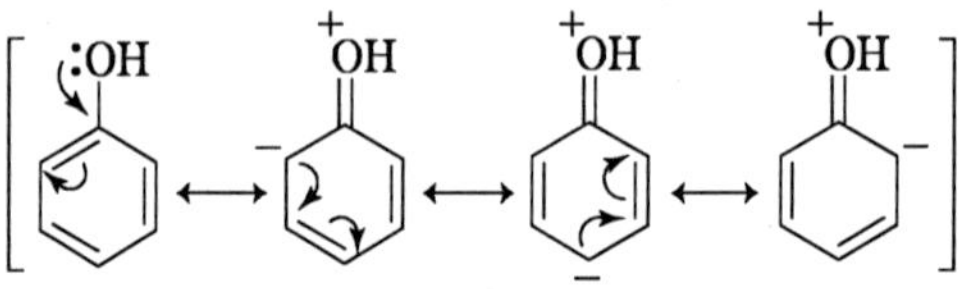

2章

[2.1] エタノール:10^{-16}、シアン化水素酸:5.0×10^{-10}、アセチレン:10^{-25}、ブタン酸(酪酸):1.6×10^{-5}.

[2.2] (a) 左、(b) 左、(c) 左.

[2.3] それぞれ、次のような原子にある非結合電子対にプロトンが付加する.
(a) HO の酸素、(b) エーテル酸素、(c) 窒素、(d) カルボニル酸素あるいはメトキシの酸素.

[2.4] 共役塩基の共鳴による安定化を考える.

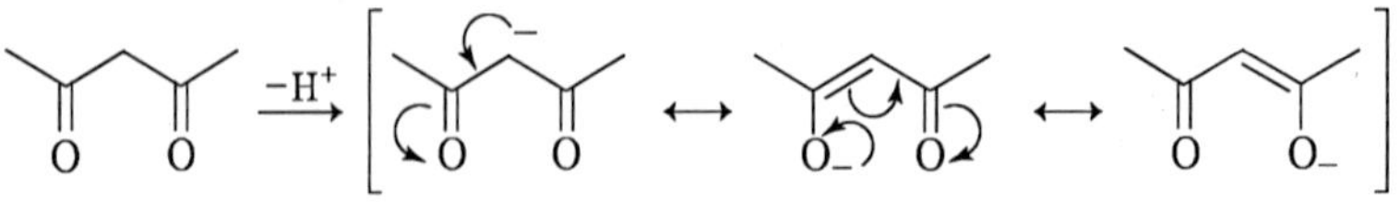

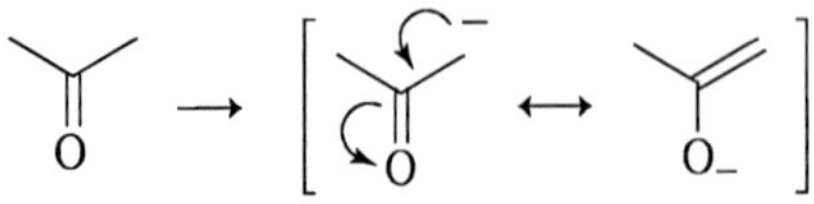

(2,4-ペンタンジオンの共役塩基の方が安定)

[2.5] A の方が塩基として強い.

3章

[3.1] 求電子試薬:H^+, Br^+, NO_2^+ 求核試薬:CN^-, CH_3COO^-, C_6H_5MgBr

[3.2] (a) 置換、(b) 脱離、(c) 付加、(d) 置換、(e) 転位

演習問題解答　　　　　　　　　　　　　　　　　　　　　　　　　　　　　　　　　　185

[3.3] 遷移状態は反応物が生成物に変化するもっともエネルギーの高い状態．中間体は，出発物が生成物に変化する過程の中間段階で生成する安定な化学種．

[3.4] $v_1 = k_1[A]^2[B]$, $K = [C]/[A]^2[B]$, 三次

4章

[4.1] (c) > (a) > (b)

[4.2] ベンジルカチオンはベンゼン環により共鳴安定化を受けるため，第一級カチオンではあるが安定なカチオンである．

[4.3] (a) $CH_3CH_2C \equiv CC_6H_5$, (b) CH_3CH_2CN, (c) CH_3CH_2I, (d) $(C_2H_5)_3N$, (e) $CH_3CH_2OC_6H_5$, (f) $CH_2=CH_2$.

[4.4] (1): (c) > (a) > (b), (2): (c) > (a) > (b)

[4.5] (1): (c) > (a) > (b), (2): (c) > (b) > (a)

5章

[5.1] (a) cis-$CH_3CH=CHCH_3$, (b) $CH_3CBr_2CBr_2CH_3$, (c) $CH_3CH_2CBr_2CH_3$, (d) $CH_3CH_2COCH_3$

[5.2] (a): (i) $KMnO_4$(低温), (ii) H_2O, (b): (i) RCO_3H, (ii) KOH

[5.3] (a) $CH_3CH_2OCHCl-CH_3$, (b) $CH_3CH_2-CBr(CH_3)_2$, (c) $C_6H_5CH-CH_2NO_2$ (with $N(CH_3)_2$ substituent),
(d) $H_3COC-CHCO_2C_2H_5$
　　　　$|$
　　　$CH_3CH-CH_2CO_2C_2H_5$

[5.4] (a): (i) BH_3, (ii) $H_2O_2/NaOH$, (b): H_2SO_4, 加熱

[5.5] A: $(CH_3)_2CHC(CH_3)=CH_2$, B: $(CH_3)_2CHC(OH)(CH_3)_2$, C: $(CH_3)_2C=C(CH_3)_2$

6章

[6.1] (a) m-ニトロ安息香酸，(b) p-メトキシニトロベンゼンと o-異性体，(c) p-ブロモニトロベンゼンと o-異性体，(d) m-ジニトロベンゼン，(e) p-ニトロ-N,N-ジメチルアミノベンゼン，(f) m-ニトロベンゾニトリル．
ベンゼンより速くニトロ化されるもの：(b) と (e)
ベンゼンより遅くニトロ化されるもの：(a)，(c)，(d)，(f)

[6.2] アミノ基(-NH_2)にプロトンが付加した(-NH_3)$^+$ は電子求引基

[6.3] (a) エチルベンゼン，(b) p-$tert$-ブチルフェノールと o-異性体，(c) 1-フェニル-1-プロパノン，(d) p-クロロアセトフェノンと o-異性体

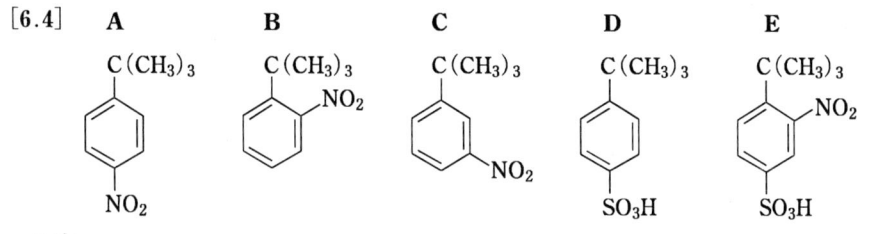

[6.4]

A: $C(CH_3)_3$ (para-NO_2)　**B**: $C(CH_3)_3$ (ortho-NO_2)　**C**: $C(CH_3)_3$ (meta-NO_2)　**D**: $C(CH_3)_3$ (para-SO_3H)　**E**: $C(CH_3)_3$ (ortho-NO_2, para-SO_3H)

7章

[7.1] (a) シクロヘキサノンへの CH_3MgBr の付加，(b) ホルムアルデヒドへの C_6H_5MgBr の付加，(c) $C_6H_5COOCH_3$ への 2 モルの C_6H_5MgBr の付加，あるいは $C_6H_5COC_6H_5$ への C_6H_5MgBr の付加

[7.2] (a) $(CH_3)_2CuLi$ の C_6H_5COCl への求核アシル置換反応，または CH_3COCl とベンゼンとの Friedel-Crafts アシル化反応，(b) C_2H_5OH の C_6H_5COCl への求核アシル置換反応，(c) C_6H_5

OH の CH_3COCl への求核アシル置換反応，(d) $(t\text{-}C_4H_9O)_3AlH$ による C_6H_5COCl の還元

[7.3]　(a) CH_3COCH_3 と C_6H_5CHO との縮合反応，(b) $C_6H_5COCH_3$ と $CH_3COOC_2H_5$ との縮合反応，または $C_6H_5CO_2C_2H_5$ と CH_3COCH_3 との縮合反応，(c) $C_6H_5COOC_2H_5$ と $CH_3CH_2COOC_2H_5$ との縮合反応

[7.4]　(a) マロン酸ジエチルと C_3H_7Br および CH_3I との求核置換反応，加水分解，脱炭酸，(b) マロン酸ジエチルと $BrCH_2CH_2CH_2CH_2Br$ との反応による五員環形成，加水分解，脱炭酸，(c) $C_6H_5CH_2Br$ によるマロン酸ジエチルのベンジル化，加水分解，脱炭酸

[7.5]　(a) 1-(N,N-ジメチルアミノ)シクロペンテン　$N(CH_3)_2$　(b) $C_6H_5CH(OCH_3)_2$

8章

[8.1]　$CH_3\text{―}\overset{H}{\underset{C_6H_5}{C}}\text{―}CH_2\text{―}COOH$

[8.2]

(a) $C_6H_5\text{-}CO_2H \xrightarrow{Br_2/FeBr_3}$ 3-Br-$C_6H_4\text{-}CO_2H \xrightarrow{SOCl_2}\xrightarrow{NH_3}$ 3-Br-$C_6H_4\text{-}CONH_2 \xrightarrow{Br_2/NaOH}$ 3-Br-$C_6H_4\text{-}NH_2$

(b) $C_6H_5\text{-}CO_2H \xrightarrow{SOCl_2} C_6H_5\text{-}COCl \xrightarrow{CH_2N_2} C_6H_5\text{-}COCHN_2 \xrightarrow[H_2O]{Ag_2O} C_6H_5\text{-}CH_2CO_2H$

(c) $CH_3O\text{-}C_6H_4\text{-}Br \xrightarrow{Mg}\xrightarrow{CO_2} CH_3O\text{-}C_6H_4\text{-}CO_2H \xrightarrow[C_2H_5OH]{H^+} CH_3O\text{-}C_6H_4\text{-}CO_2C_2H_5 \xrightarrow{H_2NNH_2} CH_3O\text{-}C_6H_4\text{-}CONHNH_2 \xrightarrow{HNO_2} CH_3O\text{-}C_6H_4\text{-}CON_3 \xrightarrow{加熱} CH_3O\text{-}C_6H_4\text{-}N=C=O$

(d) 無水フタル酸 $\xrightarrow{NH_3}$ o-$C_6H_4(CO_2H)(CONH_2) \xrightarrow{Br_2/NaOH}$ o-$C_6H_4(CO_2H)(NH_2)$

[8.3]

(a) $(CH_3)_2C=C(CH_3)_2$　(b) $C_6H_5\text{-}CO\text{-}O\text{-}C_6H_4\text{-}OCH_3$

(c) $CH_3\text{―}\overset{O}{\underset{}{C}}\text{―}\overset{CH_3}{\underset{CH_3}{C}}\text{―}CH_3$　(d) カテコール（1,2-ジヒドロキシベンゼン）

[8.4]

(a) $CH_3-\underset{\underset{CH_3}{|}}{\overset{\overset{CH_3}{|}}{C}}-\underset{O}{\overset{\|}{C}}-\underset{\underset{CH_3}{|}}{\overset{\overset{CH_3}{|}}{C}}-CH_3 \xrightarrow{H^+} CH_3-\underset{\underset{CH_3}{|}}{\overset{\overset{CH_3}{|}}{C}}-\overset{+}{C}-\underset{\underset{CH_3}{|}}{\overset{\overset{CH_3}{|}}{C}}-CH_3 \longrightarrow CH_3-\underset{\underset{CH_3}{|}}{\overset{\overset{CH_3}{|}}{C}}-\underset{OH}{\overset{CH_3}{\underset{|}{C}}}-\overset{+}{\underset{\underset{CH_3}{|}}{C}}-CH_3 \longrightarrow$

$CH_3-\underset{+}{\overset{\overset{OH}{|}}{C}}-\underset{\underset{CH_3}{|}}{\overset{\overset{CH_3}{|}}{C}}-\underset{\underset{CH_3}{|}}{\overset{\overset{CH_3}{|}}{C}}-CH_3 \longrightarrow CH_3-\overset{\overset{O}{\|}}{C}-\underset{\underset{CH_3}{|}}{\overset{\overset{CH_3}{|}}{C}}-\underset{\underset{CH_3}{|}}{\overset{\overset{CH_3}{|}}{C}}-CH_3$

(b) $C_6H_5-\underset{\underset{\underset{OH}{|}}{N}}{\overset{\overset{OH}{|}}{C}}-CHC_6H_5 \xrightarrow{C_6H_5SO_2Cl / 塩基} C_6H_5-\underset{\underset{\underset{OSO_2C_6H_5}{|}}{N}}{\overset{\overset{OH}{|}}{C}}-CHC_6H_5 \longrightarrow C_6H_5-\overset{+}{N}=C-\overset{O-H}{\underset{|}{CH}}-C_6H_5$

$\longrightarrow C_6H_5-NC + C_6H_5CHO$

9章

[9.1] (structures as shown) $\xrightarrow{MnO_2}$ (diradical intermediate) $\longrightarrow$ (phenanthrenedione product)

[9.2]

(a) 2,6-di-t-butyl-4-methyl-4-(t-butylperoxy)cyclohexadienone

(b) $CH_3-\underset{\underset{OCOCH_3}{|}}{CH}-CH_2-\overset{\overset{O}{\|}}{P}(OC_2H_5)_2$

(c) C_6H_5COCl

(d) 2-heptylpiperidine ($CH_2CH_2C_6H_{13}$)

(e) $C_6H_5SO_2CH_2CHClC_6H_5$

[9.3] R·ラジカルが安定なほど $k_1 > k_2$ となる.

[9.4]

(a) pyrrole ↔ resonance form $\xrightarrow{:CCl_2}$ intermediate $\longrightarrow$ 2-(dichloromethyl)pyrrole $\xrightarrow{OH^-}$ 2-formylpyrrole

pyrrole $\longrightarrow$ intermediate $\longrightarrow$ 3-chloropyridine

(b) $C_6H_5NH_2 + :CCl_2 \longrightarrow C_6H_5\overset{+}{N}H_2-\bar{C}Cl_2 \xrightarrow{-2HCl} C_6H_5-NC$

10章

[10.1]

(a) (bicyclic diketone structure)

(b) CH_3CO_2— cyclohexene —$OCOCH_3$ with CO_2CH_3

[10.2]

[10.3] 熱の場合: HOMO / LUMO 位相が合わない
光の場合: 励起分子のHOMO / LUMO 位相が合う

[10.4] (a) シクロペンテニル-CH₂-CHO (b) 2-アリルシクロペンタノン

索　引

A～Z

Arndt-Eistert 法　144
Baeyer-Villiger 酸化　148
Beckmann 転位　144
Brønsted-Lowry 酸　16
Cannizzaro 反応　133
capto-dative 効果　154
Claisen 縮合反応　131
Claisen 転位　170, 180
Cope 転位　181
Curtius 転位　147
C-アルキル化　58
Dieckmann 反応　132
Diels-Alder 反応　170
dl 体　62
E1cB 反応　63
E1 反応 → 1 分子脱離反応
E2 反応 → 2 分子脱離反応
electrocyclic reaction　175
$endo$ 型付加物　173
exo 型付加物　173
Fischer のエステル化法　126
Friedel-Crafts アシル化　96
Friedel-Crafts アルキル化　95
Friedel-Crafts 反応　94
Gabriel 合成　57
Gilman 試薬　120
Grignard 試薬　113
　──の付加反応　123
Hammett 則　43, 65
Hofmann 転位　146
Hofmann 配向　64
HOMO → 最高被占軌道
HSAB 則　28, 60
Hund の法則　2
I 効果 → 誘起効果

Kekulé 構造　12
Knoevenagel 反応　131
Kolbe の電気化学的炭化水素合成法　155
Lewis 塩基　27
Lewis 酸　16, 27
Lossen 転位　147
LUMO → 最低空軌道
Mannich 反応　132
Markovnikov 則　76
　反──　79
Michael 付加　83
M 効果 → メソメリー効果
O-アルキル化　58
Pauli の排他原理　2
Perkin 反応　132
push-pull 効果　154
p 軌道　2
Reformatsky 反応　113
R 効果 → 共鳴効果
Sandmeyer 反応　105
Saytzeff 則　64, 141
Schiemann 反応　105
Schiff 塩基　115
S_N1 反応　48
S_N2 反応　48
S_N2' 反応 → S_N2 プライム反応
S_N2 プライム反応　58
S_Ni 反応　57
sp^2 混成軌道　10
sp^3 混成軌道　10
sp 混成軌道　10
s 軌道　2
s 性　20
VSEPR 理論　7
Wagner-Meerwein 転位　140
Walden 反転　51
Williamson のエーテル合成　56

Wittig 反応　117
Wolff 転位　143
Woodward-Hoffmann 則　178

あ 行

アジリジン　166
アシル化　96
アシルナイトレン　166
アセタール　116
アセチリド　40
アセト酢酸エステル合成　129
アゾ染料　105
2,2′-アゾビスイソブチロニトリル　154
アゾベンゼン　166
アミド　118
アミド基の共鳴　124
アミド結合　125
アルカリ加水分解　121
アルキル化　94
アルデヒド　110
　──の自動酸化　161
アルドール　129
　──の縮合反応　129
　──の反応　129
α 脱離　61, 162
α 置換反応　112, 127
アンチクリナル　62
アンチ脱離　62
アンチペリプラナー　62
アンビデント求核試薬　58

イオン　33
イオン結合　3
イオン反応　33
イソシアナート　147
イソプテンゴム　77

索引

一次反応 35
一重項カルベン 165
一重項状態 41
1分子脱離反応 61
1分子的求核置換反応 49
イプソ置換反応 102
イミン 115
イリド 117
色 6

エキソ型付加物 173
エステル 118
エステル交換反応 122
エナミン 115
エノラートイオン 112
エノール形 111
エポキシ化 74
エポキシド 80
塩 基 16
　　芳香族── 24
塩基性 53,55
エンド型付加物 173

オキサホスフェタン 117
オキシム 116,144
オキソニウムイオン 116
オクテット則 3,139
オゾニド 81
オゾン層破壊 163
オゾン分解 81
オルト・パラ配向基 98

か 行

会 合 156
開始段階 157
化学平衡 35
過酸化ベンゾイル 154
カチオン重合 77
活性化エネルギー 37
活性水素 128
活性メチレン 127
価電子 3
過マンガン酸カリウム 80
加溶媒分解 55
カルベン 39,139,143,162

──の電子構造 165
カルボアニオン 33,39,63
カルボカチオン 33,39
──中間体 73
カルボニル基 110
カルボニル縮合反応 112
カルボン酸誘導体 110,118
[4+2]環化付加反応 171
官能基選択的 126

逆旋的 176
求核アシル置換反応 110
求核試薬 74
──の種類 53
求核性 53,55
求核置換反応 48,51
──の合成利用 56
求核付加 74
──重合 82
──反応 110,113
求ジエン体 171
求電子試薬 33
求電子付加 74
──反応 74
協奏的付加反応 80
協奏反応 61,172
共 鳴 12
　　アミド基の── 124
共鳴エネルギー 12
共鳴効果 22,76
共鳴構造式 13
共鳴混成体 12
共 役 11
共役塩基 17
共役酸 17
共役ジエン類 78
共役付加 84
共有結合 3
極限構造式 12
局在化 11
極 性 4
極性共有結合 4
金属水素化物 123
均等開裂 33

屈曲矢印 34

クメン酸化 149
グリコール→1,2-ジオール

結合性軌道 7
ケテン 143,163
ケト形 111
ケトン 110
原 子 1
原子価殻 3
原子価結合法 12
原子軌道 2,7

交差アルドール反応 130
互変異性体 111
孤立電子対→非結合電子対
混 成 9
混成軌道 9

さ 行

最高被占軌道 177
最低空軌道 177
酸 16
酸塩化物 118
酸加水分解 121
三重項カルベン 165
三重項状態 41
酸触媒 56
酸性度定数 18
酸無水物 118

ジアゾカップリング 105
ジアゾケトン 143
ジアゾニウムイオン 104
ジアゾメタン 143,163
シアノエチル化 82
シアノヒドリン 113
1,2-ジオール 80
σ軌道 8
シクロプロパン 164
ジクロロカルベン 162
四酸化オスミウム 80
シス付加 78
自動酸化 160
　　アルデヒドの── 161
四面体中間体 110

臭素化　159
触　媒　39
シンクリナル　62
シンペリプラナー　62

水素化　74, 78
水素化アルミニウムリチウム
　　114
水素化ホウ素ナトリウム　114
水素結合　26
水　和　79
スチレン　158
スルホニルナイトレン　166
スルホン化　93

成長段階　157
セミカルバゾン　116
遷移状態　37

1,3-双極子　174
1,3-双極付加反応　174
挿入反応　164
速度定数　35
速度論支配　42

た　行

第四級アンモニウム塩　64
脱離基　48
脱離の方向性　64
脱離反応　33, 54
脱離-付加機構　49

置換基定数　43
置換反応　33
超強酸　22
超共役　39

つりばり形屈曲矢印　35

停止段階　157
テトラエチル鉛　154
転移能　142
転位反応　33, 55, 139
　　ラジカルの——　162
電気陰性　5

電気陰性度　5
電気陽性　5
電　子　1
電子殻　2
電子環状反応　170, 175
電子求引基　20
電子供与基　20
電子反発　6

同旋的　176
トシル基　53
トランス付加　74
p-トルエンスルホン酸エステル　53

な　行

ナイトレン　139, 144, 166
内部求核置換反応　57

二次反応　36
ニトロ化　91
ニトロニウムイオン　91
2分子脱離反応　61
2分子的求核置換反応　50
二量化反応　164

ネオペンチル転位　140
熱力学支配　42

は　行

π 軌道　8
π 錯体　74, 76
π 電子密度　82
配向性　98
発　光　177
バナナ結合　59
ハロゲン化　92, 127
ハロホルム反応　127
反 Markovnikov 付加　79
反結合性軌道　7
反　転　51
反応機構　43
反応次数　35
反応速度　35

反応中間体　38
反応定数　43

非共有電子対→非結合電子対
非局在化　12
非結合電子対　6
ヒドラゾン　116
ヒドロペルオキシド　160
ヒドロホウ素化　79
ピナコール　155
ピナコール-ピナコロン転位
　　141
頻度因子　37

1,2-付加　84
1,2-付加物　78
1,4-付加　84
1,4-付加物　78
付加重合　158
付加-脱酸素反応　110
付加の配向性　75
付加反応　33, 73
不均化　156
不均化反応　133
不均等開裂　33
不対電子　9
N-ブロモコハク酸イミド
　　159
ブロモニウムイオン　74
フロンティア電子論　177
分　子　3
分子軌道　7
分子軌道法　12

平衡定数　36
β 脱離　61
ヘテロリシス　33
ヘミアセタール　116
ペリ環状反応　171
ベンゼニウムイオン　89
ベンゼン
　　——のスルホン化　93
　　——のニトロ化　91
　　——のハロゲン化　92
ベンゾイン縮合　134

芳香族塩基　24
芳香族カルボン酸　23
芳香族求核置換反応　101
芳香族求電子置換反応　88
保　護　117
保　持　57
ホモリシス　33, 153

ま　行

マイクロ波　38
マロン酸エステル合成　128

メソ形　62
メソメリー効果　22
メタ配向基　98

ま　行

矢印（化学反応式）　34

有機金属化合物　113
誘起効果　20, 77
有機銅化合物　120
有機リチウム化合物　113

ヨードホルム試験　127

ら　行

ラジカル　33, 39, 153
　――の転位反応　162
　――発生剤　154
　――反応　34, 155
　――付加重合　82
　――連鎖反応　159
ラセミ体　51

律速段階　38
立体効果　26
立体障害　26, 51
立体選択的　173
立体特異性　145
立体特異的　172
立体特異的反応　62
立体配置
　――の反転　58
　――の保持　57
リンイリド　117
隣接基関与　60

連鎖反応　156

著者略歴

松本正勝（まつもと まさかつ）
1942年　大阪府に生まれる
1970年　京都大学大学院工学研究科博士課程修了
現　在　神奈川大学理学部化学科　教授
　　　　工学博士
〔専攻科目〕有機化学，有機光化学

山田眞二（やまだ しんじ）
1959年　北海道に生まれる
1986年　北海道大学大学院工学研究科博士課程修了
現　在　お茶の水女子大学理学部化学科　教授
　　　　工学博士
〔専攻科目〕有機化学，合成有機化学

横澤　勉（よこざわ つとむ）
1957年　千葉県に生まれる
1985年　東京工業大学大学院理工学研究科中途退学
現　在　神奈川大学工学部応用化学科　教授
　　　　工学博士
〔専攻科目〕有機合成化学，高分子合成化学

21世紀の化学シリーズ2
有機化学反応　　　　　　　定価はカバーに表示

2005 年 1 月 15 日　初版第 1 刷
2009 年 11 月 25 日　　　第 2 刷

著　者　松　本　正　勝
　　　　山　田　眞　二
　　　　横　澤　　　勉
発行者　朝　倉　邦　造
発行所　株式会社　朝倉書店
東京都新宿区新小川町6-29
郵便番号　162-8707
電　話　03(3260)0141
F A X　03(3260)0180
http://www.asakura.co.jp

〈検印省略〉

© 2005〈無断複写・転載を禁ず〉　　中央印刷・渡辺製本
ISBN 978-4-254-14652-3　C3343　　Printed in Japan

好評の事典・辞典・ハンドブック

オックスフォード科学辞典	山崎 昶 訳	B5判 936頁
恐竜イラスト百科事典	小畠郁生 監訳	A4判 260頁
植物ゲノム科学辞典	駒嶺 穆ほか5氏 編	A5判 416頁
植物の百科事典	石井龍一ほか6氏 編	B5判 560頁
石材の事典	鈴木淑夫 著	A5判 388頁
セラミックスの事典	山村 博ほか1氏 監修	A5判 496頁
建築大百科事典	長澤 泰ほか5氏 編	B5判 720頁
サプライチェーンハンドブック	黒田 充ほか1氏 監訳	A5判 736頁
金融工学ハンドブック	木島正明 監訳	A5判 1028頁
からだと水の事典	佐々木 成ほか1氏 編	B5判 372頁
からだと酸素の事典	酸素ダイナミクス研究会 編	B5判 596頁
炎症・再生医学事典	松島綱治ほか1氏 編	B5判 584頁
果実の事典	杉浦 明ほか4氏 編	A5判 636頁
食品安全の事典	日本食品衛生学会 編	B5判 660頁
森林大百科事典	森林総合研究所 編	B5判 644頁
漢字キーワード事典	前田富祺ほか1氏 編	B5判 544頁
王朝文化辞典	山口明穂ほか1氏 編	B5判 640頁
オックスフォード言語学辞典	中島平三ほか1氏 監訳	A5判 496頁
日本中世史事典	阿部 猛ほか1氏 編	A5判 920頁

価格・概要等は小社ホームページをご覧ください．